U0334014

装备科技译著出版基金

先进动态系统仿真

——模型复制与蒙特卡罗研究

（第2版）

Advanced Dynamic–System Simulation

Model Replication and Monte Carlo Studies(second edition)

Granino A. Korn　著

任翔宇　刘英芝　魏雁飞　刘丽　曲珂　任秋洁　译

国防工业出版社

·北京·

著作权合同登记　图字:军-2015-040 号

图书在版编目(CIP)数据

先进动态系统仿真:模型复制与蒙特卡罗研究:第 2 版/(美)格拉尼诺·A. 科恩 (Granino A. Korn) 著;任翔宇等译. —北京:国防工业出版社,2017.12

书名原文:Advanced Dynamic-System Simulation:Model Replication and Monte Carlo Studies (Second Edition)

ISBN 978-7-118-11455-3

Ⅰ. ①先… Ⅱ. ①格… ②任… Ⅲ. ①动态系统-系统仿真-研究 Ⅳ. ①N94

中国版本图书馆 CIP 数据核字(2018)第 018378 号

※

国防工业出版社出版发行

(北京市海淀区紫竹院南路 23 号　邮政编码 100048)

腾飞印务有限公司印刷

新华书店经售

*

开本 710×1000　1/16　印张 15¾　字数 290 千字

2017 年 12 月第 1 版第 1 次印刷　印数 1—2500 册　定价 75.00 元(配光盘)

(本书如有印装错误,我社负责调换)

国防书店:(010)88540777　　　发行邮购:(010)88540776

发行传真:(010)88540755　　　发行业务:(010)88540717

前　言

仿真是指利用模型进行实验。在本书中,我们描述了高效的交互式计算机程序,程序可以模拟动态系统,如控制系统、航空航天器和生物系统等。仿真研究可能会涉及数百个模型的变化,所以程序必须快速,用户界面要友好。

对于利用每个程序动手进行实验的例子,随书光盘含有针对 Windows™ 和 Linux 的极其有效的开源仿真软件,而不仅仅只是一个小的演示程序。Desire 建模/仿真程序在个人计算机上实现了快速、大型仿真。运行时(Runtime)编译器可以立即显示结果,以进行真实的交互式建模。

可读的数学符号,如:

$x = 23.4 \mid alpha = 0$

$d/dtx = -x * \cos(w * t) + 2.22 * a * x$

Vector $y = A * x + B * u$

让读者在无需学习编程语言细节的情况下就可以尝试不同的参数值。注意:读者可以在同一台计算机的显示器上阅读电子书并运行实时仿真。

在第 1 章中,通过几个熟悉的微分方程模型和一个小型导弹仿真介绍我们的主题。本书其它章节介绍了更高级的主题。我们的绝大多数示例程序都是重新编写的,以明确建模技术,提高计算速度。

第 2 章以新修订的系统性差分方程编程流程开始,并将该流程应用于带数字控制器的受控体模型。然后,讨论了限幅器、开关和模型等有用的器件,如简单差分方程采样/保持电路、触发电路和信号发生器。最后,但同样重要的,我们提出了简化的开关变量数值积分方法。

先进仿真程序必须利用向量和矩阵赋值处理微分与差分方程。第 3 章,介绍了 Runtime 向量编译。这加速了常规向量和矩阵运算,但更重要的是,个人计算机现在可以实现模型复制(向量化)(最初为超级计算机技术开发的)。单向量模型运行可以取代数百或数千常规仿真运行。第 3 章还演示了用户定义的子模型的便利性。

在接下来的章节中,我们描述了向量化的应用。在第 4 章,讨论了参数影响的研究,并介绍了向量化的统计计算,包括概率密度的快速估计。然后,介绍了蒙特卡罗随机过程仿真。第 5 章,将蒙特卡罗仿真应用到几个真实的工程系统。向量化可以使我们去研究随机过程统计的时程。廉价的 64 位 Linux 系统 3GHz 个人计算机可以在 1s 的时间内训练 1000 多个随机输入控制系统模型。

第 6 章和第 7 章,演示了神经网络的向量模型,简单向量符号在短期神经网络培训班上特别有用。在第 6 章,将反向传播、函数连接型和径向基函数网络运用到经典回归与模式分类问题,并介绍了几个竞争学习计划。在此次修订增加的新的第 7 章中,讨论了动态神经网络预测、模式分类和模型匹配。第 7 章包括用于在线预测的新方法和递归网络的简化程序。

第 8 章内容为模糊集控制器、偏微分方程和在风景图上 1000 多个点位上复制的农业生态模型。附录给出了部分正文之外的参考资料。

作者衷心感谢科罗拉多大学的 M. Main 教授(在 Windows 图形上给予了大力协助)、莱布尼兹农业景观研究中心(ZALF)的 R. Wieland 博士(提出了许多很好的建议)以及 Theresa M. Korn(她在此项目及其他项目上给予了持续的帮助)。

格拉尼诺 A. 科恩(Granino A. Korn)
于华盛顿韦纳奇(Wenatchee,Washington)

目　　录

第1章　动态系统模型与仿真 ···································· 1

1.1　仿真是指利用模型进行实验 ···························· 1

　　1.1.1　仿真与计算机程序 ······························· 1

　　1.1.2　动态系统模型 ···································· 2

　　1.1.3　实验协议定义仿真研究 ·························· 3

　　1.1.4　仿真软件 ·· 4

　　1.1.5　交互式建模快速仿真程序 ······················ 4

1.2　仿真运行剖析 ·· 8

　　1.2.1　动态系统时程的定期采样 ······················ 8

　　1.2.2　数值积分 ·· 10

　　1.2.3　采样时间和积分步长 ···························· 11

　　1.2.4　排序定义变量的赋值 ···························· 11

1.3　简单应用程序 ··· 12

　　1.3.1　振荡器和计算机显示器 ·························· 12

　　1.3.2　利用可变步长积分进行空间飞行器轨道仿真 ······ 16

　　1.3.3　种群动态模型 ···································· 17

　　1.3.4　拼接多个仿真运行:台球仿真 ···················· 19

1.4　控制系统仿真简介 ······································ 20

　　1.4.1　电机磁场延迟和饱和电气伺服机构 ·············· 20

　　1.4.2　控制系统频率响应 ······························ 23

　　1.4.3　简单导弹仿真(参考文献[12-15]) ················ 23

1.5　停下来思考一下 ··· 27

　　1.5.1　现实世界的仿真:忠告 ·························· 27

参考文献 ·· 28

第2章　差分方程、限幅器和开关模型 ······················ 29

2.1　采样数据系统和差分方程 ································ 29

　　2.1.1　采样数据差分方程系统 ·························· 29

　　　2.1.2　一阶差分方程求解系统 ················· 30
　　　2.1.3　微分方程和采样数据运算相结合的模型 ········ 32
　　　2.1.4　简单例子 ························· 33
　　　2.1.5　初始化和重置采样数据变量 ············· 34
　　2.2　两个混合连续/采样数据系统 ·············· 34
　　　2.2.1　数字控制制导鱼雷 ··················· 34
　　　2.2.2　带有数字 PID 控制器的受控体的仿真 ········ 35
　　2.3　带限幅器和开关的动态系统模型 ············ 37
　　　2.3.1　限幅器、开关和比较器 ················· 37
　　　2.3.2　开关和限幅器输出、事件预测和显示问题的积分 ··· 40
　　　2.3.3　用采样数据赋值 ····················· 41
　　　2.3.4　阶梯运算符和启发式积分步长控制 ········· 41
　　　2.3.5　例子:Bang-Bang 伺服机构的仿真 ·········· 42
　　　2.3.6　限幅器、绝对值和最大值/最小值选择(参考文献[7-10]) ··· 42
　　　2.3.7　输出受限的积分(参考文献[4]) ··········· 44
　　　2.3.8　模拟信号的量化(参考文献[10]) ··········· 44
　　2.4　利用递归赋值的高效器件模型 ············· 45
　　　2.4.1　递归开关和限幅器运算 ················ 45
　　　2.4.2　跟踪/保持仿真 ····················· 46
　　　2.4.3　最大值和最小值的保持(参考文献[9]) ········ 46
　　　2.4.4　简单的间隙和迟滞模型(参考文献[9]) ········ 47
　　　2.4.5　迟滞比较器(施密特触发器)(参考文献[8,9]) ···· 48
　　　2.4.6　信号发生器和信号调制(参考文献[7-9]) ······· 49
　　参考文献 ··························· 51

第3章　快速向量-矩阵运算与子模型 ·············· 52
　　3.1　数组、向量和矩阵 ··················· 52
　　　3.1.1　数组和下标变量 ····················· 52
　　　3.1.2　实验协议中的向量和矩阵 ··············· 53
　　　3.1.3　时程数组 ························· 53
　　3.2　向量和模型复制 ···················· 54
　　　3.2.1　DYNAMIC 程序段中的向量运算:向量化编译器
　　　　　　(参考文献[1]) ····················· 54
　　　3.2.2　向量表达式中的矩阵向量积 ·············· 55
　　　3.2.3　索引-移位运算 ····················· 57

　　　3.2.4　排序向量和下标变量赋值 ·· 58
　　　3.2.5　动态系统模型的复制 ··· 58
　3.3　更多向量运算 ·· 59
　　　3.3.1　和、点积和向量范数 ··· 59
　　　3.3.2　最大值/最小值的选择和屏蔽 ·· 60
　3.4　向量等价声明简化模型 ·· 61
　　　3.4.1　子向量 ··· 61
　　　3.4.2　矩阵-向量的等价 ·· 61
　3.5　动态系统模型中的矩阵运算 ·· 62
　　　3.5.1　简单矩阵赋值 ·· 62
　　　3.5.2　二维模型复制 ·· 62
　3.6　物理学和控制系统问题中的向量 ··· 63
　　　3.6.1　物理学问题中的向量 ·· 63
　　　3.6.2　核反应堆的向量模型 ·· 63
　　　3.6.3　线性变换和旋转矩阵 ·· 65
　　　3.6.4　线性控制系统的状态方程模型 ··· 66
　3.7　用户定义的函数和子模型 ··· 66
　　　3.7.1　简介 ·· 66
　　　3.7.2　用户定义的函数 ·· 66
　　　3.7.3　子模型的声明和调用(参考文献[5]) ··································· 67
　　　3.7.4　采样数据赋值、限幅器和开关的处理 ································· 69
　参考文献 ··· 69

第4章　高效参数-影响的研究及统计数据的计算 ·························· 70
　4.1　模型复制可以简化参数-影响的研究 ··· 70
　　　4.1.1　探索参数变化的影响 ·· 70
　　　4.1.2　重复仿真运行和模型复制 ·· 70
　　　4.1.3　对参数-影响研究的编程 ··· 73
　4.2　统计数据 ··· 76
　　　4.2.1　随机数据和统计数据 ·· 76
　　　4.2.2　样本均值和统计相对频率 ·· 77
　4.3　通过向量平均来计算统计数据 ·· 77
　　　4.3.1　样本均值的快速计算 ·· 77
　　　4.3.2　快速概率估计 ·· 78
　　　4.3.3　快速概率密度估计(参考文献[2,5]) ·································· 78

4.3.4　采样范围的估计 ································· 83

4.4　复制的均值生成抽样分布 ····························· 83

4.4.1　通过时间平均计算统计数据 ················· 83

4.4.2　样本复制和抽样分布统计数据 ············· 83

4.5　随机过程仿真 ··· 87

4.5.1　随机过程和蒙特卡罗仿真 ··················· 87

4.5.2　随机参数和随机初始值的建模 ············· 88

4.5.3　采样数据随机过程 ···························· 89

4.5.4　"连续"随机过程 ····························· 89

4.5.5　模拟的噪声问题(参考文献[12-14]) ····· 91

4.6　简单的蒙特卡罗实验 ··································· 92

4.6.1　简介 ··· 92

4.6.2　赌博回报 ··· 92

4.6.3　连续随机漫步的向量化蒙特卡罗研究(参考文献[3]) ····· 95

参考文献 ·· 98

第5章　真实动态系统蒙特卡罗仿真 ···················· 100

5.1　简介 ··· 100

5.1.1　概述 ··· 100

5.2　重复运行蒙特卡罗仿真 ······························· 100

5.2.1　重复仿真运行的运行结束统计数据 ········ 100

5.2.2　例子:火炮仰角误差对1776加农炮炮弹弹道的影响 ····· 101

5.2.3　顺序蒙特卡罗仿真 ···························· 103

5.3　向量化蒙特卡罗仿真 ··································· 104

5.3.1　1776加农炮炮弹的向量化蒙特卡罗仿真 ····· 104

5.3.2　组合式向量化和重复运行蒙特卡罗仿真 ····· 106

5.3.3　交互式蒙特卡罗仿真:用DYNAMIC程序段DOT运算计算统计

数据运行时程 ································· 107

5.3.4　例子:鱼雷弹道的离差 ······················ 108

5.4　含噪控制系统的仿真 ··································· 110

5.4.1　非线性伺服系统蒙特卡罗仿真:噪声输入测试 ····· 110

5.4.2　由噪声引起的控制系统误差蒙特卡罗研究 ····· 112

5.5　其他主题 ··· 115

5.5.1　蒙特卡罗优化 ·································· 115

5.5.2　方便的启发式伪随机噪声测试方法 ········· 115

　　5.5.3　蒙特卡罗仿真的备选方法 ··· 115

参考文献 ·· 116

第6章　神经网络的向量模型 ·· 117

　6.1　人工神经网络 ··· 117

　　6.1.1　简介 ··· 117

　　6.1.2　人工神经网络 ·· 117

　　6.1.3　静态神经网络：训练、验证和应用 ····································· 118

　　6.1.4　动态神经网络 ·· 119

　6.2　简单向量赋值模拟神经元层 ·· 119

　　6.2.1　神经元层声明和神经元运算 ··· 119

　　6.2.2　神经元层级联简化偏置输入 ··· 120

　　6.2.3　归一化和对比度增强层 ··· 120

　　6.2.4　多层网络 ··· 121

　　6.2.5　运行神经网络模型 ·· 122

　6.3　有监督的回归训练 ··· 124

　　6.3.1　均方回归 ··· 124

　　6.3.2　反向传播网络 ·· 127

　6.4　更多神经网络模型 ··· 133

　　6.4.1　函数连接型网络 ·· 133

　　6.4.2　径向基函数网络 ·· 133

　　6.4.3　神经网络子模型 ·· 135

　6.5　模式分类 ·· 136

　　6.5.1　简介 ··· 136

　　6.5.2　来自文件的分类器输入 ··· 136

　　6.5.3　分类器网络 ·· 137

　　6.5.4　例子 ··· 139

　6.6　模式的简化 ··· 146

　　6.6.1　模式中心的确定 ·· 146

　　6.6.2　特征约简 ··· 146

　6.7　网络训练问题 ··· 148

　　6.7.1　学习速率的调整 ·· 148

　　6.7.2　过拟合和泛化 ·· 148

　　6.7.3　逾越简单梯度下降 ·· 149

6.8 无监督的竞争层分类器 ·································· 150

  6.8.1 模板-模式匹配和 CLEARN 运算 ·················· 150

  6.8.2 用心学习 ································· 153

  6.8.3 竞争学习实验 ····························· 154

  6.8.4 简化的自适应谐振仿效 ······················ 154

6.9 有监督的竞争学习 ······························ 157

  6.9.1 双向分类 LVQ 算法 ························· 157

  6.9.2 对向传播网络 ····························· 157

6.10 CLEARN 分类器的例子 ························· 158

  6.10.1 已知模式的识别 ·························· 158

  6.10.2 学习未知模式 ··························· 162

参考文献 ································· 164

第 7 章 动态神经网络 ······························ 166

7.1 简介 ······························· 166

  7.1.1 动态和静态神经网络 ························ 166

  7.1.2 动态神经网络的应用 ························ 166

  7.1.3 神经网络和微分方程模型相结合的仿真 ············· 167

7.2 延迟线输入神经网络 ··························· 167

  7.2.1 简介 ································ 167

  7.2.2 延迟线模型 ····························· 168

  7.2.3 延迟线输入网络 ·························· 169

  7.2.4 使用伽马延迟线 ·························· 171

7.3 用作动态网络的静态神经网络 ····················· 172

  7.3.1 简介 ································ 172

  7.3.2 简单的反向传播网络 ······················· 172

7.4 递归神经网络 ······························ 173

  7.4.1 层反馈网络 ····························· 173

  7.4.2 简化的将上下文和输入层相结合的递归-网络模型 ······ 174

  7.4.3 反馈延迟线神经网络 ······················· 176

  7.4.4 教师强制 ······························ 177

7.5 预测器网络 ······························· 177

  7.5.1 离线预测器训练 ·························· 177

7.5.2 真实在线预测的在线训练 ············· 179

7.5.3 预测实验的混沌时序 ············· 181

7.5.4 预测器网络图库 ············· 182

7.6 动态网络的其他应用 ············· 188

7.6.1 时态模式识别:回归与分类 ············· 188

7.6.2 模型匹配 ············· 190

7.7 其他主题 ············· 193

7.7.1 生物-网络软件 ············· 193

参考文献 ············· 194

第8章 向量模型的更多应用 ············· 195

8.1 用对数图进行向量化仿真 ············· 195

8.1.1 欧洲仿真联合会(EUROSIM)1号基准问题 ············· 195

8.1.2 用对数图进行向量化仿真 ············· 195

8.2 模糊逻辑函数生成器的建模 ············· 197

8.2.1 规则表指定启发式函数 ············· 197

8.2.2 模糊集逻辑 ············· 198

8.2.3 模糊集规则表和函数生成器 ············· 201

8.2.4 用模糊基函数简化的函数生成 ············· 202

8.2.5 模糊集划分的向量模型 ············· 202

8.2.6 多维模糊集划分的向量模型 ············· 204

8.2.7 实例:伺服机构的模糊逻辑控制 ············· 204

8.3 偏微分方程(参考文献[11,12]) ············· 209

8.3.1 直线法 ············· 209

8.3.2 向量化直线法 ············· 209

8.3.3 柱面坐标中的热传导方程 ············· 213

8.3.4 概论 ············· 215

8.3.5 简单热交换器模型 ············· 215

8.4 傅里叶分析和线性系统动态 ············· 217

8.4.1 简介 ············· 217

8.4.2 函数表查找和插值 ············· 218

8.4.3 快速傅里叶变换运算 ············· 218

8.4.4 线性伺服机构的脉冲和频率响应 ············· 219

    8.4.5　线性动态系统的紧凑型向量模型(参考文献[14]) ············ 222

8.5　在地图网格上复制农业生态模型 ············ 225

    8.5.1　地理信息系统 ············ 225

    8.5.2　景观特征演变的建模 ············ 226

    8.5.3　地图网格上的矩阵运算 ············ 226

参考文献 ············ 229

附录 ············ 231

A. 其他参考资料 ············ 231

参考文献 ············ 236

B. 使用随书光盘 ············ 236

第1章 动态系统模型与仿真

1.1 仿真是指利用模型进行实验

1.1.1 仿真与计算机程序

仿真是指利用模型进行的实验。它不仅仅通过创建、修改各种各样的模型开展系统设计、研究和教学,而且还要存储和访问大量结果数据。这些只能利用计算机编程的模型实现(参考文献[1,2])。

在本书中,我们用时间模拟系统变量的变化,用仿真时间变量 t 代表物理时间。那么,我们的模型将尝试预测系统变量(如速度、电压和生物量)不同的时程,$y1=y1(t),y2=y2(t),\ldots$。静态模型只是简单地将同一时间的多个系统变量的值$(x(t),y(t),\ldots)$关联起来,例如,气压 $P(t)$ 可能是缓慢变化的温度 $T(t)$ 的函数 $P=aT$。

通过把模型系统状态变量 $x1(t),x2(t),\ldots$ 的值与它们过去的状态$[x1(t),x2(t),\ldots]$关联起来,动态系统模型即可预测出状态变量的值(见 1.1.2 节)。此类系统的计算机仿真最初被应用于航空工业领域,现在,不仅所有工程领域离不开仿真,就连生物学、医学以及农业生态学也离不开仿真技术。同时,离散事件仿真在商业和军事规划方面具有重要意义。

把仿真与数学分析结合起来是最为有效的仿真方法。对于很难或不能进行精确分析的,仿真常常会提供一些灵感和有用的建议。对于许多早期控制系统的优化组合确实如此。再如,蒙特卡罗仿真简单地通过对重复实验的统计数据进行测量,就可以解决利用显式概率理论分析难以解决的复杂问题。最终所有仿真结果必须通过实际实验加以验证,就像分析结果一样。

为了实验人员方便,计算机仿真可以加速,也可以减速,人们可以模拟 1s 内飞至火星或半人马座阿尔法星(Alpha Centauri)。将适当缩比的仿真与实时同步的周期性时钟中断使"硬件在回路"实验得以进行:通过计算机飞行仿真,可以让置于倾斜工作台上的一架真正自动驾驶仪(或一名飞行员)"飞行"。在本书中,我们关注的是快速仿真,因为我们需要研究各种不同模型的快速变化。尤其是我们将:

（1）在便捷的编辑窗口中输入并编辑程序；

（2）用键入的命令或图形界面命令启动、暂停和停止仿真，选择显示内容以及参数变化，仿真结果应能立即显示出来，以便对模型变化产生的影响提供直观"感受"（交互式建模）；

（3）对程序进行系统的参数优化，旨在研究、生成交会图和统计数据等。

1.1.2　动态系统模型

1. 差分方程模型①

将状态变量 $x=x(t)$ 的当前值 $x(t)$ 与过去值 $x(t-\Delta t)$ 关联起来的最简单的方法是差分方程，如简单的递推：

$$x(t)=F[x(t),x(t-\Delta t)]$$

更多的综合差分方程模型能将几个状态变量与它们的过去值关联起来，我们将在第 2 章详细讨论这类模型。

2. 微分方程模型

许多经典的物理和工程分析建立在微分方程模型的基础上，这种模型将连续的微分方程状态变量 $x1(t),x2(t),\dots$ 的延迟的相互作用与一阶常微分方程关联起来（状态方程）②，即

$$(d/dt)xi=fi(t;x1,x2,\dots;y1,y2,\dots;a1,a2,\dots)\qquad(i=1,2,\dots)\quad(1-1a)$$

式中：t 仍然代表时间，以及

$$yj=gj(t;x1,x2,\dots;y1,y2,\dots;b1,b2,\dots)\qquad(j=1,2,\dots)\quad(1-1b)$$

是定义的变量。a1,a2,… 和 b1,b2,…是常量模型参数。

由计算机实现的仿真运行可以执行诸如通过求解状态方程系统（式（1-1））获得系统两个变量 $xi=xi(t)$ 和 $yj=yj(t)$ 从 t=t0 到 t=t0+TMAX 过程的模型。给定一个初始值 $xi=xi(t0)$，积分例程逐渐增加模型的时间 t，并对导数（式（1-1a））进行积分，就能得到 $xi(t)$ 的连续值（1.2.2 节）。

每个状态变量 xi 就是一个模型输出。定义的变量 yj 有 3 种类型：

（1）模型输入（指定的时间 t 的函数）；

（2）模型输出；

（3）需要计算导数 fi 的中间结果。

---

① 一般来说，我们用微分方程表示回归关系，但是某些作者用显式有限差分这个术语描述这种关系（参考文献[11]）。

② 我们通过引入作为附加状态变量的导数将高阶微分方程换算为一阶系统，这样，$d^2x/dt^2=-kx$ 变成了 $dx/dt=xdot,dxdot/dt=-kx$（另请参见 1.3.1 节）。

定义变量的赋值(式(1-1b))必须分类至某个过程中,这样就不需要利用"代数环",而是通过状态变量 xi 的当前值、已计算得出的 yj 的值和/或 t 得到 yj 的所有更新值(1.2.4 节)。

一些动态系统(如汽车工程和机器人中的联动装置等系统)采用微分方程进行模拟,但微分方程不能像方程式(1-1a)那样,显式求解状态变量的导数,那么,仿真就需要在每个积分步长都有一个代数方程解。本书不涉及这样的微分代数方程系统,参考文献[6-11]给出了适宜的数学方法和专用软件。

3. 讨论

许多经典物理学(牛顿力学、电路理论、化学反应)都会用到微分方程,因此,大部分传统仿真程序基本上都是微分方程解算器,并将差分方程归类为附属"过程"程序段。尽管如此,现代工程系统往往要用到数字控制器和采样数据运算,它们都要利用差分方程实现。在本书中,介绍了一个专门为处理此类问题而设计的程序包。在第 1 章中,引入了微分方程问题,在第 2 章中,将继续探讨差分方程以及混合连续/采样数据模型。

1.1.3　实验协议定义仿真研究

有效的计算机仿真并非仅仅是设计模型方程这么简单,它还必须真正能便于修改模型并能尝试进行多次不同的实验(另请参见 1.1.5 节)。除了像 1.1.2 节中那样列出模型方程的程序段外,每次仿真都需要一个实验协议程序,实验协议程序能设置和改变初始条件及参数,调用微分方程求解仿真运行,并且能显示或列出解算答案。

简单的实验协议可以实现如下一系列连续的命令:

a=20.0│b=-3.35(设置参数值)

x=12.0(设置 x 的初始值)

drun(进行一次微分方程求解仿真运行)

reset(重置初始值)

a=20.1(改变模型参数)

b=b-2.2

drun(尝试另一次仿真运行)

…

每个 drun 命令调用一次新的仿真运行,命令 reset 为每次新的运行重置初始条件。

命令解释器立即执行键入的命令。每次仿真运行结束后,用户可以检查算法输出,然后为下次运行输入新的命令。命令模式操作允许进行交互式编程和程序

3

调试(参考文献[2])。

图形用户界面(GUI)仿真程序利用窗口进行模型参数输入,利用菜单和/或按键通过鼠标点击执行 run 和 reset 等诸如此类的命令,从而取代键入的命令。这方便了带有简单实验协议的特殊用途仿真程序。在控制窗口(命令窗口)键入的命令和编程命令使操作人员可以有更多的运行操作选择。

编程仿真研究可以将实验协议命令与称为实验协议脚本的存储程序结合起来,这样的程序可下达分支命令和循环命令来重复调用仿真运行程序(如为了进行参数优化或统计研究)。适用的实验协议脚本依赖于成熟的带有函数、过程、程序循环、条件执行和文件操作的计算机语言。

仿真研究涉及许多模型和参数变化,因此程序运行必须及时快速。我们可以解释实验协议脚本,但实现仿真运行的"动态"(Dynamic)程序段成百上千次地更新系统变量,必须对此类时敏操作进行编译①。

1.1.4　仿真软件

面向方程的仿真程序(如 ACSL™)接受采用人类可读的符号编写的模型方程,根据需要排序定义变量赋值,并将排序的方程馈入 Fortran 或 C 编译器中(参考文献[1])。伯克利·麦当娜(Berkeley Madonna)和 Desire(见下面内容)拥有运行时方程语言编译器,并能立即执行。框图解释程序(如 Simulink™ 和免费的开源 Scicoslab 程序)使用户能在显示屏上编辑框图模型。这种程序能立即执行解释的仿真运行,但速度相对慢一些。为了提高计算速度,大多数框图解释程序接受为复杂的表达式预编译的方程语言块,正式运行有时被翻译为 C 语言。此外,ACSL、Easy5™ 和伯克利·麦当娜都有编译仿真程序的框图预处理程序。微分代数(DAE)模型需要更复杂的软件,这些复杂软件能更好地利用 Modelica 语言(参考文献[3-6])。Dynasim™ 和 Maplesim™ 就是实例。

1.1.5　交互式建模快速仿真程序

本书中的程序采用的是随书光盘中的开源 Desire② 仿真软件③,命令脚本和模型描述采用的是一种类似 Basic 的自然数学符号,如:

$$y = a * \cos(x) + b \qquad\qquad d/dt\ x = -x + 4 * y$$

---

① 解释程序将单个命令逐一翻译成计算机机器语言。编译器通过翻译完整的程序段加速程序的执行。

② Desire 代表"实时直接执行仿真"(direct executing simulation in real time)。

③ 程序包的更新版本可从 www. sites. google. com/site/gatmkorn 免费下载。

4

因此,该系统简单易学,你可以运行我们所有的程序实例,不需要学习太多的语言知识就能简单地更改参数(表 1.1)。随书光盘中的参考手册详细介绍了 Desire 运算,参考文献[2]是基础教材,1.3.1~1.3.3 节列出了简单的实例程序。

表 1.1　Windows 下的 Desire 程序

简 单 安 装
利用编辑器、帮助文件、图形和许多用户程序实例,只需在一块硬盘或 U 盘上复制或解压缩分发文件夹 mydesire 生成一个完整的、可直接运行的仿真系统。删除安装文件夹可不留任何痕迹地卸载程序包。与大多数 Windows 程序不一样,Desire 从来不会涉及 Windows 注册
运 行 用 户 程 序
(1) 双击 Wdesire. bat 图标(或快捷图标),打开一个命令窗口和一个空的编辑窗口(图 1.1)。 　(2) 将用户程序图标拖入编辑窗口,装载要编辑的程序。 　(3) 单击编辑器的 OK 按钮,将编辑好的程序输入到 Desire 中,键入 erun(或更简单的 zz),开始运行程序。 　图形窗口显示解图,命令窗口显示出错信息,输出列表。 　更多的编辑窗口可以通过键入的命令进行增加,多个编辑窗口能让你运行和对比多个不同程序,或同一程序的不同版本(图 1.1)

　　Desire 可以在 Windows™ Linux 和 Unix 下运行,求解多达 4 万个微分方程(包括标量和向量形式)。同样也能很好地求解差分方程,全部采用的是双倍精度浮点运算。

　　图 1.1~图 1.5 中的双显示器展示了 Desire 正在 Windows、Linux 和 Unix 下运行。在编辑窗口中输入和编辑程序,在命令窗口键入控制程序的命令,解图在图形窗口进行显示。由于印刷关系,图 1.1~图 1.5 中的图形为黑白图形,但通常情况下,不同曲线显示的颜色是不同的。

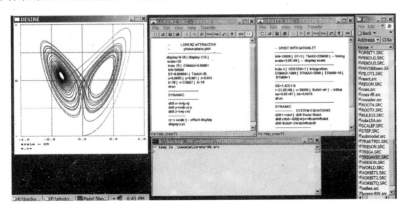

图 1.1　正在 Windows 下运行的 Desire 程序。双显示器显示了命令窗口、文件管理器(浏览器)窗口、两个编辑窗口和图形窗口。点击每个 Desire 编辑窗口上的红色 OK 按钮就可向 Desire 输入编辑好的程序,多个编辑窗口让用户可以运行和对比两个或更多的程序,或同一程序不同的改进版本

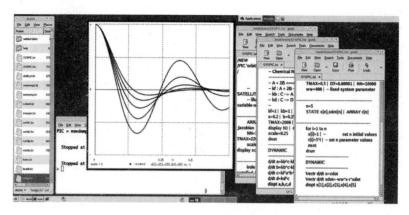

图 1.2 在 Linux 下运行的 Desire 程序。显示了命令窗口、文件管理器窗口、图形窗口和 3 个编辑器窗口。Linux 编辑窗口上的 Save 按钮向 Desire 输入编辑好的程序,如同图 1.1 中的 OK 按钮

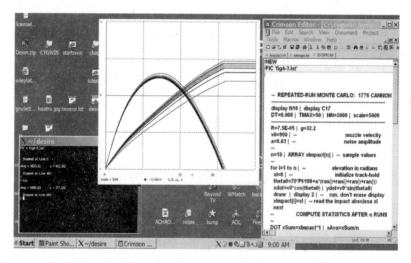

图 1.3 Cygwin(Windows 下的 Unix 环境)显示 Unix 控制窗口(作为 Desire 命令窗口)。单独的编辑器窗口采用开源 Crimson 编辑器

每个 Desire 仿真软件都始于一个编译的、定义了实验协议的脚本。随后的 DYNAMIC 程序段(动态程序段)定义了将按时程生成输出结果的模型。当实验协议脚本遇到 drun 语句时,嵌入式运行时编译器将自动编译 DYNAMIC 程序段[①],然后,求解状态方程的仿真运行程序就会立即启动,并显示求解时程。

---

① 任何后续 drun 的调用会忽略另一个仿真的编译和简单执行。

6

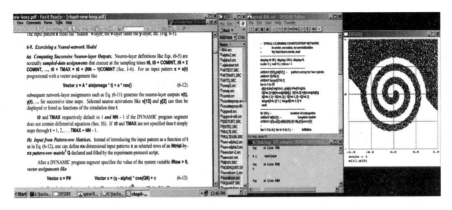

图 1.4　双屏幕显示器可以使人阅读左边的文本页,运行右边的 Desire 仿真实例

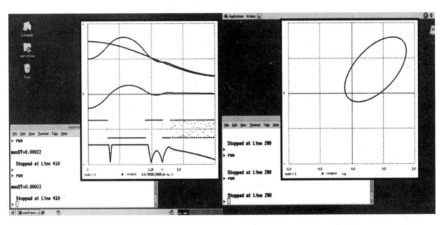

图 1.5　Linux 显示由单独的命令窗口控制的两个同时进行的仿真。
可以加入多文件管理器和编辑器窗口

　　由于屏幕编辑的程序的变化能实时显示出来,因此,快速运行时编译(低于40ms)能真正实现交互式建模。多个编辑窗口使用户能输入、编辑和模拟多个不同模型,从而可以对结果进行对比。运行时,显示界面能在仿真程序运行期间而不是结束之后显示求解时程和出错信息,从而使用户在程序运行中(而不是程序运行结束后)放弃不希望运行的程序,从而节省了时间。

　　实验协议能调用不同模型、同一模型不同版本和/或不同输入/输出运算的多个 DYNAMIC 程序段。

　　表 1.1 给出了如何在 Windows 下运行 Desire 程序和我们提供的程序实例。在 Linux 下,也能简单地通过解压缩分发文件夹装载 Desire 程序,此时,Desire 采用的不是自带的编辑器而是 Linux 编辑器。参考手册介绍了编辑器的安装以及与用户

程序文本文件之间的关系。一旦完成安装,只要点击程序文件图标就能在编辑窗口看到该程序,并和在 Windows 下一样运行该程序(图 1.2)。

1.2 仿真运行剖析

1.2.1 动态系统时程的定期采样

当 drun 命令调用一个仿真运行时,程序会对在 DYNAMIC 程序段中指定的输入/输出运算进行初始化。仿真时间 t 和微分方程状态变量从实验协议分配的初始值开始[①]。首先通过 DYNAMIC 程序段的代码(式(1-1))生成定义变量(式(1-1b))产生的初始值。除非停止,仿真就会从 t = t0 运行至 t = t0 +TMAX。用户可以通过点击鼠标(在 Windows 环境下)或通过键盘输入 Ctrl C 和 Space(在 Linux 环境下)暂停仿真的运行,用 drun 命令重新启动或延长仿真的运行。

Desire 通常会对 DYNAMIC 程序段变量进行采样,以用于输出,或以均匀分布的采样时间(通信时间)NN 对数据进行采样操作,即分别在下列时间采样:

$$t = t0, t0+COMINT, t0+2COMINT, \dots, t0+(NN-1)COMINT = t0+TMAX$$

其中

$$COMINT = TMAX/(NN-1) \tag{1-2}$$

实验协议脚本为 t0,TMAX 和 NN 设置了相应的值,或利用参考手册中列出的默认值。

如果 DYNAMIC 程序段包含微分方程(d/dt 或向量 d/dt 语句),若不指定其他值,则将 t0 默认为 t0=0。从 t = t0 开始,积分例程通过连续常数或可变 DT 积分步长来递增 t,直至 t 到达下一个数据采样通信点(图 1.6)。在积分步长内,数值积分近似于"连续"模型变量 t、x_i 和 y_j 的不断更新。每个积分步长通常需要调用一个以上的导数执行模型方程式(1-1)(见 1.2.2 节和参考文献[3-11])。

在不含微分方程的 DYNAMIC 程序段中,如果实验协议脚本未指定 t0 的值,则 t0 被默认为 t0=1。在这样的 DYNAMIC 程序段中,所有运算都是采样数据赋值,并且按逐次通信时间(见 1.1.2 节)运行。在采样语句 SAMPLE m 之前的赋值(m 为大于 1 的整数)只有在 t = t0+COMINT 以及在每个 m 倍数的通信点时才执行,这样可以实现多采样率采样。

---

① 为方便起见,可将微分方程未指定初始值的变量默认为 0。

8

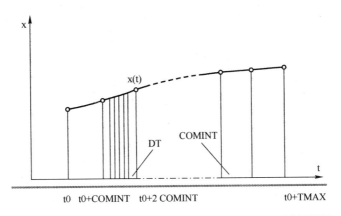

图 1.6 仿真变量时程,表明采样时间 t = t0,t0+COMINT,t0+2COMINT,… ,
t0+TMAX 和积分步长。本图中,所有积分步长在一个采样点结束。
对于可变步长积分法则,这往往是对的,但对于固定积分步长 DT,
可能会超过采样点一点点,占 DT 的一小部分,如图 1.7 所示

可变步长积分

NN = 6 | TMAX= 10 | 初始值 DT = 0.01

t,   x, X, y

0.00000e+00	0.00000e+00	0.00000e+00	0.00000e+00
2.00000e+00	3.89418e−01	3.89418e−01	0.00000e+00
4.00000e+00	7.17356e−01	3.89418e−01	3.89418e−01
6.00000e+00	9.32039e−01	9.32039e−01	3.89418e−01
8.00000e+00	9.99574e−01	9.32039e−01	9.32039e−01
1.00000e+01	9.09298e−01	9.09298e−01	9.32039e−01

固定步长积分

NN = 6 | TMAX= 11 | 初始值 DT = 0.01

t,   x, X, y

0.00000e+00	0.00000e+00	0.00000e+00	0.00000e+00
2.00000e+00	3.89419e−01	3.89419e−01	0.00000e+00
4.01000e+00	7.18748e−01	3.89419e−01	3.89419e−01
6.01000e+00	9.32762e−01	9.32762e−01	3.89419e−01
8.01000e+00	9.99513e−01	9.32039e−01	9.32762e−01
1.00100e+01	9.08463e−01	9.08463e−01	9.32762e−01

图 1.7 Desire 输出可变步长积分列表和固定步长积分列表。
故意这样选择参数是为了夸大固定 DT 的效果

除非系统变量 MM(默认值为 1)被设置为大于 1 的整数,否则,DYNAMIC 程
序段在 NN 通信点(式(1-2))进行输入/输出(如输出显示和列表)。在此情形下,
输入/输出就会发生在 t = t0+COMINT 以及每个 MM 倍数的采样点,直至 t = t0+.

9

TMAX。这样，就可以将 NN 设置为一个比输入/输出点的理想值更大一些的值，从而能进行快速采样，用于伪随机噪声（见 4.5.3 节）和/或采样开关和限幅器函数（见 2.3.3 节和 2.3.4 节）。

一些定义的变量赋值（式(1-1b)）不会影响状态变量，但会缩减或修订模型输出。这类运算不是每次调用导数时所必需的，只有在采样点时才需要。如果编程时将这样的赋值作为采样数值运算，放在 OUT 语句后面，仿真运行会更快一些。

最后，根据设计，Desire 通过将微分方程和差分方程结合起来解决问题。利用微分方程解决问题的 DYNAMIC 程序段可包含差分方程代码，但该代码不必在积分步长的中间值时运行。尤其是采样数据赋值建模数字控制器和噪声发生器只能在周期采样点时执行，并被集中跟在 OUT 和/或 SAMPLE m 语句后面，放在 DYNAMIC 程序段的结束部分。同样，非周期性差分方程代码（递归赋值）也必须类似地跟在 step 语句后面。这些主题将在第 2 章中进行讨论。

1.2.2 数值积分

另请参见表 A.1。

1. 欧拉积分(Euler Integration)

近似于在逐次积分步长中不断更新状态变量 x，最简单的过程是显式欧拉积分法则，即

$$xi(t+DT) = xi(t) + fi[t; x1(t), x2(t), \dots; y1(t), y2(t), \dots] \, DT \quad (i=1,2,\dots,n)$$
$$(1-3)$$

式中：fi 是由导数调用执行方程式(1-1)计算得出时间 t 的 dx/dt 值。

积分例程不断循环运行，直到 t 到达下一个通信点（式(1-2)），此时的解被采样用于输入/输出和采样数据运算，除非程序被用户停止或被编写的终止(term)语句停止，否则，直到访问 t=t0 +TMAX 时的最后一个采样后，仿真程序才停止运行。

2. 改进的积分法则(参考文献[6-11])

欧拉积分法则（见 1.1.3 节）只是通过一个与最终计算得出的导数成比例的量递增每个状态变量。这是一个可接受的（只对非常小的积分步长 DT 真积分）近似值。改进的更新需要每个积分步长 DT 多次进行导数调用。这可以减少为达到某个指定精度所需的导数调用（仿真的主要计算量）的总量，尤其是：

（1）多步长法则推算出更新的 xi 值，其为基于 x1, x2, … 和 f1, f2, … 有时 t-DT, t-2DT 的多项式；

（2）通过欧拉型步长，龙格-库塔(Runge-Kutta)法则预计算得出在时间间隔(t, t+DT)内两个或更多的近似导数值，并利用加权平均进行更新。

选择此类积分公式中的系数，以便 N 次多项式能正确积分(N 阶积分公式)。

显式积分法则(如方程式(1-3)),根据已计算得出的过去状态变量值,表示未来值 $xi(t+DT)$;隐式法则,如隐式欧拉法则

$$xi(t+DT)=xi(t)+fi[t+DT; x1(t+DT),x2(t+DT),\dots; y1(t+DT),y2(t+DT),\dots] \ DT$$
$$(i=1,2,\dots,n) \tag{1-4}$$

需要一个可以解算方程的程序,求解每个积分步长的 $xi(t+DT)$,这显然需要更多的计算量。但是隐式积分法则通常能提供更稳定的解,而且对于更大的 DT 值,也不会产生数值的不稳定,因此仍能节省计算时间。

可变步长积分可以调整积分步长,以便通过比较各种初步更新后的解保持准确的估值,这样能节省许多步骤。图 1.12、图 8.10 和图 8.11 给出了实例。

数值积分通常假设被积函数 fi 在每个积分步长内是连续的和可微的,阶跃函数输入只在时间 t=t0 和每个积分步长结束后是可接受的。这个问题与采样数据运算和开关函数模型相关,将在 2.3.2 节~2.3.4 节进行讨论。

1.2.3 采样时间和积分步长

实验协议脚本选择仿真运行时 TMAX 和用来显示、列表和/或采样数据模型所需的样本量 NN。如果选择积分步长的值 DT 大于 COMINT=TMAX/(NN-1),Desire 会反馈一个出错信息。Desire 永远不会抽取积分步长内的数据[①]。在这些时间,尚未定义好用于显示或进行采样数据赋值的采样数据输出,积分步长内的采样数据输入可能会使数值积分例程失效(另请参见 2.3.2 节~2.3.5 节)。

在每个通信间隙,Desire 的可变步长积分例程会自动地强制完成最后的积分步长,从而在用户选定的一个通信点准确地结束运行(式(1-2))。如果初始 DT 值超过 COMINT,则"非法采样率"信息会提醒你。但是固定步长积分例程将不得不在每个采样时间增加 DT 的一小部分时间,以确保在每个积分步长的最后进行一次采样,如图 1.7 所示。这并不会导致显示或列表出现错误,因为每个 $x(t)$ 值仍与其正确的 t 值相关联。但是,为了能正好在指定的周期采样时间(式(1-2))生成输出列表,必须利用可变步长积分,或者将 DT 设置为 COMINT 的非常小的一个值。

1.2.4 排序定义变量的赋值

每次调用微分方程求解积分例程时,OUT 或 SAMPLE m 语句(如果有的话)之前的 DYNAMIC 程序段运算(式(1-1))就会执行。每个导数或已定义的变量的赋值都会利用最后一次导数调用时计算的时间和状态变量的值。时间 t=t0 的导数和定义的变量的值来自一次额外初始导数调用生成的给定初始状态变量值和 t0。

[①] 有些仿真程序允许稍大些的 DT 值,并且在积分步长内通过插值获得输出结果。插值例程的精度必须与积分例程的精度相匹配。

状态方程(式(1-1a))的编程通常跟在已定义的变量赋值(式(1-1b))的后面。已定义的变量的赋值可能会用到当前步长期间已经计算得出的 yj 的值,因此,它们必须按正确的程序顺序执行,才能从当前状态变量值和 t 得到每个 yj 的值。无序赋值可能找不到其所有参数,或者试图利用之前导数调用中得到的已定义的变量的值。传统微分方程解算器(如 ACSL)自动排序定义变量的赋值,以便只利用由当前导数调用计算得出的唯一 yi 值。如果由于代数环无法做到这些,程序就会反馈一个出错信息,即排序错误。

由于 Desire 不像大多数传统微分方程解算器,它直接适应差分方程(见第 2 章),不自动排序定义变量的赋值。到目前为止,未定义的变量可被正确识别并显示出错信息,但是用户必须检查代数环(如果有的话),并在必要时重新排序赋值。

Desire 不把递归赋值(如 qi = Fi(t; qi))看作代数环,而是自动将它们作为差分方程(见 2.1.2 节)。在 2.4.1 节~2.4.6 节中,将论述这项技术的重要应用。

1.3　简单应用程序

1.3.1　振荡器和计算机显示器

1. 线性振荡器

图 1.8 和图 1.9 中的完整小程序描述了 Desire 仿真的主要特点。图 1.8 中 DYNAMIC 语句后面的 DYNAMIC 程序段定义了一个微分方程模型。我们用导数赋值模拟了一个简单的阻尼谐振荡器或质量弹簧阻尼系统。

$$\mathrm{d/dt}\ x = xdot \quad | \quad \mathrm{d/dt}\ xdot = -ww * x - r * xdot$$

可以添加一个显示说明:

(1) dispt、xdot 显示变量 x 和 xdot 与仿真时间 t;

(2) dispxy x、xdot 显示 xdot 和 x(相平面图)。

模型和显示通过 DYNAMIC 语句之前的实验协议脚本执行。在图 1.8 中,连续的实验协议语句指定:

(1) 运行时 TMAX、积分步长 DT 和显示点的数量 NN;

(2) 模型参数 ww;

(3) 状态变量 x 的初始值。

未指定时间 t 和状态变量 xdot 的初始值时,默认值为 0。积分例程默认为固定步长二阶龙格-库塔法则[①]。

---

① 随书光盘中的 Desire 参考手册详细描述了完整的程序句法、不同仿真参数的默认值和操作说明。

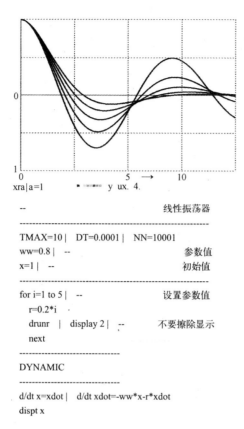

```
xra|a=1          ■  ■■■■    y ux. 4.

--                              线性振荡器
------------------------------------------------
TMAX=10 |   DT=0.0001 |   NN=10001
ww=0.8 |   --                        参数值
x=1 |   --                           初始值
------------------------------------------------
for i=1 to 5 |   --               设置参数值
  r=0.2*i ·
  drunr   | display 2 |   --     不要擦除显示
  next
--------------------------------
DYNAMIC
--------------------------------
d/dt x=xdot |   d/dt xdot=-ww*x-r*xdot
dispt x
```

图 1.8　一个线性振荡器的完整仿真程序,在不同阻尼系数 r 值的情况下进行了 5 次仿真运行

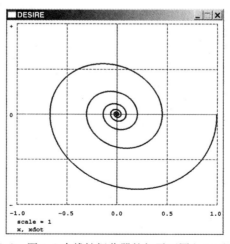

图 1.9　图 1.8 中线性振荡器的相平面图(xdot 和 x)

13

紧接其后的简单实验协议循环调用了 5 次仿真运行,每次运行振荡器阻尼参数 r 的值均不同。通过多个运行,display 2 语句保持显示是实时的。由此产生的结果不断显示在图 1.8 的上图中。图 1.9 显示了一个相平面图。

2. 非线性振荡器:Duffing 微分方程

微分方程

$$\text{d/dt } x = x\text{dot} \mid \text{d/dt } x\text{dot} = -x * x * x - a * x\text{dot}$$

模拟了一个非线性弹簧振荡器。图 1.10 和图 1.11 展示了产生的时程和 a = 0.02 时的相平面图。很显然,这些结果不同于图 1.8 和图 1.9 中的线性振荡器响应。

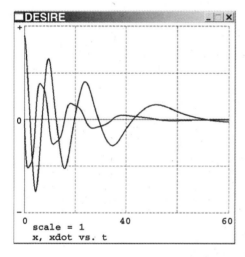 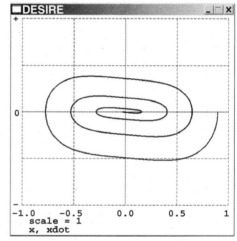

图 1.10　用 d/dt x=xdot ∣ d/dt xdot=-x * x * x-a * xdot+b * cos(t)
模拟的非线性振荡器的时程和相平面图

如果用正弦电压 b cos(t)驱动非线性振荡器,就会得到

$$\text{d/dt } x = x\text{dot} \mid \text{d/dt } x\text{dot} = -x * x * x - a * x\text{dot} + b * \cos(t)$$

图 1.11 展示了求解显示和程序。注意:实验协议脚本首先调用了一个仿真运行,用于显示初始瞬值;然后是一个长的仿真运行(显示关闭),以建立稳态条件;最后,第三个运行用来显示稳态解。

参考文献[2]给出了更多的用于解决较小的物理问题的 Desire 程序。

14

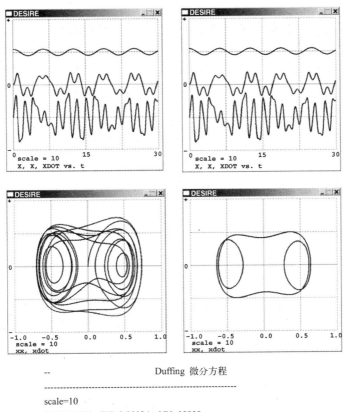

```
--                              Duffing 微分方程
------------------------------------------------------------
scale=10
TMAX=30 |   DT=0.0002 |   NN=10000
a=0.099 |   b=15 |   --                        参数
x=0.02 |   --                              初始值
drun
write "type go to continue" |   STOP
TMAX=200 |   display 0 |   drun
write " note how solution becomes periodic!"
TMAX=30 |   display 1 |   drun
------------------------------------------------------------
DYNAMIC
------------------------------------------------------------
z=cos(t)
d/dt x=xdot |   d/dt xdot=-a*xdot-x*x*x+b*z
Z=0.5*(z+scale) |   X=0.5*x |   XDOT=0.5*(xdot-scale)
dispt Z,X,XDOT   |   --（或用 xx=2*x | dispxy xx,xdot）
```

图 1.11　Duffing 微分方程系统的仿真程序。实验协议首先调用一个用来演示初始瞬值的
　　　仿真运行，之后调用一个长的仿真运行但不进行显示，以获得一个稳态（TMAX＝200，
　　　display 0，display 0），最后，第三个运行显示稳态解，此时，重新进行显示
　　　（display 1）。相平面图也被显示出来，显示的 z＝cos(t)图用于进行比对

15

1.3.2 利用可变步长积分进行空间飞行器轨道仿真

图 1.12 中的空间飞行器轨道仿真假设固定的地球对某个卫星施加了简单的平方反比定律的万有引力。月球施加在卫星上的力被忽略。地球位于坐标原点,x 和 y 轴方向的平方反比定律加速度为

$$(\mathrm{d}/\mathrm{dt})\ \mathrm{xdot} = -(\mathrm{a}/R^2)\ \mathrm{x}/R$$
$$(\mathrm{d}/\mathrm{dt})\ \mathrm{ydot} = -(\mathrm{a}/R^2)\ \mathrm{y}/R$$

该程序采用了缩放,以便万有引力常数 a 等于 1,我们得到一个非常简单的微分方程系统[①],即

$$\mathrm{rr} = (\mathrm{x}\text{\textasciicircum}2 + \mathrm{y}\text{\textasciicircum}2)\text{\textasciicircum}(-1.5)$$
$$\mathrm{d}/\mathrm{dt}\ \mathrm{x} = \mathrm{xdot}\ |\ \mathrm{d}/\mathrm{dt}\ \mathrm{y} = \mathrm{ydot}$$
$$\mathrm{d}/\mathrm{dt}\ \mathrm{xdot} = -\mathrm{x} * \mathrm{rr}\ |\ \mathrm{d}/\mathrm{dt}\ \mathrm{ydot} = -\mathrm{y} * \mathrm{rr}$$

图 1.12 中的轨道涉及非常大的速度变化,弹道的高速部分所需的较小积分步长会使仿真的其余部分慢下来。正因为如此,此类仿真利用了隐式可变步长积分/可变阶积分法则(irule 15)。图 1.12 中的第二个图展示了积分步长的变化。

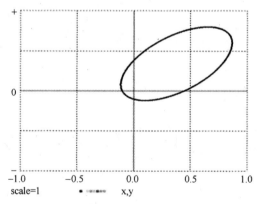

---

① 笛卡尔坐标(Cartesian-coordinate)公式比极坐标微分方程系统更简单些(参考文献[2])。参考文献[1,2]使用的是笛卡尔坐标:

$$\mathrm{x} = \mathrm{r} * \cos(\mathrm{theta})\ \ |\ \ \mathrm{y} = \mathrm{r} * \sin(\mathrm{theta})$$
$$\mathrm{d}/\mathrm{dt}\ \mathrm{r} = \mathrm{rdot}\ \ |\ \ \mathrm{d}/\mathrm{dt}\ \mathrm{rdot} = -\mathrm{GK}/(\mathrm{r}\text{\textasciicircum}2) + \mathrm{r} * \mathrm{thdot}\text{\textasciicircum}2$$
$$\mathrm{d}/\mathrm{dt}\ \mathrm{theta} = \mathrm{thdot}\ \ |\ \ \mathrm{d}/\mathrm{dt}\ \mathrm{thdot} = 2 * \mathrm{rdot} * \mathrm{thdot}/\mathrm{r}$$

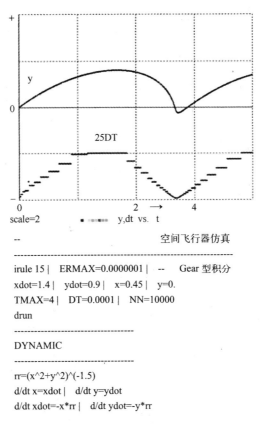

scale=2 ■ ·······■ y,dt vs. t

```
--                                    空间飞行器仿真
-------------------------------------------------------
irule 15|  ERMAX=0.0000001|  --    Gear 型积分
xdot=1.4|  ydot=0.9|  x=0.45|  y=0.
TMAX=4|  DT=0.0001|  NN=10000
drun
-------------------------------------------------------
DYNAMIC
-------------------------------------------------------
rr=(x^2+y^2)^(-1.5)
d/dt x=xdot|  d/dt y=ydot
d/dt xdot=-x*rr|  d/dt ydot=-y*rr
```

图 1.12 空间飞行器轨道仿真程序、轨道显示以及 y 和 DT 的时程带状图,显示了
可变积分步长。为简单起见,显示为缩放显示,以便所有系数都等于 1

1.3.3 种群动态模型

典型的种群动态模型通过连续微分方程状态变量表示种群总数。可能有许多的种群数,包括亚种群,如年龄和性别群体等。对状态导数进行赋值,描述不同种群之间的相互作用,如繁殖、死亡、染病以及打败或吃掉另一个种群等。完全类似的状态方程系统也描述了化合物或放射性同位素混合物的种群反应速率。

两个种群捕食者-猎物(Predator-prey)相互关系的经典范例通过沃尔泰拉-洛特卡(Volterra-Lotka)微分方程进行模拟,即

$$d/dt\ prey = (a1-a4*predator)*prey$$

$$d/dt\ predator = (-a2+a3*prey)*predator$$

每个种群的变化速率与种群的大小成正比。a1 是猎物(如当地的兔子种群)的自然出生率与死亡率之差。猎物有一个额外的死亡率 a4 * predator,它与捕食

17

者种群(如狐狸种群)的大小成正比。捕食者种群的死亡率为 a2,出生率为 a3 *
prey 且与猎物种群(这是捕食者的食物来源)成正比。

图1.13 中的仿真程序演示了该简单种群动态模型可以很容易地加以改进。我
们增加一项捕食者额外死亡率 b * predator,说明由于捕食者种群增加而导致某些捕
食者杀死其他捕食者的拥挤效应,当 b=0(没有拥挤效应)时,我们得到的是经典周
期洛特卡解:随着兔子的繁殖,狐狸食物的增加,它们的数量则增加,直至兔子种群数
量急剧下降,食物供应减少。当兔子的数量重新增长,这个过程开始重复。但是,拥
挤效应(当 b>0 时)限制了捕食者种群的数量,两个种群趋于一个稳态值。

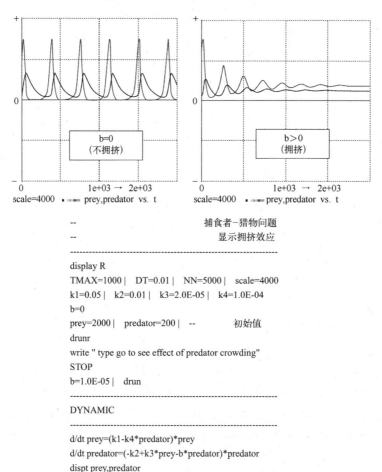

```
--                      捕食者-猎物问题
--                        显示拥挤效应
-------------------------------------------------------------
display R
TMAX=1000 |   DT=0.01 |   NN=5000 |   scale=4000
k1=0.05 |   k2=0.01 |   k3=2.0E-05 |   k4=1.0E-04
b=0
prey=2000 |   predator=200 |   --            初始值
drunr
write " type go to see effect of predator crowding"
STOP
b=1.0E-05 |   drun
-------------------------------------------------------------
DYNAMIC
-------------------------------------------------------------
d/dt prey=(k1-k4*predator)*prey
d/dt predator=(-k2+k3*prey-b*predator)*predator
dispt prey,predator
```

图1.13 种群动态仿真。当 b=0 时,程序实现的是经典 Volterra-Lotka 微分方程,产生捕食者
  种群和猎物种群的稳态周期起伏。当 b 取正数时,模拟的是捕食者种群由于拥挤(如捕食
  者种群的自相残杀)导致的死亡率上升。之后,捕食者种群和猎物种群都趋于恒定的稳态值

18

1.3.4 拼接多个仿真运行:台球仿真

图 1.14 中的 DYNAMIC 程序段模拟了一个台球,作为桌面上的一个点(x,y)。桌面由弹性桌岸围了起来,设置 x=a,x=-a,y=b,y=-b。对于桌岸内的 x 和 y,唯一的加速度是由于负速度方向的恒定摩擦,因此,程序编写如下:

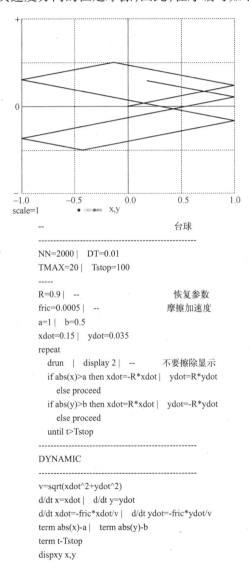

```
--                                          台球
-----------------------------------------
NN=2000 |   DT=0.01
TMAX=20 |   Tstop=100
-----
R=0.9 |  --                          恢复参数
fric=0.0005 |  --                    摩擦加速度
a=1 |   b=0.5
xdot=0.15 |   ydot=0.035
repeat
  drun   |   display 2 |  --         不要擦除显示
if abs(x)>a then xdot=-R*xdot |   ydot=R*ydot
    else proceed
if abs(y)>b then xdot=R*xdot |   ydot=-R*ydot
    else proceed
  until t>Tstop
-----------------------------------------
DYNAMIC
-----------------------------------------
v=sqrt(xdot^2+ydot^2)
d/dt x=xdot |   d/dt y=ydot
d/dt xdot=-fric*xdot/v |   d/dt ydot=-fric*ydot/v
term abs(x)-a |   term abs(y)-b
term t-Tstop
dispxy x,y
```

图 1.14 台球仿真。实验协议脚本拼接了多个仿真运行,当台球撞到四周桌岸中的
任何一面时(x=a,x=-a,y=b,y=-b),仿真运行被终止

19

$$\mathrm{d}/\mathrm{d}t \ x = xdot \mid \mathrm{d}/\mathrm{d}t \ y = ydot$$

$$\mathrm{d}/\mathrm{d}t \ xdot = -fric * xdot/v \mid \mathrm{d}/\mathrm{d}t \ ydot = -fric * ydot/v$$

其中,用定义的变量赋值,可得到速度 v,即

$$v = sqrt(xdot^2 + ydot^2)$$

桌岸碰撞的微分方程模型需要确切描述台球打到每个桌岸时产生的弹性力和耗散力。这不仅复杂,而且涉及非常大的加速度以及小的积分步长。当台球到达桌岸时,通过终止仿真程序运行,可以巧妙地避免这些问题。也就是说,对于 $|x| > a$ 或 $|y| > b$,有

$$term \ abs(x) - a \mid term \ abs(y) - b$$

然后,实验协议脚本会用当前位置坐标 x、y 及"反射"速度分量 xdot 和 ydot 启动一个新的仿真运行。

$$\begin{aligned}
&\text{if } abs(x) > a \text{ then } xdot = -R * xdot \mid ydot = R * ydot \\
&\quad \text{else proceed} \\
&\text{if } abs(y) > b \text{ then } xdot = R * xdot \mid ydot = -R * ydot \\
&\quad \text{else proceed}
\end{aligned} \qquad (1-5)$$

恢复参数 R 测量碰撞时吸收的能量。程序重复循环运行该过程直到 t>Tstop。随书光盘内的参考手册对 Desire 实验协议脚本的 if/then/else 和 repeat/until 语句的句法进行了详细说明。图 1.14 展示了典型结果,即摩擦力最终使台球停止运动。display 2 再次防止程序将两次运行之间的显示结果擦除。

类似的运行拼接实验协议脚本在许多其他带有基本开关运算的应用软件(包括开关电路的仿真)中也非常有用。参考文献[2]展示了更多事例,包括经典弹球仿真和欧洲仿真联合会(EUROSIM)挂钩与摆锤(Peg-and-pendulum)、开关放大器基准等。

1.4 控制系统仿真简介

1.4.1 电机磁场延迟和饱和电气伺服机构

电气伺服机构的电机驱动负载,以便输出位移 x(通常在给定一个初始瞬值之后)能跟随输入 u = u(t)(图 1.15)。伺服控制器产生电机控制电压 voltage。voltage 是位置误差 error = x−u 和变化率 xdot = dx/dt 的函数。变化率由电机轴上的转速计不断地测量得出。

图 1.15 展示了一个仿真程序。注意:正弦曲线伺服输入 u = A * cos(w * t)减少到 w=0 时的一个阶跃输入。我们模拟了一个简单的线性控制器,即

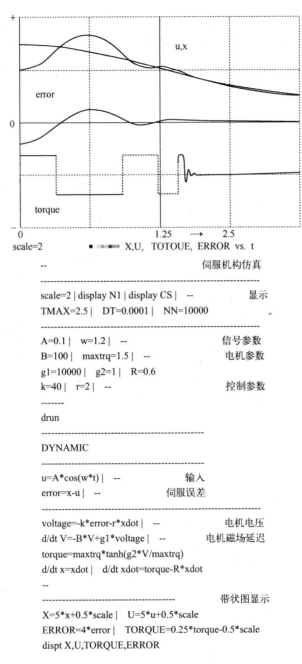

scale=2   ■ ▪▫▪▫▫▫▫ X,U, TOTOUE, ERROR vs. t

```
--                                          伺服机构仿真
------------------------------------------------------
scale=2 | display N1 | display CS | --        显示
TMAX=2.5 |   DT=0.0001 |   NN=10000
------------------------------------------------------
A=0.1 |  w=1.2 |  --                     信号参数
B=100 |  maxtrq=1.5 |  --                电机参数
g1=10000 |  g2=1 |  R=0.6
k=40 |  r=2 |  --                        控制参数
-------
drun
------------------------------------------------
DYNAMIC
------------------------------------------------
u=A*cos(w*t) |   --                      输入
error=x-u |  --                     伺服误差
------------------------------------------------------
voltage=-k*error-r*xdot |  --            电机电压
d/dt V=-B*V+g1*voltage |  --            电机磁场延迟
torque=maxtrq*tanh(g2*V/maxtrq)
d/dt x=xdot   d/dt xdot=torque-R*xdot
--
------------------------------------------      带状图显示
X=5*x+0.5*scale |   U=5*u+0.5*scale
ERROR=4*error |   TORQUE=0.25*torque-0.5*scale
dispt X,U,TORQUE,ERROR
```

图 1.15　一个带有电机磁场延迟、磁场饱和和正弦输入 u = A * cos(w * t)的电气伺服系统的
　　　　完整仿真程序与带状图显示。也可以设置 w = 0,从而得到伺服机构的阶跃响应

$$voltage = -k * error - r * xdot \tag{1-6}$$

控制器参数增益 k 和阻尼系数 r 为正。众所周知,高增益和/或低阻尼虽然加速了伺服响应,但却能导致输出超调,甚至振荡或不稳定。线性控制器将在第 8 章进行讨论。

电机电压(式(1-6))产生了励磁电流 I,磁场形成延迟由

$$d/dt\ I = -B * I + g1 * voltage \tag{1-7}$$

进行模拟。

产生的电机扭矩受电机磁场饱和的限制。电机磁场饱和用软限幅双曲正切函数表示,即

$$torque = maxtrq * tanh(g2 * I/maxtrq) \tag{1-8}$$

电机、齿轮和负载对扭矩的响应满足运动微分方程

$$(d/dt)x = xdot \quad (d/dt)xdot = (torque - R * xdot)/M \tag{1-9}$$

式中:M 为电机、齿轮和负载的惯性;R>0 为电机阻尼系数。为方便起见,扭矩和 R 按照一定的比例缩放,以便 M=1。

图 1.15 中的仿真程序设置了系统参数,并用两个已定义的变量的赋值(式(1-6)和(1-8))及 2 个状态微分方程(式(1-7)和式(1-9))模拟了伺服机构。之后,控制系统设计人员就能运行生成的这个"活数学模型",观测伺服输入、输出、误差和电机扭矩,同时,调整控制器参数和电机特性。在某种程度上,可变参数组合必定产生较小的伺服误差。我们可以用各种与正常输入类似的测试输入 u(t),进行预期应用(如阶跃输入、斜面、正弦曲线或噪声)。由于场饱和会使模型变成非线性,所以仿真必须用不同输入幅度加以重复。

此类计算机辅助实验为控制问题提供了一定的直观感觉,并且能快速显示出不稳定性或设计错误。尽管如此,为了做出客观决策,我们必须定义并计算数值误差度量。这些都是典型的函数,即对于一个给定的输入 u(t),伺服误差 x(t)-u(t) 的整个时程定义了该函数。例如,可以记录绝对误差或方差的最大值。更常用的误差度量是误差时程积分。我们定义此类度量为额外的状态变量,其初始值为 0,如:

$$d/dt\ IAE = abs(x-u) \quad (IAE,积分绝对误差)$$
$$d/dt\ ISE = (x-u)^2 \quad (ISE,积分平方误差)$$
$$d/dt\ ITAE = t * abs(x-u)$$
$$d/dt\ ISTAE = t^2 * abs(x-u)$$

ISE/TMAX 是均方误差。

现在,我们可以改变设计参数,直至选择的误差度量满足可接受的限度,或者误差度量尽可能小。我们还可以研究控制系统对受控机器或车辆的影响(如研究

22

将过大的空间飞行器加速度最小化）。4.1.1 节~4.1.3 节将详细讨论参数影响的研究。

1.4.2　控制系统频率响应

仿真实验能利用连续的各种正弦输入探究控制系统的频率响应。Desire 实验协议脚本能执行快速傅里叶变换，利用复数研究频率响应和绘制根轨迹图（参考文献[2]）。对于线性控制系统，我们可以运行一个微分方程求解仿真程序，然后通过快速傅里叶变换得到频率响应。在第 3 章获得更多的建模工具后，我们在 8.3.1 节~8.3.5 节介绍此类运算。

1.4.3　简单导弹仿真（参考文献[12-15]）

1. 制导鱼雷

在图 1.16~图 1.18 中，一枚导弹攻击一个目标。对此问题，我们采用了缩放，以便使 TMAX=1，距离为 1000 英尺。x 和 y 为以导弹重心为原点的直角笛卡尔坐标；u 和 v 为沿纵坐标方向上的导弹速度分量，且和纵坐标轴垂直，phi 为飞行航迹倾角；rudder 为控制面偏转。目标以恒定速度沿直线方向行进。

我们的特定导弹是一枚制导鱼雷。在水中，拖曳力和侧力大约与鱼雷速度 u 的平方 u^2 成正比。沿鱼雷纵坐标和横坐标的加速度可近似为

$$(d/dt)\ u=(thrust-drag)/mass=UT-a2*u^2$$

$$(d/dt)\ v=b1*u^2*\sin γ2+b2*phidot+b3*v*rudder$$

偏航旋转方程为

$$(d/dt)\ phi=phidot$$

$$(d/dt)\ phidot=c1*u^2*\sin γ+c2*u*phidot+c3*u^2*rudder$$

式中：c1 和 c2 为流体动力力矩系数和阻尼力矩系数；c3 为方向舵转向力矩系数，均除以鱼雷转动惯量。

航向的稳定性保证了鱼雷纵轴与速度向量之间的迎角 γ2 非常小，令

$$\sin γ2 ≈ \tan γ2 ≈ v/u$$

则 DYNAMIC 程序段的运动微分方程变为

$$(d/dt)\ u=UT-a2*u^2$$

$$(d/dt)\ v=u*(b1*v+b2*phidot+b3*rudder)$$

$$(d/dt)\ phidot=u*(c1*v+c2*phidot+c3*rudder)$$

$$(d/dt)\ phi=phidot$$

$$(d/dt)\ x=u*\cos(phi)-v*\sin(phi\quad (d/dt)y=u*\sin(phi)+v*\cos(phi)$$

目标角 psi 是图 1.16 中水平线与鱼雷和目标之间的连线形成的夹角。目标

坐标 xt 和 yt,到目标 dd 的平方距离以及目标角 psi 可由以下公式得出,即

$$xt = xt0 + vxt * t, \qquad yt = yt0 + vyt * t$$

$$psi = \arctan((yt-y)/(xt-x)), \qquad dd = (x-xt)^2 + (y-yt)^2$$

设置 phi 的初始值,使其等于 psi,这样就将鱼雷瞄准了目标。u 和 v 初始值设置为 0。

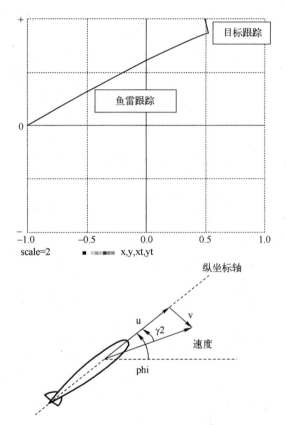

图 1.16 鱼雷跟踪某个以恒定速度运动的目标。目标角 psi(并未在此示出)
是水平线与鱼雷和目标之间的连线的夹角

控制方向舵,使鱼雷转向目标。这样简单的跟踪制导仅对低速目标起作用,如果鱼雷初始是以更快或更慢的速度位于移动目标的后面或前面(图 1.19),就要使用更先进的制导系统,请参见参考文献[14]中的讨论。

简单的声纳制导传感 psi 和 dd,启动控制面偏转 rudder,实现

$$error = (phi - psi) \qquad rudder = -rumax * sat(gain * error)$$

随着鱼雷逼近目标,我们增大控制器增益,设置

24

$$gain = gain0 + A * t$$

当鱼雷靠近目标,psi 开始快速变化时,我们终止程序运行。第二个方程确保了控制面偏转的绝对值不超过 rumax。

2. 完整的鱼雷仿真程序

图 1.18 列出了用于产生图 1.16 和图 1.17 中所示效果的完整的制导鱼雷程序。实验协议首先选择了一个积分例程、显示色彩、显示比例,然后设置积分步长 DT 的初始值、仿真运行时 TMAX 以及显示采样点的数量 NN。

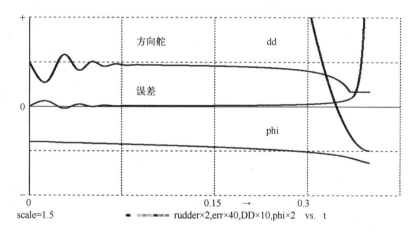

scale=1.5   ■ ┅┅┅┅┅ rudder×2,err×40,DD×10,phi×2 vs. t

图 1.17   鱼雷方向舵偏转、误差 phi-psi、角 phi 以及鱼雷到目标
距离 dd 的平方值的时程(见正文)

实验协议脚本详述了鱼雷参数、初始目标坐标、目标速度分量。最后,我们为状态变量 x、y 和 phi 指定了初始值。u、v 和 phidot 等其他状态变量的初始值默认为 0。

DYNAMIC 行以下的 DYNAMIC 程序段从为已定义的变量的赋值开始。我们指定目标坐标 xt 和 yt 为时间函数,然后得到目标角 psi 和控制器变量 error 与 rudder。接下去,DYNAMIC 程序段列出了状态微分方程和终止命令 term rr - dd。当导弹逼近目标,位于 RR = sqrt(rr)之内时,终止命令就会停止仿真程序。如果这条命令不执行,我们的攻击就失败了,然后仿真程序继续运行,直至 t = TMAX。模拟的方向舵偏转 rudder 被限制函数 sat( )(见 2.3.1 节)限定在-rumax 和 rumax 之间。限制函数在步长语句之前,以确保正确的积分(见 2.3.4 节)。

最后,显示命令 DISPXY x,y,xt,yt 同时显示导弹和目标轨迹(y 对 x 和 yt 对 xt)。可供选择的显示语句能绘制出 phi、psi、error 和 rudder 的时程(图 1.17)。你可以从编辑器窗口装载仿真程序,然后,通过键入的 erun(或 zz)命令显示解。

```
--                          制导鱼雷仿真
--              (x,y) 是鱼雷，  (xt,yt)是目标
--------------------------------------------------------
irule 4 |   ERMAX=0.1 |   --       可变步长 RK4
display N1 | display C8  | display R  | scale=2
DT=0.00001 |   TMAX=2 |   NN=20000
--------------------------------------------------------
UC=8 |   --                          鱼雷参数
a1=0.8155 |   a2=0.8155
UT=a1*UC^2
b1=-15.701 |   b2=-0.23229 |   b3=0 |   -- (或 -2.0002)
c1=-303.801 |   c2=-44.866 |   c3=500 |   -- 243.866
-------
gain=300 |   rumax=0.25 |   --              控制参数
RR=0.01 |   rr=RR^2 |   --               至目标距离
DD=100*rr
-------
vxt=0.1 |   vyt=-0.5 |   --              目标速度向量
x=-2 |   y=0 |   rudder=0 |   --               初始值
xt0=1 |   yt0=2
phi=atan2(yt0-y,xt0-x) |   --          首次瞄准目标
drunr
--------------------------------------------------------------------
d/dt u=UT-a2*u^2 |   --                   状态方程
d/dt v=u*(b1*v+b2*phidot+b3*rudder)
d/dt phidot=u*(c1*v+c2*phidot+c3*rudder)
d/dt phi=phidot
d/dt x=u*cos(phi)-v*sin(phi)
d/dt y=u*sin(phi)+v*cos(phi)
--
xt=xt0+vxt*t |   yt=yt0+vyt*t |   --                  目标
psi=atan2(yt-y,xt-x) |   --                 目标角度
dd=(x-xt)^2+(y-yt)^2 |   --                平方距离
--
error=(phi-psi) |   -- *swtch(dd-DD) |   --          控制
step |   --                               sat()所需
rudder=-rumax*sat(gain*error)
--
term rr-dd |   --                        关闭时终止
--------------------------------------------------------------------
DISPXY x,y,xt,yt |   --                 绘制 2 xy 交会图
```

图 1.18 完整的制导鱼雷仿真程序

1.5 停下来思考一下

1.5.1 现实世界的仿真:忠告

仿真,例如鱼雷的例子,能为我们提供对事物的理解,而且对于教学和学习来说,也是个好办法,但是工程设计仿真不仅仅是解决书本上的问题。事实上,少数模型运行的主要结果将是问题,而非答案:你运行仿真程序是为了了解你还需要弄明白多少。以下仅仅是几个可能会出现的问题:

(1) 你的导弹能从不同方向捕获目标吗?

(2) 如果目标速度提升,会发生什么情况?

(3) 你能通过不同的手段或控制系统参数改进设计吗?

(4) 可以接受的参数值的公差是多少?

显然,我们往往需要多次运行仿真,进行研究。图1.19展示了一个简单的例子。但在实践中,我们需要对多个问题(如上文所列出的问题)进行综合分析研究。即使是一个简单问题(如鱼雷),也可能需要上千次运行仿真程序。更大的项目会产生海量的仿真数据。对这些结果数据进行智能高效的评估更像是一门艺术,而非科学。这正是本书要实现的具体目的,展现能在数分钟内进行上千次实验,并通过各种方法显示结果的技术。

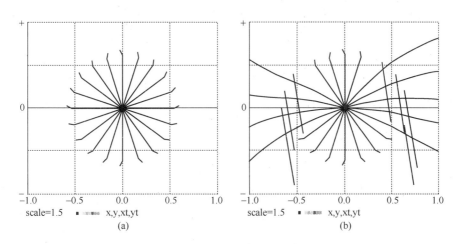

图1.19 通过多次运行研究,可以展示鱼雷以低速(a)和高速(b)攻击从不同方向出现的
目标的结果。众所周知,只有当目标航迹位于导弹前面或后面时,1.5.1节中
所描述的简单的跟踪制导方案才能捕获高速目标(参考文献[16,18])

27

与实际实验相比,计算机仿真不仅方便可行,而且能大大节省资金。但是工程设计模型可能意义不会太大,除非能通过真实的物理实验验证模型。非常昂贵的样机失败的原因可追溯为过于简化的模型(例如,忽略了导弹弹体的弯曲度或燃料的晃动)。仿真研究试图预测设计方面的问题,选择测试条件,以便将昂贵实验的次数降至最少。

参 考 文 献

[1] Korn, G.A., and J.V. Wait: *Digital Continuous-System Simulation*, Prentice-Hall, Englewood Cliffs, NJ, 1978.

[2] Korn, G.A.: *Interactive Dynamic-System Simulation*, 2nd ed., Taylor & Francis, Boca Raton, FL, 2010.

[3] Tiller, M.M.: *Introduction to Physical Modeling with Modelica*, Kluwer Academic, Norwell, MA, 2004.

[4] Fritzson, P.: *Principles of Object-Oriented Modeling and Simulation with Modelica*, 2nd ed., Wiley, Hoboken, NJ, 2011.

[5] *DYMOLA Manual*, Dynasim A.B., Lund, Sweden, 2012.

[6] Cellier, F.: *Numerical Simulation of Dynamic Systems*, Springer-Verlag, New York, 2010.

[7] Cellier, F., and E. Kofman: *Continuous-System Simulation*, Springer-Verlag, New York, 2006.

[8] Gear, C.W.: DIFSUB, Algorithm 407, *Communications of the ACM*, **14**(3), 3–7, 1971.

[9] Asher, U.M., and L. Petzold: *Computer Methods for Ordinary Differential Equations and Differential-Algebraic Equations*, SIAM Press, Philadelhia, !998.

[10] Petzold, L.: A Description of DASSL, a Differential-Algebraic-Equation Solver, in *Scientific Computing*, Stepleman, R.S. (ed.), North-Holland, Amsterdam, 1989.

[11] Stoer, J., et al.: *Introduction to Numerical Analysis*, Springer-Verlag, New York, 2002.

[12] Howe, R.M: in *Hybrid Computation*, Karplus, W.J., and G.A. Bekey (eds.), Wiley, New York, 1968.

[13] Siouris, G.M: *Missile Guidance and Control*, Springer-Verlag, New York, 2003.

[14] Thomson-Smith, L.D.: *Guided Missiles: Modern Precision Weapons*, Fastbook Publishing, 2008.

[15] Yanushevsky, R.: *Modern Guided Missiles*, CRC/Taylor & Francis, Boca Raton, FL, 2008.

第2章 差分方程、限幅器和开关模型

2.1 采样数据系统和差分方程

2.1.1 采样数据差分方程系统[①]

1. 简介

采样数据为诸如数字滤波器、数字控制器和神经网络的模型应用赋值。我们重新调用在 NN 采样点执行的采样数据赋值：$t=t0,t0+COMINT,t0+2\ COMINT,\dots$，$t0+(NN-1)\ COMINT=t0+TMAX$，且 $COMINT=TMAX/(NN-1)$（见 1.2.1 节）。在每个步长，尚未由其前面的赋值计算出的采样数据变量，取采样点之前最后一个采样点计算出的数值。

2. 差分方程

差分方程将差分状态变量 q 的未来值 $q(t+h)$ 与当前值 $q(t)$ 关联起来。差分方程状态变量通常表示重要模型量 $z1,z2,\dots$ 的当前和过去值，如：

$$q1=z1(t),q2=z1(t-COMINT),q3=z1(t-2\ COMINT)$$
$$q4=z2(t),q5=z2(t-COMINT)$$

N 阶采样数据差分方程系统把 N 状态变量的更新值 $qi=qi(t+COMINT)$ 与这些状态变量的当前值 $qi=qi(t)$ 关联起来：

$$qi(t+COMINT)=Fi(t;q1t,q2t,\dots,qN(t);p1(t),p2(t),\dots)\quad(i=1,2,\dots,N)$$
$$pj=pj(t)=Gj(t;q1(t),q2(t),\dots,qn(t);p1(t),p2(t),\dots)\quad(j=1,2,\dots)为定$$

义的变量，它们必须像 1.2.4 节中的 yj 那样按过程顺序排列。

3. 可能出现误差的雷区

像方程式（1-1）这样的微分方程系统使一件事情变得显而易见，那就是变量是状态变量并且需要被赋予初始值。这在差分方程系统中就不那么容易了。我们必须根据模型背景的真实情况明确差分方程状态变量，然后按有意义的顺序执行

---

① 如第 1 章提到的，我们所指的递归关系一般以差分方程表示，但是，一些作者将这一术语用于由显式有限差分描述的关系。与微分方程系统变量（"连续"变量或"模拟"变量）有关的差分方程在 2.4.1 节进行介绍。

采样数据赋值①。

2.1.2 一阶差分方程求解系统

1. 一般差分方程模型

我们从给定的差分方程状态变量 qi 的初始值 qi(t0) 和 t = t0 开始。对于 t 的每一个连续值，我们首先把定义的变量作为事先已赋值的状态变量 qi = qi(t) 的函数，计算得出已定义的变量

$$pj = pj(t) = Gj(t; q1, q2, \ldots, qN; p1, p2, \ldots) \quad (j = 1, 2, \ldots) \quad (2\text{-}1a)$$

正像 1.1.2 节一样，定义的变量可以是模型输入、中间结果和/或模型输出。

此时，我们必须为要输出、显示或列出的每个状态变量 qi(t) 创建一个额外的定义变量：

$$qqi = qi \quad\quad\quad\quad\quad (2\text{-}1b)$$

因为差分方程将用最新值 qi(t+COMINT) 覆盖每一个 qi(t)。

现在回忆一下，已定义的变量的赋值（式(2-1a)）可以将左手边的当前 pj 值不仅与状态变量 qi 的当前值关联起来，而且还与已计算得出的另一个定义变量 pj 的当前值关联起来。因此，定义的变量的赋值（式(2-1a)）必须按过程顺序正确分类，提供没有代数环的连续 pj 值，就像 1.2.4 节中的那样。

下一步就是利用 N 个差分方程赋值来为状态变量 qi 计算得出更新后的值 Qi，即

$$Qi = Fi(t; q1, q2, \ldots, qN; p1, p2, \ldots) \quad (i = 1, 2, \ldots, N) \quad (2\text{-}1c)$$

当计算得到所有 Qi 后②，我们就用 N 个更新赋值产生实际更新后的状态变量值 qi = qi(t+COMINT)，即

$$qi = Qi \quad (i = 1, 2, \ldots, N) \quad\quad\quad (2\text{-}1d)$$

从由实验协议脚本给 qi 设置一个初始值开始，在连续采样点按给定的顺序进行赋值（式(2-1)），这样，通过新的 qi 值的递归代换求解差分方程系统。出错信息将识别没有初始值的无下标状态变量。下标变量初始默认值为 0（见 3.1.1 节）。

例子如图 2.1 和图 2.4 所示。

2. 简单的递推关系

如第 1 章所述，Desire 不能自动拒绝代数环，简单的递归赋值：

---

① 遗憾的是，差分方程系统常常被简单地表示为以下形式：

qi = Fi(t; q1, q2, \ldots, qN; p1, p2, \ldots) (i = 1, 2, \ldots, N)

pj = Gj(t; q1, q2, \ldots, qN; p1, p2, \ldots) (j = 1, 2, \ldots)

隐含着每次赋值，左边的 qi 值为 qi(t+COMINT)，右边的 qi 值为 qi(t)。这样，可能会很难区分差分方程和定义变量的排序错误（代数环，见 1.2.4 节）。

② 注意：在计算得出所有 Qi 之前，替换方程式(2-1a)中更新后的状态变量值都是错误的。

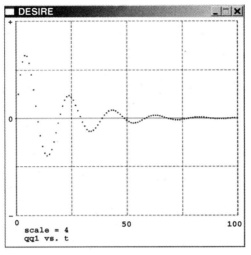

```
--                            数字滤波器
-----------------------------------------------------------
display Y |  scale=4 |  NN=101
a=1.8 |  b=-0.90 | --                    参数
u=0 | --                                零输入
q1=0 |  q2=1| --                        初始值
t=0
drun
-----------------------------------------------------------
DYNAMIC
-----------------------------------------------------------
q q1= q1 | --                    定义变量到输出 q1
Q1=q2 |   Q2=a*q2+b*q1+u
q1=Q1 |   q2=Q2 |  --             更新状态变量
--
dispt q1 |  --                   注意这是 q1 (t)
```

图 2.1　简单的差分方程程序。未指定 TMAX,因此 COMINT 默认值为 1。注意:程序生成 (在连续时间 t=0,1,2,…时)状态变量值 q1=q1(t+COMINT),并正确显示定义的变量 qq1=q1(t)

$$q_i = F_i(t; q_i) \quad (i = 1, 2, \ldots)$$

可以便利地将左边更新后的值 $q_i(t+COMINT)$ 与右边当前状态变量值 $q_i(t)$ 关联起来,而不需要中间的更新赋值 $Q_i = F_i(t; q_i)$。如果 q_i 没有定义,Desire 会自动将默认初始值设置为 $q_i(t0) = 0$。

注意:如果 F_i 不依赖于除 q_i 以外的任何状态变量,那么,这种简化的赋值是允许的。另外,如果想输出当前值 $q_i(t)$,那么,就像 2.1.1 节中那样,创建一个定义的变量 $qq_i(t) = q_i(t)$ 和程序,即

$$qq_i = q_i$$
$$q_i = F_i(t; q_i) \quad (i = 1, 2, \ldots) \tag{2-2}$$

如果没有指定初始状态变量值 qi(t0),那么,qqi=qi 会返回一个"未定义的变量"信息,并不会允许执行 qi=F(t;qi),直至你为 qi 提供一个初始值。

以下是几个简单的例子。在 t=1,2,... 和 q(0)=0 条件下,递归式

$$q=q+f(t)$$

或

$$delta \ q=f(t)$$

(作为连续增量 f(t) 的和)得出 q(另请参见 4.4.1 节)。递归式

$$q=2a*q*(q-1), \quad q(1)=0.4$$

产生一个混沌时序,即

$$q=q*t$$

且

$$q(1)=1$$

得到连续阶乘。在每种情况下,我们输出的是 qq=q(t) 而非 q。

简单递归赋值的重要应用包括:

(1) 小型设备模型,尤其是应用于控制工程的小型设备模型(见 2.4.1 节 ~ 2.4.6 节);

(2) 时序均值的快速计算(见 4.4.1 节)。

在以上两种应用中,COMINT 经常非常小,以至于不再需要额外的输出变量 qqi=qi(t)。

2.1.3 微分方程和采样数据运算相结合的模型

如第 1 章所述,DYNAMIC 程序段可能会包含微分方程代码和采样数据代码。本书中的例子对模拟受控体的数字控制器(见 2.2.1 节和 2.2.2 节)和带有伪随机噪声输入的微分方程问题(见 4.4.6 节)进行了仿真。在此类程序中,采样数据赋值跟在微分方程代码最后的 OUT 或 SAMPLE m 语句之后,因此只在周期采样时间执行[1]。如在 1.2.3 节中讨论的那样,正确设计的积分例程仅在 t=t0 和积分步长的最后进行采样。

从微分方程系统中馈入差分方程系统的变量是定义的变量。但是输入到微分方程系统中的所有采样数据是状态变量[2],因为它们关系到过去和现在。在采样点之间调用导数的过程中,这些采样数据输入"保持"前一个采样点赋予的值。实验协议脚本必须为此类采样/保持输入赋予初始值,否则,"未定义的变量"信息会提醒你。

(1) 采样数据赋值从当前采样时间计算得出的微分方程部分(模拟的"连续"

---

[1] 类似地,将在 2.4.1 节和 2.4.6 节中讨论的简单递归赋值必须跟在 step 语句后,防止它们在积分步长中间执行。

[2] 微分方程系统的采样/保持输入为状态变量,即使它们不是差分方程状态变量。

或"模拟"变量)读取输入。

（2）在"连续"微分方程部分，每个采样数据输入的当前值在前一个采样时间产生，并保持不变，直至下一个采样时间更新。这样就模拟了一个采样/保持操作。

2.1.4 简单例子

图2.2描绘了数据样本的时程。数据样本由一个简单的微分方程系统（"模

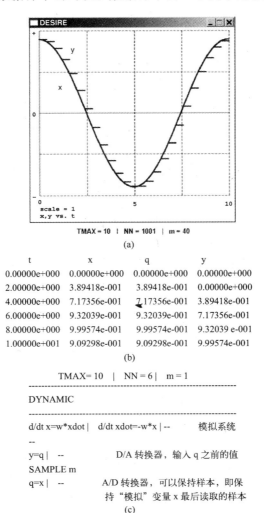

(a)

t	x	q	y
0.00000e+000	0.00000e+000	0.00000e+000	0.00000e+000
2.00000e+000	3.89418e-001	3.89418e-001	0.00000e+000
4.00000e+000	7.17356e-001	7.17356e-001	3.89418e-001
6.00000e+000	9.32039e-001	9.32039e-001	7.17356e-001
8.00000e+000	9.99574e-001	9.99574e-001	9.32039 e-001
1.00000e+001	9.09298e-001	9.09298e-001	9.99574e-001

(b)

```
              TMAX= 10  |  NN = 6 |  m = 1
-------------------------------------------------

DYNAMIC
-------------------------------------------------

d/dt x=w*xdot |   d/dt xdot=-w*x | --        模拟系统
--
y=q |  --                       D/A 转换器，输入 q 之前的值
SAMPLE m
q=x |  --                       A/D 转换器，可以保持样本，即保
                                持"模拟"变量 x 最后读取的样本
```

(c)

图2.2 "模拟"微分方程系统与原始采样数据（"数字"）系统之间的数据交换。图表显示(a)和输出列表(b)由(c)中一个小的 DYNAMIC 程序段生成（不同的 NN 和 m 值）。程序默认设置 t0=0 和 x(0)=0 明确赋值 q(0)=0。注意：来自数模转换器的"模拟"输入 y 读取的是前一个采样步长的数字 q 值，因此，总是比当前的 q 值落后一个步长

拟"系统)馈入到采样数据系统("数字"系统),然后再返回微分方程系统。你会发现,模拟输入 y 等于采样数据变量 q 的前一个样本。图 2.2 演示了当执行 SAMPLE m 语句之后,y=q 被更新时的采样/保持动作。

2.1.5 初始化和重置采样数据变量

无下标差分方程状态变量、微分方程系统的采样/保持输入必须通过实验协议明确初始化值,避免在时间 t=t0 出现"未定义的变量"(Undefined Variable)错误。下标变量通过数组声明(见 3.1.1 节)自动定义,默认值为 0。

编程模式和命令模式 reset(重置)与 drunr(相当于 drun｜reset)语句可以在当前仿真程序开始运行时,重置系统变量 t、DT 以及所有微分方程状态变量为初始值。但是 reset 和 drunr 不能重置差分方程变量与采样数据状态变量,必须在实验协议脚本中明确重置它们的值,可能需要一个命名的过程来采集所有这些重置操作。

2.2　两个混合连续/采样数据系统

2.2.1　数字控制制导鱼雷

作为一个简单的例子,图 2.3 展示了 1.4.3 节中的制导鱼雷程序是如何纳入数字控制功能而得以改进的。控制器操作:

$$error = (phi-psi) * swtch(dd-DD)$$
$$gain = gain0+800 * t$$
$$rudder = -rumax * sat(gain * error)$$

现在变成采样数据赋值[1],跟在 SAMPLE m 语句之后,DYNAMIC 程序段的最后。第一次采样数据赋值模拟了连续(模拟)变量 phi 和 psi 的模数转换。其他赋值表示了控制器操作和数模转换。error(误差)和 gain(增益)是中间结果。模拟的控制器向微分方程系统馈入其数字输出 rudder。这是模拟数模转换器的采样/保持输入。rudder 是采样数据状态变量,必须在 t=0 时明确进行初始化(见 2.1.3 节)。

控制器采样率为(NN-1)/(m * TMAX)。只要采样率足够大,仿真结果就越接近于 1.4.3 节中的例子(图 2.3)。

---

[1]　注意:由于在采样数据赋值时出现了 swtch(dd-DD)和 sat(gain * error),因此开关只在采样时间进行,并且不能影响数值积分(见 2.3.2 节和 2.3.3 节)。

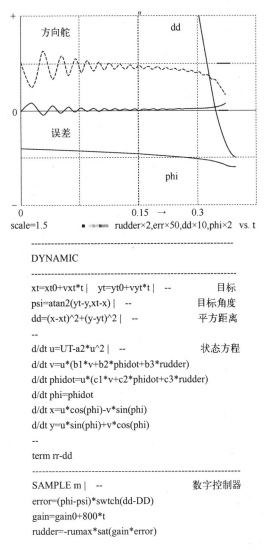

scale=1.5　　■ ⸻⸻　rudder×2,err×50,dd×10,phi×2　vs. t

```
--------------------------------------------------------
DYNAMIC
--------------------------------------------------------
xt=xt0+vxt*t |    yt=yt0+vyt*t |   --              目标
psi=atan2(yt-y,xt-x) |   --              目标角度
dd=(x-xt)^2+(y-yt)^2 |   --              平方距离
--
d/dt u=UT-a2*u^2 |   --                    状态方程
d/dt v=u*(b1*v+b2*phidot+b3*rudder)
d/dt phidot=u*(c1*v+c2*phidot+c3*rudder)
d/dt phi=phidot
d/dt x=u*cos(phi)-v*sin(phi)
d/dt y=u*sin(phi)+v*cos(phi)
--
term rr-dd
--------------------------------------------------------
SAMPLE m |    --                    数字控制器
error=(phi-psi)*swtch(dd-DD)
gain=gain0+800*t
rudder=-rumax*sat(gain*error)
```

图 2.3　数字控制鱼雷的时程显示和 DYNAMIC 程序段(另请参见图 1.16~图 1.18)。编程时,设置采样率的采样数据操作跟在 SAMPLE m 语句后。采样数据变量 rudder 必须由实验协议进行初始化

2.2.2　带有数字 PID 控制器的受控体的仿真

2.2.1 节中的简单数字控制器不涉及递归采样数据操作。接下来我们将研究一个真实的差分方程控制器。图 2.4 中的程序模拟了一个模拟受控体(类似于 1.4.1 节中的伺服系统)的数字 PID(比例/积分/导数)控制(参考文献[1]):

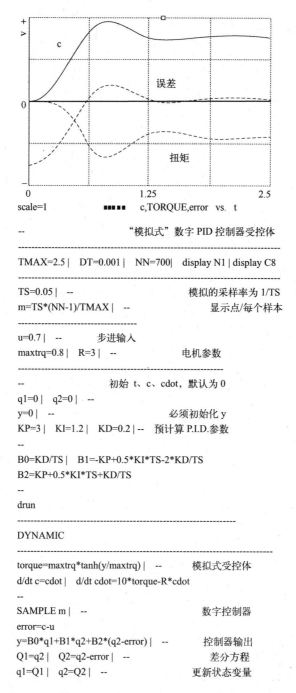

scale=1　　　　■■■■　c,TORQUE,error　vs.　t

```
--                          "模拟式"数字 PID 控制器受控体
-------------------------------------------------------------------
TMAX=2.5 |   DT=0.001 |   NN=700|   display N1 | display C8
-------------------------------------------------------------------
TS=0.05 |  --                      模拟的采样率为 1/TS
m=TS*(NN-1)/TMAX |  --                  显示点/每个样本
----------------------------------
u=0.7 |  --          步进输入
maxtrq=0.8 |   R=3 |  --               电机参数
-------------------------------------------------------
--                  初始 t、c、cdot，默认为 0
q1=0 |   q2=0 |  --
y=0 |  --                          必须初始化 y
KP=3 |   KI=1.2 |   KD=0.2 | --   预计算 P.I.D.参数
--
B0=KD/TS |   B1=-KP+0.5*KI*TS-2*KD/TS
B2=KP+0.5*KI*TS+KD/TS
--
drun
-------------------------------------------------------------
DYNAMIC
-------------------------------------------------------------
torque=maxtrq*tanh(y/maxtrq) |  --        模拟式受控体
d/dt c=cdot |   d/dt cdot=10*torque-R*cdot
--
SAMPLE m |  --                        数字控制器
error=c-u
y=B0*q1+B1*q2+B2*(q2-error) |  --         控制器输出
Q1=q2 |   Q2=q2-error |  --                差分方程
q1=Q1 |   q2=Q2 |  --                   更新状态变量
```

图 2.4　带有数字控制器的模拟式受控体的仿真。注意：采样数据赋值的正确顺序

36

$$\text{torque} = \text{maxtrq} * \tanh(y/\text{maxtrq})$$
$$\text{d}/\text{dt c} = \text{cdot} \quad | \quad \text{d}/\text{dt cdot} = 10 * \text{torque} - R * \text{cdot}$$

扭矩饱和再次由双曲正切(tanh)函数表示。程序忽略了模数转换器的量化,其模拟见 2.3.8 节中的展示。

模拟的数字控制器采集模拟输入变量 u 和模拟输出变量 c 的样本(模拟模数转换),以得到采样数据变量 error。简单地说,我们指定一个恒定输入 u = 0.7,之后控制器计算得出采样数据误差度量 error = c − u。为了生成控制器输出

$$y = B0 * q1 + B1 * q2 + B2 * (q2 - \text{error})$$

我们必须求解差分方程系统

$$Q1 = q2, Q2 = q2 - \text{error}$$
$$q1 = Q1, q2 = Q2$$

求出状态变量 q1 和 q2[①]。实验协议必须对 y、q1 和 q2 进行初始化。

隐式数模转换器将 y 转换为一个模拟电压,控制电机扭矩,其 DYNAMIC 程序段语句跟在图 2.4 中的 SAMPLE m 语句之后,模拟数字控制器。在每个第 m 个通信点,程序会更新状态差分方程,像实际数字控制器那样。采样率为(NN−1)/(m * TMAX) = 1/TS。

2.3 带限幅器和开关的动态系统模型

2.3.1 限幅器、开关和比较器

图 2.5 和图 2.6 中列出的分段线性库函数在许多工程领域都可以用到。它们在实验协议脚本和 DYNAMIC 程序段中都能发挥作用。

1. 限幅器函数

另请参见 2.3.6 节。

lim(x)是简单的单位增益限幅器或半波整流器。单位增益饱和限幅器 SAT(x)将其输出限定在−1 和 1 之间,SAT(x)将输出限定在 0 和 1 之间。更通用的单位增益饱和限幅器可通过下列公式计算获得:

---

① 参考文献[8]展示了数字 PID 控制器拥有 Z 传递函数(参考文献[1]):
$$G(z) \equiv KP + \frac{1}{2}(KI + TS)\frac{z+1}{z-1} + \frac{KD(z-1)}{TSz} \equiv \frac{Az^2 + Bz + C}{z(z-1)}$$
式中:KP、KI 和 KD 为比例、导数和积分增益参数。我们的程序通过预先计算 PID 参数
$$B0 = KD/TS \quad B1 = -KP + 0.5 * KI * TS - 2 * B \quad B2 = KP + 0.5 * KI * TS + B0$$
从而节省了计算时间。

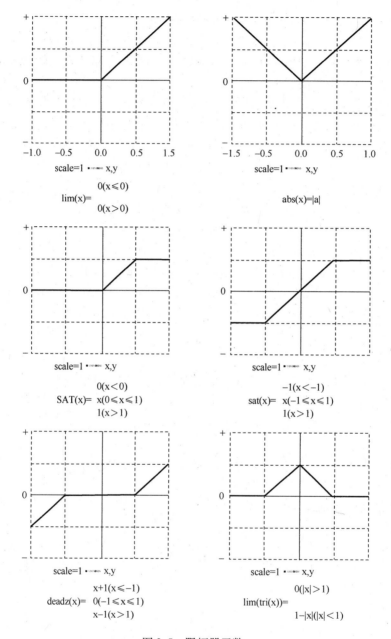

$$\mathrm{lim}(x)=\begin{array}{l}0(x\leqslant 0)\\0(x>0)\end{array}$$

$$\mathrm{abs}(x)=|a|$$

$$\mathrm{SAT}(x)=\begin{array}{l}0(x<0)\\x(0\leqslant x\leqslant 1)\\1(x>1)\end{array}$$

$$\mathrm{sat}(x)=\begin{array}{l}-1(x<-1)\\x(-1\leqslant x\leqslant 1)\\1(x>1)\end{array}$$

$$\mathrm{deadz}(x)=\begin{array}{l}x+1(x\leqslant -1)\\0(-1\leqslant x\leqslant 1)\\x-1(x>1)\end{array}$$

$$\mathrm{lim}(\mathrm{tri}(x))=\begin{array}{l}0(|x|>1)\\1-|x|(|x|<1)\end{array}$$

图 2.5　限幅器函数

$$y=a*\mathrm{sat}(x/a)(限定在 -a 和 a 之间,a>0) \tag{2-3}$$
$$y=\mathrm{lim}(x-\min)-\mathrm{lim}(x-\max)(限定在 \min 和 \max > \min 之间) \tag{2-4}$$

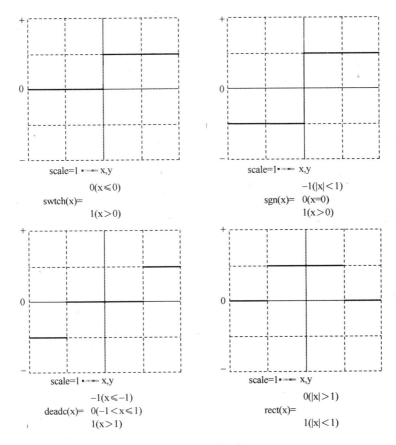

$$\text{swtch(x)} = \begin{cases} 0(x \leqslant 0) \\ 1(x>0) \end{cases}$$
scale=1 ▪ ▬ x,y

$$\text{sgn(x)} = \begin{cases} -1(|x|<1) \\ 0(x=0) \\ 1(x>0) \end{cases}$$
scale=1 ▪ ▬ x,y

$$\text{deadc(x)} = \begin{cases} -1(x \leqslant -1) \\ 0(-1<x \leqslant 1) \\ 1(x>1) \end{cases}$$
scale=1 ▪ ▬ x,y

$$\text{rect(x)} = \begin{cases} 0(|x|>1) \\ 1(|x|<1) \end{cases}$$
scale=1 ▪ ▬ x,y

图 2.6　开关函数

许多 x 的连续函数可近似为简单限幅器函数的和：

$$a0+a1*\lim(x-x1)+a2*\lim(x-x2)+\dots \tag{2-5}$$

2. 开关函数和比较器

另请参见 2.4.1 节。

当 x=a 时,图 2.6 中的库函数 swtch(x-a)在 0 和 1 之间进行开关。两个开关函数的组合

$$u=\text{swtch}(t-t1)-\text{swtch}(t-t2)\quad(t1<t2) \tag{2-6}$$

生成一个单位幅度脉冲 u(t),始于 t=t1,止于 t=t2。y=v*u 模拟了一个信号 v= v(t)的开关结果(t=t1 时开,t=t2 时关)。

再来看一下图 2.6,swtch(x)和 sgn(x)模拟了比较器的传输特性,当比较器的输入 x 过 0 时就将输出转换。这个有用的函数

$$y=\text{minus}+(\text{plus}-\text{minus})*\text{swtch}(x-a) \tag{2-7}$$

模拟了一个继电器比较器或函数开关。当输入变量 x 过比较标准 a 时,其输出 y 在值 minus 和 plus 之间进行转换。

a、minus 和 plus 可以是变量表达式。同样,可以模拟一个带库函数的继电器比较器,即

$$comp(x, minus, plus) = \begin{cases} plus & (x>0) \\ minus & (x \leqslant 0) \end{cases}$$

库函数 deadc(x) 表示一种带有死区(在 x = -1 和 x = 1 之间)的比较器。这个函数为

$$y = minus * swtch(a-x-delta) + plus * swtch(x-a-delta) \qquad (2-8)$$

2.3.2 开关和限幅器输出、事件预测和显示问题的积分

开关函数输出是不连续的阶跃函数,限幅器输出有不连续导数[①]。由于这些不连续性违反了可微性假设这一所有积分例程的基础,数值积分步长禁止跨越这些不连续性。对于采样数据被积函数,我们遇到了同样的问题,而且通过提供不跨越周期采样点的积分例程将问题加以解决(1.2.3 节)。但在解决微分方程问题中使用的开关函数和限幅器函数通常不会在已知的定期采样时间开关。因此,为了确保正确的数值积分,必须修改积分步长或开关时间。

早期的仿真方案仅仅是减少积分步长 DT,通常采用可变步长龙格-库塔例程,然后忽略这个问题。这种处理方法经常奏效,也许是因为稳定的控制系统的模型往往会减少计算误差。但这确实不是获得可靠结果的方法。特别是,由于可变步长积分试图减小积分步长,因此可能会在开关点失败。需要频繁开关的模型(如固态交流电机控制器模型)是特别不稳定的(参考文献[2,6])。当机械和电气系统的仿真涉及多个限幅器和/或开关时,情况会更糟。

有两种备选方法可以正确进行积分:

(1) 在诸如 swtch(x) 这样的函数即将切换时,一些仿真程序会通过过去的一些值外推 x 的未来值,从而预测时间 Tevent。积分例程会设计成强制最近的积分步长在 t=Tevent 时结束。软件必须选择第一个切换函数,同时,外推公式必须像积分法则一样精准(参考文献[3-6])。

(2) 我们只在积分步长结束时执行含有开关函数和限幅器函数的程序语句(见 2.3.4 节)。这需要在开关时间分辨率和积分步长之间做出折中选择。较小的积分步长会放慢计算速度。

---

① 有时,可以用光滑的逼近取代开关函数或限幅器函数。例如,可以用 tanh(a * x) 来近似 sat(x)。注意:这种技术同样要求较小的积分步长。

40

在随后的章节中,我们将介绍两种简单的正确积分方案,但另一个问题依然存在。在显示采样点之间开关次数大于 1 时,计算机显示器则不能正确显示开关函数。

为了避免显示采样点之间多次开关,唯一途径是增加显示点数 NN 或 NN／MM(见 1.2.1 节),这样积分步长的数量可以达到最小(见 1.2.3 节)。因此,显示问题不会影响计算精度,且连续函数能正确显示。

2.3.3　用采样数据赋值

Desire 积分例程从不跨越周期采样点(见 1.1.2 节),所以如果开关和限幅器运算均是采样数据赋值,跟在 DYNAMIC 程序段最后的 OUT 或 SAMPLE m 语句之后,一切都没有问题(见 1.2.1 节)。这是真实可行的,例如在模拟的数字控制器中。

原则上,如果用足够高的采样率,则可以将所有的开关和限幅器运算模拟为采样数据赋值。为了获得理想的开关时间分辨率,可能需要不同于用来显示或列表的输入/输出的采样率。用 SAMPLE m 语句很容易实现较慢的采样;通过设置 Desire 系统变量 MM,使其值大于 1,则很容易实现较快的采样(见 1.2.1 节)。在后一种情况下,用来显示或列表的输出样本的数量将小于 NN,这样则不能观测到开关或限幅器输出本身,而只能看到其对较慢的模型变量的影响(另请参见 2.3.2 节)。

这个开关问题的简单解决方案又意味着,对于没有比采样间隔 COMINT＝TMAX／(NN-1)更大的积分步长时(见 1.2.4 节),只能在开关时间分辨率和计算速度之间采取折中方法。在只需要少量开关函数和/或限幅器运算时,这可能是种浪费。

2.3.4　阶梯运算符和启发式积分步长控制

获得开关函数和限幅器函数的正确积分的一种更好的方法是将所有此类运算编程,跟在一个 Desire 程序 step 语句之后,step 语句位于微分方程程序段的最后。采样数据赋值跟在 OUT 和/或 SAMPLE m 语句(如果有的话)之后,程序位于 step 赋值的后面。

step 之前的赋值不会在每次调用导数时都执行,而只在 t＝t0 和每个积分步长的最后执行。实验协议必须初始化 step 后面的赋值对象(目标),否则,它们就不能在 t＝t0 时进行定义。事实上,它们是采样/保持状态变量,和采样数据输入一样,这些变量将过去值和当前值关联起来。

step 语句的使用显然解决了我们的问题。适度的开关时间分辨率再次要求实验协议为固定步长积分法则设置一个足够低的 DT 值,或者为可变步长积分法则设置足够低的 DTMAX 或 TMAX/(NN-1)[①]。

但我们可以做得更好。Desire 积分法则 2、3 和 5(分别为欧拉法则、四阶龙格-库塔法则和二阶龙格·库塔法则)允许在仿真运行期间由用户编程引起的积分步长 DT 变化。我们可以开始于某些期望值 DT= DT 0,当接近开关时间时(如当一个伺服误差的绝对值很小时),试探性地减少 DT。这种技术减少了计算时间,尤其对于那些只偶尔需要开关函数或限幅器函数的仿真。

2.3.5 例子:Bang-Bang 伺服机构的仿真

图 2.7 模拟的 bang-bang 伺服机构与 1.4.1 节中的连续控制伺服设备相同,除了控制电压没有连续不断变化而只是在正负之间切换外。我们对赋值进行编程

$$voltage = -sgn(k * error + r * xdot - 0.01 * voltage)$$

跟在 DYNAMIC 程序段最后的 step 语句之后。为了提高逼真度,通过减去 sgn 参数中的部分电压,我们实现了施密特触发器(见 2.4.5 节),而非简单的比较器。

实验协议脚本为 voltage 设置初始值,否则,在时间 t=0,就成为未被定义的变量。Desire 积分法则 5(irule 5)实现二阶龙格-库塔积分,我们编程

$$DT = DT0 * SAT(abs(error * pp)) + DTMIN$$

式中:DT0、DTMIN 和 PP 是由实验协议设置的参数。当伺服误差 error 较小时,DT 将降至 DTMIN。图 2.7 列出了程序,图 2.8 显示了结果。请注意有趣的编程积分步长 DT 的时程。

如果有多个不连续的函数,那么,就必须将两个或两个以上的 DT 表达式全部相乘。

2.3.6 限幅器、绝对值和最大值/最小值选择(参考文献[7-10])

对于大多数数字计算机,最快的非线性浮点运算并不是简单的限幅器函数(半波整流器,见 2.3.1 节),而是仅改变了浮点数符号位的绝对值函数(主波整流器),即

$$abs(x) \equiv |x| = \begin{cases} -x & (x<0) \\ x & (x \geq 0) \end{cases} \qquad (2-9)$$

因此,记住以下关系是有益的,即

---

① Desire 积分法则 4~8 需要显式设置 DTMAX 值。对于积分法则 9~15,我们采用的是 2.3.4 节的方法,让 NN 足够大,以获得所需的时间分辨率。我们利用 MM>1 获得比输入/输出点更多的采样点。

```
--                         BANG-BANG 伺服机构
--                       确保通过步进积分器正确积分
--
--    根据 irule5 积分法则启发式地对 DT 进行编程
------------------------------------------------------
irule 5 |  --                        允许用户编程的 DT
------------------------------------------------------
scale=2|  display N1 | display C8  | --              显示
TMAX=2.5 |  NN=10000
------------------------------------------------------
A=0.1 |  w=1.2 |  --                          信号参数
B=100 |   maxtrq=1 |  --                      电机参数
g1=10000 |   g2=1 |  R=0.6
k=40 |  r=2.5 |  --                           控制参数
--
pp=100 |   DT0=0.0002 |   DTMIN=DT0/10
-------
voltage=0 |  --                            必须进行初始化！
drun
write "maxDT=";DT0+DTMIN
-----------------------------------------------
DYNAMIC
-----------------------------------------------
u=A*cos(w*t) |  --                            输入
error=x-u |  --                              伺服误差
torque=maxtrq*tanh(g2*V/maxtrq)
-----------------------------------------------
d/dt V=-B*V+g1*voltage |  --                  电机磁场延迟
d/dt x=xdot |
d/dt xdot=torque-R*xdot
---------------------------------
step
voltage=-sgn(k*error+r*xdot-0.01*voltage)
DT=DT0*SAT(abs(error*pp))+DTMIN
--
-------------------------     重新缩放的带状图显示
X=5*x+0.5*scale |   U=5*u+0.5*scale
ERROR=4*error
TORQUE=0.25*torque-0.5*scale
dt=2500*DT-scale
dispt X,U,TORQUE,ERROR,dt
```

图 2.7 Bang-Bang 伺服机构的 Desire 程序

$$\lim(x) \equiv 0.5 * [x+abs(x)] \equiv 0.5 * x + abs(0.5 * x) \qquad (2-10)$$
$$sat(x) \equiv \lim(x+1) - \lim(x-1) \equiv 0.5 * [abs(x+1) - abs(x-1)] \qquad (2-11)$$

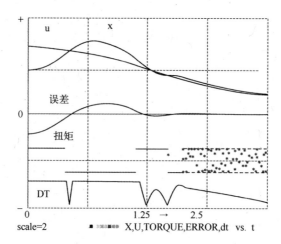

图 2.8 Bang-Bang 伺服机构的缩放带状图显示。图中展示了输入 u、输出 x、伺服误差、电机扭矩和编程的时间步长 DT 的时程。原始程序采用不同的颜色显示每条曲线

$$SAT(x) \equiv lim(x) - lim(x-1) \equiv 0.5 * [1 + abs(x) - abs(x-1)] \quad (2\text{-}12)$$
$$deadz(x) \equiv x - sat(x) \equiv x - 0.5 * [abs(x+1) - abs(x-1)] \quad (2\text{-}13)$$
$$tri(x) \equiv 1 - abs(x) \quad lim[tri(x)] \equiv tri[sat(x)] \equiv TRI(x) \quad (2\text{-}14)$$

事实上,这些恒等式用来实现 Desire 的库函数。

我们用以下公式查找 x 和 y 两个参数的最大值和最小值:

$$max(x,y) \equiv x + lim(y-x) \equiv y + lim(x-y) \equiv 0.5 * [x+y+abs(x-y)] \quad (2\text{-}15a)$$
$$min(x,y) \equiv x - lim(x-y) \equiv y - lim(y-x) \equiv 0.5 * [x+y-abs(x-y)] \quad (2\text{-}15b)$$

并且注意:

$$max(x,y) - min(x,y) \equiv x + y \quad (2\text{-}16)$$
$$lim(x) \equiv max(x,0) \quad (2\text{-}17)$$

2.3.7　输出受限的积分(参考文献[4])

每当 $d/dt \, y = ydot$ 生成的积分 y 超过预先给定的界限时,开关函数的积分

$$ydot = swtch(max-y) * lim(x) + swtch(y-min) * lim(-x) \quad (min<max) \quad (2\text{-}18)$$

就会停止。

注意:这与后面跟有输出限制的积分不同。

2.3.8　模拟信号的量化(参考文献[10])

2.2.1 节和 2.2.2 节中的模拟数字控制器处理普通的浮点数。但是我们可能想研究一下数字控制系统中或模拟的信号处理器和数字测量系统中信号量化的影

44

响。在图 2.9 中,Desire 库函数 round(q)用来量化正弦波,采用的是赋值,即
$$y = a * round(x/a)$$
式中:a 为量化间隔。由信号量化引起的误差 y-x 是量化噪声。round(q)返回浮点数。浮点数被四舍五入为最接近的整数值,而非整数。round(q)是不连续的。它是一个开关阶跃函数,必须跟在 step、OUT 或 SAMPLE m 语句之后,位于 DYNAMIC 程序段最后。在实验协议脚本中,round(x)也可以实现四舍五入。

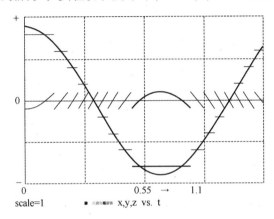

图 2.9   信号的量化与量化噪声

2.4   利用递归赋值的高效器件模型

2.4.1   递归开关和限幅器运算

一些很有用的器件模型采用在 DYNAMIC 程序段中进行简单的递归赋值,即
$$q = F(t; q) \tag{2-19}$$
我们在 2.1.2 节中讨论了采样数据的递归赋值。但 q 不必是采样数据变量,它可以模拟微分方程系统中的“连续”变量。如果 q 是未定义的,Desire 会自动为其分配默认的初始值 q(t0)= 0。如已经提到的采样数据状态变量(见 2.1.5 节),差分方程状态变量不会通过 reset 或 drunr 语句自动重置。需要时,实验协议脚本必须对它们明确重置。

在有微分方程的 DYNAMIC 程序段中,这种递归赋值必须跟在 step、OUT 或 SAMPLE m 语句后放在程序段的结束部分,避免让它们在积分步长的中间执行。

2.4.2 跟踪/保持仿真

差分方程系统

$$yy = y \mid y = y + swtch(ctrl) * (x - y) \tag{2-20}$$

模拟跟踪/保持(采样/保持)电路。当控制变量 ctrl 为正值时,"连续的"差分方程状态变量 y 就会跟踪输入 x;当 ctrl 小于或等于 0 时,y 就保持其最后值。图 2.10 演示了跟踪/保持操作。

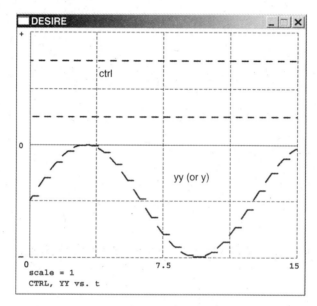

图 2.10 用差分方程系统 $yy = y \mid y = y + swtch(ctrl) * (x - y)$ 且 TMAX = 15 和
NN = 10,000 模拟的跟踪/保持操作。COMINT = TMAX/(NN-1) 太小,
以至于很难分辨 y 和 yy。利用图 2-14 中的程序,获得了控制波形

注意:在图 2.10 中以及本章后面各节中,COMINT = TMAX/(NN-1) 太小,以至于 y = y(t+COMINT) 和 yy = y(t) 很难分辨。因此,只需要忽略附加的输出变量 yy,就可以简化此类器件模型。

2.4.3 最大值和最小值的保持(参考文献[9])

另请参见 2.3.6 节。
差分方程状态变量为

$$max = x + lim(max - x) \tag{2-21}$$

跟踪并保持 $x = x(t)$ 中最大的过去值(图 2.11)。Desire 自动为 max 赋值为初始

值0。由于这样能阻止 max 记忆 x 的负值,因此我们用一个大的负值,如-1.0 E+30
来初始化 max。

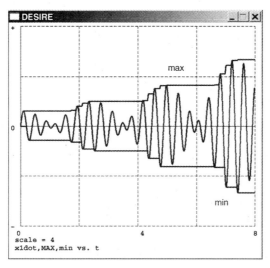

图 2.11　用差分方程式(2-21)和式(2-22)保持最大值和最小值

图 2.11 也表明,差分方程状态变量

$$min = x - lim(x-min) \tag{2-22}$$

类似保持了 x 最小的过去值。我们用 1.0E+30 初始化 min。随书光盘中有一个例
子,为了自动缩放显示比例,运用方程式(2-21)和式(2-22)保持了│x│最大的过
去值(参考文献[5])。

2.4.4　简单的间隙和迟滞模型(参考文献[9])

差分方程

$$y = y + a * deadz((x-y)/a) \tag{2-23}$$

模拟了单向简单的间隙(如齿隙)从 x 到 y 的传输特性(图 2.12)。我们可以用 y
驱动各种连续函数生成器,如:

$$z = tanh(10 * y)$$

来获得展现迟滞或记忆过去的输入值等其他传输特性(图 2.13)。然而,真正逼真的迟
滞模型应该直接从物理学中发展而来,不仅涉及差分方程,可能还涉及到微分方程。

作为另一个不同的例子,差分方程

$$y = deadc(A * y - x) \tag{2-24}$$

产生了具有迟滞的死区比较器的传输特性(图 2.14)。这对于模拟成对的空间飞
行器开关游标控制火箭是有用的。

47

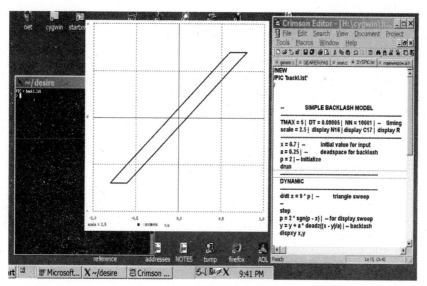

图 2.12 Cygwin(Windows 下的 UNIX)显示。用演示程序展示了简单的间隙传输特性。
演示程序用 2.3.8 节中的锯齿波形扫描 x

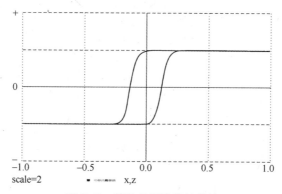

图 2.13 简单的迟滞传输特性

2.4.5 迟滞比较器(施密特触发器)(参考文献[8,9])

一个特别有用的迟滞差分方程

$$p = A * sgn(p-x) \tag{2-25}$$

模拟了正反馈比较器,即一种被电气工程师广泛使用的施密特触发电路(图 2.15)(参考文献[7])。差分方程状态变量 p 的默认值为 0,但通常被初始化为−A 或+A。这种建模技巧已经和早期的定点框图仿真语言被共同使用(参考文献[8,9])。

模拟的施密特触发器经常取代控制系统中的死区比较器(见 2.2.1 节),但或许它们最有用的用途是生成周期信号(见 2.4.2 节)。

48

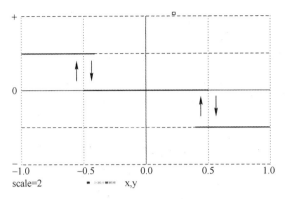

图 2.14 有迟滞的死区比较器的传输特性(y vs. x)

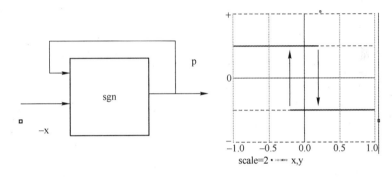

图 2.15 用 p=A * sgn(p-x)及其传输特性 p 和 x 实现的再生反馈比较器(施密特触发器)

2.4.6 信号发生器和信号调制(参考文献[7-9])

将硬件或软件施密特触发器的时间积分输出反馈给输入(图 2.16)可以模拟经典的休利特-帕卡德(Hewlett-Packard)信号发生器。这是用如下简单的程序实现的:

$$
\begin{aligned}
&\text{TMAX} = 5 \ | \ \text{DT} = 0.0001 \ | \ \text{NN} = 5000 \\
&\text{A} = 0.22 \ | \ \text{a} = 4 \ | \text{--信号参数} \\
&\text{x} = 1 \ | \ \text{p} = 1 \ | \text{--初始化} \\
&\underline{\text{drun}} \\
&\underline{\text{DYNAMIC}} \\
&\text{d/dt} \ \text{x} = \text{a} * \text{p} \ | \text{--三角波} \\
&\text{step} \\
&\text{p} = \text{sgn}(\text{p-x}) \ | \text{--方波}
\end{aligned}
\tag{2--26}
$$

实验协议通常用 p=A 和 x =-A 对差分方程状态变量 p 和微分方程状态变量

49

x 进行初始化。

当 p=A 时,积分器输出 x 增大,直到-x 克服了式(2-25)中施密特触发器正偏压 P =A。现在 p 转换为-A,x 减小,直至达到新的触发电平-A。重复此过程,就会生成方波 p=p(t) 和三角波 x=x(t),两者振幅均为 A,频率均为 a/(4 * A)(图 2.17)。频率分辨率由开关时间分辨率决定,也就是说,由用于积分的最大 DT 值决定(见 2.3.3 节和 2.3.4 节)。

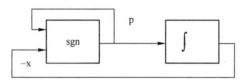

图 2.16　围绕施密特触发器模型反馈的积分器可以生成有用的信号发生器

图 2.17 显示了由此获得的方波 p(t) 和三角波 x(t)。

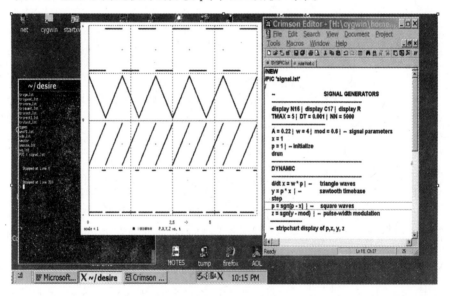

图 2.17　Cygwin(Windows 下的 Unix)显示屏。显示屏显示了一个终端窗口、一个编辑器窗口和图形,图形演示了 2.4.2 节中的信号发生器程序。原始显示器中用不同颜色显示不同的曲线

与计算机生成的测试信号和控制信号一样,这些周期函数是有用的①。增加的赋值

$$y = p * x \qquad\qquad (2\text{-}27)$$

---

① 我们用三角波 x(t) 对本章展示的所有函数生成器显示的输入进行扫描。

生成一个锯齿波形 y,以频率 0.5 * a/A 在-A 和 A 之间扫描。通过将 p(t)或 y(t)
馈入不同的函数生成器,那么,就能生成大量其他更加通用的周期波形,如同

$$z = f(y) \tag{2-28}$$

式中:f(y)可以是一个库函数,也可以是用户定义的函数或是表查询函数。

可以通过将参数 a 变成变量来调制所有这些周期波形的频率,也可以给锯齿
波形 y 添加一个变量偏差-mod,将结果发送到比较器,其输出

$$z = sgn(y-mod)$$

是脉宽调制脉冲串(图 2.17)。我们注意到,通过改变参数 a、w 和 phi,计算机生成
的正弦信号 s = A * sin(w * t+phi)也可以是调幅、调频和/或调相信号。

参 考 文 献

[1] Franklin, G.F., et al.: *Digital Control of Dynamic Systems*, 4th ed., Addison-Wesley, Reading, MA, 2010.

[2] Cellier, F.E., and D.F. Rufer: Algorithm for the Solution of Initial-Value Problems, *Mathematics and Computers in Simulation*, **20**:160–165, 1978.

[3] Carver, M.B.: Efficient Integration over Discontinuities, *Mathematics and Computers in Simulation*, **20**:190–196, 1978.

[4] Ellison, D.: Efficient Automatic Integration of Ordinary Differential Equations with Discontinuities, *Mathematics and Computers in Simulation*, **23**:12–20, 1981.

[5] Gear, C.W.: Efficient Step-Size Control for Output and Discontinuities, *Transactions of SCS*, **1**:27–31, 1984.

[6] Cellier, F., and E. Kofman: *Continuous-System Simulation*, Springer-Verlag, New York, 2006.

[7] Korn, G.A., and T.M. Korn: *Electronic Analog and Hybrid Computers*, 2nd ed., McGraw-Hill, New York, 1964.

[8] Korn, G.A., and J.V. Wait: *Digital Continuous-System Simulation*, Prentice-Hall, Englewood Cliffs, NJ, 1978.

[9] Korn, G.A.: Tricks and Treats: Nonlinear Operations in Digital Simulation, *Mathematics and Computers in Simulation*, **29**:129–143, 1987.

[10] Korn, G.A.: *Interactive Dynamic-System Simulation*, 2nd ed., CRC/Taylor & Francis, Boca Raton, FL, 2010.

[11] Gould, H., and J. Tobochnik: *Computer Simulation Methods*, Part 1, Addison-Wesley. Reading, MA, 1988.

第3章 快速向量-矩阵运算与子模型

3.1 数组、向量和矩阵

3.1.1 数组和下标变量

1. 改进的建模

本章介绍的程序的优势特色在于其可在下面的章节中用来创建紧凑高效的仿真程序。我们引入了向量和矩阵运算,展示了如何将简单的子模型联合起来构建更大的模型。我们的运行时编译器在操作向量、调用子模型的同时并不会牺牲计算速度。

2. 数组声明、向量和矩阵

在实验协议脚本中,诸如

$$ARRAY \ x[n] \quad | \quad ARRAY \ A[n,m]$$

或

$$ARRAY \ x[n], A[n,m]$$

这样的数组声明定义了下标实数变量 $x[1], x[2], ..., x[n]$ 和 $A[i,k]$ ($i = 1, 2, ..., n; k = 1, 2, ..., m$) 的一维和二维数组(向量和矩阵[①])。

所有下标变量(数组元素)的初始默认值为 0。实验协议脚本可以对下标变量进行赋值"填充"数组,如

$$A[19,4] = 7.3 \quad | \quad v[2] = a - 3 * b$$
$$for \ i = 1 \ to \ n \quad | \quad x[i] = 20 * i \quad | \quad next$$

也可以从数据清单或文件中读取赋值"填充"数组,如

$$data \ 1.2, -4, a + 4 * b, 7.882, ... \quad | \quad read \ v, A, ...$$

一旦声明,向量和矩阵以及产生的下标变量就可以在实验协议和 DYNAMIC 程序段中自由使用。DYNAMIC 程序段还可以为数组元素指定时间变量表达式。

---

① 用 ARRAY $A[n,m]$ 声明的 n×m 阶矩阵有 n 行 m 列。Desire 也可以声明多维数组,但多维数组很少使用。

多次声明一个给定的数组名称将返回出错信息。Clear 语句将删除所有数组声明(以及变量、函数等定义)。

3. 状态变量声明

在下标变量 x[i],y[i],…或向量 x,y,…被用作微分方程的状态变量前(见 1.1.2 节),实验协议脚本必须用 STATE 声明来声明一维状态变量数组(状态向量),如

$$STATE\ x[n],y[m],\dots$$

标量状态变量不需要声明,除非它们要在子模型中使用(见 3.7.2 节)或在多个 DYNAMIC 程序段中使用。

3.1.2 实验协议中的向量和矩阵

我们的向量是数学意义上的实实在在的向量:实验协议脚本和 DYNAMIC 程序段都正确地接受相同维度的向量的和以及用标量乘以此类向量的积,如

$$Vector\ v = x+alpha*y-1.5*z$$

以及矩阵-向量积 A*x(见 3.2.2 节)。

对于以前声明并给出相应维度的矩形矩阵 A 和 B,有

$$MATRIX\ B=A\%$$

使矩阵 B 成为 A 的转置矩阵,对于所有的 i 和 k,B[i,k]=A[k,i]。非可相乘矩阵 A 和 B 会被拒绝,并提示出错信息。

为方便起见,实验协议脚本也可以创建空方阵和单位矩阵、逆非奇异方阵以及乘方阵,用于后面的程序。对于以前声明的方阵 A,B,C,…,有

MATRIX A=0   定义 A 为空矩阵(所有 A[i,k]=0)

MATRIX A=1   定义 A 为单位矩阵(对角线上全部为1)

MATRIX B=$In(A)   定义 B 为 A 的逆矩阵(如果存在的话)

MATRIX Z=a*A*B*C*…   生成矩阵的积 Z(a 是一个可选择的标量)

如果矩阵不是方阵或非可相乘矩阵,或者如果 B 的逆矩阵不存在,那么,执行这些赋值时将返回出错信息。

3.1.3 时程数组

Desire 的 DYNAMIC 程序段运算 store Q=q 将一个标量变量 q=q(t)的整个时程写入一个先前声明的向量数组 Q,以便实验协议和随后的 DYNAMIC 程序段使用。这样,我们不仅可以操作函数值,而且还可以操作整个动态系统的时程。

特别是,我们通常让数组 Q 的维度等于通信点的数量 NN(见 1.2.1 节),以便 store q=Q 时生成

$Q[1] = q(t0), Q[2] = q(t0+COMINT), Q[3] = q(t0+2\ COMINT), \ldots$

如果数组维度不等于 NN,那么,当矩阵或仿真运行完成时,store(另见下文)就会停止其运算。

随后的实验协议运算就可以使用 Q,如计算其傅里叶变换(见 8.3.3 节~8.3.5 节)。随后的 DYNAMIC 程序段可以用 get q=Q 重建 q(t)(参考文献[4])。DYNAMIC 程序段还可以通过 get p=P 适当定义的数组 P 来创建新的函数 p(t)。

k =1 时,reset 或 drunr 重新启动数组索引 K,其对应于 t=t0。如果 drun"继续"仿真运行程序,而没有执行 reset(重置),那么,只要数组维度足够大,store 和 get 就会相应继续运行。

3.2　向量和模型复制

3.2.1　DYNAMIC 程序段中的向量运算:向量化编译器(参考文献[1])

1. 向量赋值和向量表达式

假设实验协议已经声明所有相同维度 n 的向量 y1,y2,y3 …,表示为

$$ARRAY\ y1[n], y2[n], y3[n], \ldots \tag{3-1}$$

beta1,beta2,…均为标量参数,那么,DYNAMIC 程序段向量赋值

$$Vector\ y1 = g(t; y2, y3, \ldots; beta1, beta2, \ldots) \tag{3-2a}$$

就会自动编译成 n 个标量赋值

$$y1[i] = g(t; y2[i], y3[i], \ldots; beta1, beta2, \ldots)\quad (i=1,2,\ldots,n) \tag{3-2b}$$

式中:g()代表可能在标量赋值时使用的任一表达式。此类向量表达式允许使用文字数字和圆括号以及库函数、用户定义的函数和/或表查询函数。当你试图将具有不同维度的向量组合在一起时,则会返回出错信息。对于 n 个所有向量分量 y1[i],表达式 g()和标量参数 beta1,beta2,…是相同的。

我们的运行时编译器记录向量维度 n 并用编译器循环为 n 个连续向量分量生成代码。每经历一次这一循环就为表达式 $g(t; y2[i], y3[i], \ldots; beta1, beta2, \ldots)$ 编译所有运算,然后递增索引 i。由于没有运行时循环开销,所以产生的"向量化"机器代码是高效的。

例如,如果 **y**、**u**、**v** 和 z 是 12 维向量,那么

$$Vector\ y = beta * (1-v) * (\cos(gamma * z * t) + 3 * u)$$

就编译成 12 个标量赋值,即

$$y[i] = beta * (1-v[i]) * (\cos(gamma * z[i] * t) + 3 * u[i])\quad (i=1,2,\ldots,12)$$

2. 向量微分方程

接下来假设实验协议已经声明 n 维数组(式(3-1))并且用

STATE x[n]

声明了一个 n 维状态向量 x,那么,DYNAMIC 程序段中的向量导数赋值

Vectr d/dt x=f(t;x,y1,y2,…;alpha1,alpha2,…)　　　(3-3a)

就会自动编译成 n 个标量导数赋值

d/dt x[i]=f(t;x[i],y1[i],y2[I],…;alpha1,alpha2,…)　(i=1,2,…,n)

(3-3b)

就像式(3-2a)中的 g( )一样,f( )代表的是一个通用向量表达式。

DYNAMIC 程序段可以将多个向量和向量的导数赋值与标量赋值结合起来,也可以将赋值编程到单个下标变量,表示为

d/dt x[2]=-x[3],　y[22]=p*sin(t)+7

"修改"前面的向量或 vectr d/dt,为选定的索引值赋值。

下标状态变量 x[i]的初始值默认为 0,除非实验协议为其赋予其他值。仿真运行后,所有微分方程状态变量和 t 的初始值可以在实验协议脚本中用 reset 与 drunr 语句重置。

3. 向量采样数据赋值和差分方程

下标变量以及向量和矩阵可以是差分方程变量(见 2.1.1 节),也可以是普通的"连续"变量。在 DYNAMIC 程序段编程为向量和矩阵赋值前,先放置 step、OUT 或 SAMPLE m 语句,如第 2 章所述。特别是,简单的递归式

Vector q=q+vector expression

在输入时可采用下述形式

Vectr delta q=vector expression

这是对 2.1.2 节和 2.4.1 节中讨论的递归赋值的一种简单概括。q 是一个差分方程状态向量。需要再次提请注意的是,任意和所有数组元素的值在实验协议中未明确指定时,默认为 0。

3.2.2　向量表达式中的矩阵向量积

1. 定义

3.2.1 节中的向量表达式 f( )或 g( )中的任何 n 维向量,如 y2,可以是一个矩阵向量积 A*v。式中,A 是一个 n×m 矩形矩阵,v 是一个 m 维向量,均在实验协议中声明,如:

Vector y2=tanh(A*v)

自动编译至 n 标量赋值中,即

$$y2[i] = \tanh\left(\sum_{k=1}^{m} A[i,k] * v[k]\right) \quad (i = 1,2,\ldots,n)$$

矩阵向量积 A*v 中的向量 v 和矩阵 A 必须是简单向量和矩阵,而不是向量或矩阵表达式①。对于写作 A%*x 的矩阵向量积,Desire 会将矩阵 A 转置。非可相乘矩阵向量积将返回一个出错信息。

级联线性变换

$$\text{Vector } z = B * v \quad | \quad \text{Vector } y = A * z$$

可以有效地将两个适当维度的矩阵的矩阵积 AB 与 v 相乘。

2. 简单的例子:谐振振荡器

微分方程系统

$$d/dt \; x1 = x1dot \quad | \quad d/dt \; x1dot = -ww * x1 - k * (x1 - x2)$$

$$d/dt \; x2 = x2dot \quad | \quad d/dt \; x2dot = -ww * x2 - k * (x2 - x1) - r * x2dot \quad (3\text{-}4)$$

模拟了一对由弹簧耦合的谐波振荡器。第一振荡器无阻尼,第二振荡器具有黏性阻尼。系统启动时的初始位移 x[1] = 0.5,第二振荡器与第一振荡器的运动产生谐振。第二振荡器的阻尼最终耗散了两个系统的能量(图 3.1)。

图 3.1 中的仿真程序模拟了一个用单一向量微分方程表示的相同的四阶系统。实验协议脚本声明一个四维状态向量 x 和一个 4×4 矩阵 A。

$$\text{STATE } x[4] \quad | \quad \text{ARRAY } A[4,4]$$

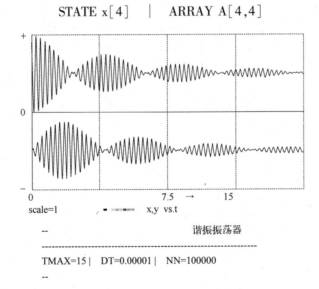

```
scale=1          ■        x,y vs.t

--                              谐振振荡器
-----------------------------------------------
TMAX=15 |  DT=0.00001 |   NN=100000
--
```

---

① 它们可以通过前面的表达式赋值定义。另请注意,Vector x = A*x 返回一个"非法递归"的出错信息,必须用 Vector v = x | Vector x = A*v 予以替换,如在 Fortran 或 C 语言中一样。

56

```
ww=600 |   --                        圆周频率
k=40 |     --                        耦合系数
r=0.7 |    --                        阻尼系数
--
STATE x[4] |   ARRAY A[4,4]
data 0,0,1,0;0,0,0,1;-(ww+k),-k,0,0;-k,-(ww+k),0,-r |   read A
x[1]=0.5 |   --                      初始值
drun
---------------------------------------------------------------
DYNAMIC
---------------------------------------------------------------

Vectr d/dt x=A*x
```

图 3.1　谐振振荡器仿真的矩阵-向量形式

状态变量 x1、x1dot、x2、x2dot 成为状态向量分量（下标变量）x[1]、x[2]、x[3]、x[4]。4×4 矩阵为

$$
A = \begin{matrix}
0 & 0 & 1 & 0 \\
-(ww+k) & -k & 0 & 0 \\
0 & 0 & 0 & 1 \\
-k & -(ww+k) & 0 & -r
\end{matrix}
$$

由 data/read 赋值语句进行填充，即

data 0,0,1,0;0,0,0,1;-(ww+k),-k,0,0;-k,-(ww+k),0,-r | read A

3.2.3　索引-移位运算

1. 定义

给定一个以前声明的 n 维向量

$$v \equiv (v[1], v[2], \dots, v[n])$$

其索引移位向量 v{k} 是 n 维向量

$$v \equiv (v[1+k], v[2+k], \dots, v[n+k])$$

index shift k 是一个舍入到最近整数的标量表达式。对于 i+k<1 或 i+k>n,[①]编译器设置 v[i+k]=0。

例如，如果 y1,y2,... 是 n 维向量，即

$$\text{Vector } y1 = g(t; y2, y3\{k\}, y4\{j\}, \dots) \tag{3-5}$$

将编译成 n 个标量赋值

---

①　当索引移位为正时,Vector 或 Vectr delta 赋值语句中出现的索引移位向量 x 不能与赋值目标 v 相同,那样会导致非法递归并会返回出错信息,因为系统已经从高索引值开始填充向量矩阵。对于 Vectr d/dt 运算,则没有这样的限制。

$$y1[i] = g(t; y2[i], y3[i+k], y4[i+j], \ldots) \quad (i = 1, 2, \ldots, n) \qquad (3-6)$$

对于 i+k<1 或 i+k>n,y3[i+k] = 0;对于 i+j<1 或 i+j>n,y4[i+j] = 0。

注意:向量移位运算将向量分量与不同的索引关联起来。矩阵向量积以及点积(见 3.3.1 节)不接受索引移位向量。

2. 重要应用预览

向量移位运算可以产生非常简单的模型:

(1)移位寄存器和延迟线[①];

(2)伪随机噪声发生器;

(3)动态神经网络(见第 7 章);

(4)模糊逻辑隶属函数(见 8.2.2 节~8.2.7 节);

(5)偏微分方程(见 8.2.8 节~8.2.12 节);

(6)模拟和数字滤波器(见 8.3.5 节)。

在复制模型的应用中(见 3.2.1 节),索引移位运算可以实现一个模型的不同复制版本之间的通信。

3.2.4 排序向量和下标变量赋值[②]

需要对微分方程或差分方程的向量定义的变量赋值排序,就像 1.2.4 节和 2.1.1 节中一样,但是现在排序错误不能返回"未定义的变量"这一信息,因为所有数组都必须是预定义的。简单的模型可以通过检查进行排序。对以标量形式复制的(向量化)模型进行排序也是可能的,但需要在其增加 Vector、Vectr d/dt 和 Vectr delta 前缀之前。

3.2.5 动态系统模型的复制

向量运算有两类非常重要的应用。第一类应用为科学家和工程人员所熟知,不仅可以模拟二维或三维向量,如位移、速度和加速度等,而且可以模拟控制系统中的多元变量(见 3.6.4 节)和神经网络中的多神经元层(见第 6 章和第 7 章)。

第二类应用为一种新型应用,即模型复制或向量化,以实现多个相似模型(可能成千上万个模型)的同时仿真,用于优化和统计研究(见第 4 章和第 5 章)。

用 n 维向量 x1、x2、y1、y2、a、b 和 c,微分方程模型将

$$\text{Vector } y1 = g1 \ (t; x1, x2; a, beta1)$$

---

① 索引移位实现了恒定时延。可变时延可通过 delay 和 tdelay 运算获得,参见随书光盘中的 Desire 参考手册。

② 更多细节请参考随书光盘中的 Desire 参考手册。

$$\text{Vector } y2 = g2 \text{ (t;x1,x2,y1;beta2)}$$
$$\text{Vectr } d/dt \ x1 = f1 \text{ (t;x1,x2;y1,y2;b,c)}$$
$$\text{Vectr } d/dt \ x2 = f2 \text{ (t;x1,x2;alpha)}$$

编译成 n 个对应的标量运算组

y1[i]=g1(t;x1[i],x2[i];a[i],beta1)	(i=1,2,...,n)
y2[i]=g2(t;x1[i],x2[i],y1[i];beta2)	(i=1,2,...,n)
d/dt x1[i]=f1(t;x1[i],x2[i];y1[i],y2[i];b[i],c[i])	(i=1,2,...,n)
d/dt x2[i]=f2(t;x1[i],x2[i];y1[i];alpha)	(i=1,2,...,n)

向量化编译器有效地建立了 n 个复制的动态系统模型。这些模型有着不同的参数组合 a[i]、b[i] 和 c[i],其中 a[i]、b[i] 和 c[i] 由参数向量 a、b 和 c 定义,所有 n 个复制模型共享标量参数或变量 alpha、beta1 和 beta2。

向量化是一门功能强大的计算技术,最初被设计用于超级计算机。在下面的章节中,我们使向量化的应用更有意义:

(1)向量化参数影响的研究采用不同的参数值模拟复制的模型(见 4.1.1 节 ~ 4.1.3 节);

(2)向量化蒙特卡罗仿真用于计算拥有随机参数和/或输入的大样本模型的统计数据(见第 4 章和第 5 章);

(3)直线法将适用的偏微分方程组表示为常微分方程组(见 8.2.8 节 ~ 8.2.12 节);

(4)基于地图的农业生态学仿真可以复制不同地点作物生长或物种竞争的模型(见 8.4.1 节 ~ 8.4.3 节)。

3.3 更多向量运算

3.3.1 和、点积和向量范数

1. 和与点积

Desire 点积为标量变量分配向量内积。在 DYNAMIC 程序段和实验协议脚本中,有

$$\text{DOT xsum} = x * 1 \quad \text{assigns} \sum_{k=1}^{n} x[k] \text{ to xsum}$$

$$\text{DOT } p = x * y \quad \text{assigns} \sum_{k=1}^{n} x[k]y[k] \text{ to } p$$

在 DYNAMIC 程序段中,编译的和与点积并不会引发求和循环开销(循环展开

编译)。

DOT 运算中的向量 x 和 y 不得是向量表达式或索引移位向量。Desire 会自动拒绝非可相乘积,并给出出错信息。

2. 欧几里得(Euclidean)、出租车(Taxicab)和汉明(Hamming)范数

DOT 可以高效地为计算平方向量范数赋值,这在统计学和优化研究中经常用作误差度量。特别是

$$DOT\ xnormsq = x * x$$

生成向量 x 的平方欧几里得范数(Euclidean norm)

$$xnormsq = \sum_{k=1}^{n} x^2[k]$$

x 和 y 两个向量之间的欧几里得距离是它们之间的差的范数 $\|x-y\|$。因此,有

$$Vector\ e = x-y \quad | \quad DOT\ enormsq = e * e$$

生成有用的误差度量

$$enormsqr = \sum_{k=1}^{n} (x[k] - y[k])^2$$

用

$$Vector\ y = exp(x) \quad | \quad DOT\ S = y * 1$$

计算诸如

$$S = exp(x[1]) + exp(x[2]) + exp(x[2]) + ... + exp(x[n])$$

这样的标量函数的和是很方便的。

特别是

$$Vector\ xa = abs(x) \quad | \quad DOT\ xanorm = xa * 1$$

生成向量 x 的一个出租车范数(taxicab norm)(街区范数)(city-block norm)
$anorm = |(x[1])| + |(x[2])| + ...$。向量差的 taxicab 范数(taxicab 距离,如同一个矩形街区的城市)是另一个有用的误差度量。

如果向量 x 的所有分量 x[i] 等于 0 或 1,那么,taxicab 范数就简化为汉明范数(Hamming norm)。汉明范数只简单地计算非零元素的总数。两个此类向量之间的汉明距离 $\|x-y\|$ 就是不同对应元素对的总数。

3.3.2 最大值/最小值的选择和屏蔽

1. 最大值/最小值的选择

向量赋值

$$Vector\ x\hat{} = vector\ expression$$

计算由 Vector x = vector expression 产生的向量,然后设置分量,但最大分量为 0。为

了找到一个向量表达式中最大向量分量的值 xmax(见3.2.1节),声明一个与 x 相同维度的向量 y,并在 DYNAMIC 程序段使用如下语句:

Vector y^=vector expression ｜ DOT ymax=y*1

随后,实验协议可以利用如下小循环确定最大向量分量 $y[i]$ 的索引 I,即

i=0 ｜ repeat ｜ i=i+1 ｜ until y[i]<>0 ｜ I=i

为了获得向量表达式的最小向量分量,使用如下语句:

Vector y^=-x ｜ DOT xxx=y*1 ｜ xmin=-xxx

最大值/最小值的选择在参数影响与优化研究中是有用的(见4.1.3节)。注意:这些运算也适用于由向量等价创建的数组(见3.4.1节)。

2. 屏蔽向量表达式

采用 Vector、Vectr d/dt 和 Vectr delta 运算的向量表达式可以用一个 n 维屏蔽向量 vv 来屏蔽,如:

Vector x=[vv] vector expression

Vectr d/dt x=[vv] vector expression

对于所有索引 i 值,屏蔽向量表达式第 i 个分量被设置为 0,以便 vv[i]≠0。屏蔽向量 vv 通过实验协议程序设置,并且在仿真运行过程中不会改变。在神经网络仿真中向量屏蔽已被用于"修剪"神经元层。

3.4 向量等价声明简化模型

3.4.1 子向量

修改后的数组(ARRAY)声明

ARRAY x1[n1]+x2[n2]+...=x

声明级联子向量 x1,x2,...,以及维度为 n1+n2+...的向量 x,其元素覆盖子向量 x1,x2,...,从 x1 开始。然后就可以访问,如 x2[3]也可以表示为 x[n1+3]。子向量阐明了函数表(见8.3.2节),并且极大地简化了神经网络仿真(见第6章和第7章)。子向量也可以用于标记复制的模型的子集。

3.4.2 矩阵-向量的等价

第二种类型的等价声明:

ARRAY Y[n,m]=y, STATE X[n,m]=x

使你可以访问二维数组及它们的元素,均为 n×m 阶矩阵 Y 和 X,nm 维向量 y 和 x。这允许二维模型的复制:可以使用功能强大的 Vector、Vectr d/dt 和 Vectr delta 运算操作非常普通的矩阵表达式（见 3.5.2 节）。其应用包括参数影响研究（见 4.1.2 节）、模糊逻辑模型（见 8.2.6 节和 8.2.7 节）和景观建模（见 8.4.3 节）等。

注意：级联子向量和等价数组向量可以使 3.3.2 节中识别大型数组中最大元素和最小元素的方法变得更加容易。

3.5 动态系统模型中的矩阵运算

3.5.1 简单矩阵赋值

利用矩阵赋值，DYNAMIC 程序段可以操作实验协议中声明的矩阵。最简单的求和赋值运算如下：

$$\text{MATRIX } X=a*A+b \qquad (X[i,k]=a*A[i,k]+b)$$
$$\text{MATRIX } X=a*A+b*B \qquad (X[i,k]=a*A[i,k]+b*B[i,k])$$

我们还进行如下定义：

$$\text{MATRIX } X=u*v \qquad (X[i,k]=u[i]v[k])$$
$$\text{MATRIX } X=u \& v \qquad (X[i,k]=\min\{u[i],v[k]\})\}$$

随书光盘中的参考手册列出了许多其他矩阵赋值，特别是

$$\text{MATRIX } W=\text{recip}(A) \qquad (W[i,k]=1/A[i,k])$$
$$\text{MATRIX } W=\sin(A) \qquad (W[i,k]=\sin(A[i,k]))$$

但是如果矩阵用等价向量表示，则可以分配更通用的表达式（见 3.4.2 节）。

3.5.2 二维模型复制

1. 矩阵表达式和点积

3.4.2 节介绍的矩阵-向量等价声明使我们可以使用简单的向量运算评估非常通用的矩阵表达式。实验协议脚本使用下面的语句声明等价 n×m 矩阵 Y1，Y2，… 和 nm 维向量 y1，y2，…，即

$$\text{ARRAY } Y1[n,m]=y1, Y2[n,m]=y2, Y3[n,m]=y3, \dots$$

DYNAMIC 程序段向量赋值

$$\text{Vector } y1=g(t;y2,y3,\dots;beta1,beta2,\dots)$$

然后，可以高效计算向量表达式

$$Y1=g(t;Y2,Y3,\dots;beta1,beta2,\dots)$$

g( ) 是一个带有标量参数 beta1，beta2，… 的通用的表达式（可能是非线性），如 3.2.1 节一样。我们的向量化编译器拥有编译的 nm 标量赋值

$$Y1[i,k]=g(t;Y2[i,k],Y2[i,k]...;beta1,beta2,...)$$
$$(i=1,2,...,n;k=1,2,...,m)$$

另外,3.3.1 节中介绍的快速点积求和运算适用于向量等价矩阵及向量。对于 4.3.1 节中讨论的快速平均运算也一样。这两种运算在农业生态学模型的研究中都非常有用(见 8.4.3 节)。

2. 矩阵微分方程

给定对应的等价 n×m 矩阵 X、Y1、Y2、...和 nm 维向量 x,y1,y2,...,DYNAMIC 程序段向量导数赋值

$$Vectr \ d/dt \ x=f \ (t;x,y1,y2,...;alpha1,alpha2,...)$$

有效地生成矩阵微分方程赋值

$$d/dt \ X=f(t;X,Y1,Y2,...;alpha1,alpha2,...)$$

也就是说,为 mn 标量导数 dX[i,k]/dt 赋值。因此,我们的可读单行向量赋值可以解算非常通用的矩阵微分方程系统(另请参见 8.4.3 节)。

3. 矩阵差分方程

神经网络仿真(见第 6 章和第 7 章)经常利用简单的矩阵递推关系

$$MATRIX \ W=W+ \ matrix \ expression$$

或者更简便的

$$DELTA \ W=matrix \ expression$$

矩阵元素 W[i,k]是差分方程状态变量,如 2.1.2 节中的 qi。

3.6　物理学和控制系统问题中的向量

3.6.1　物理学问题中的向量

诸如力或速度之类的向量不只是一个有用的速记符号,它们还是具有直观意义的抽象概念。用向量的形式模拟物理学问题中的许多关系,使这些关系易于被理解,如:

$$Vectr \ d/dt \ position=velocity \quad | \quad Vectr \ d/dt \ velocity=force/mass$$

但是为了获得诸如轨迹图之类的数值结果,通常需要将向量分量和初始值指定为标量下标变量。

3.6.2　核反应堆的向量模型

图 3.2 展示了一个核反应堆连锁反应的紧凑型向量模型[①]。D. 赫特里克的经典

---

① 参考文献 2 拥有一个采用了赫特里克(Hetrick)原始标量模型的仿真程序。

教科书问题(参考文献[2])将整个反应堆归为一个单一的核心区,并忽略由诸如氙等反应产物引发的不良连锁反应。状态变量被归一化为连锁反应功率输出 enp(与中子密度成正比)、反应堆温度 temprtr 和 6 个归一化母核产物密度 d[1],d[2],…,d[6]。我们的向量模型将收集的状态变量 d[i] 作为一个六维状态向量 d。

```
                    TRIGA 脉冲核反应堆向量模型
----------------------------------------------------------------
--      r 是放射性 (dollar) (随时间改变 r)
--      en 是归一化功率 (初始值是 1.0)
--      enp 是功率 (mw)
--      en0 是初始功率 (mw)
--      d[i] (i = 1, 2, ..., 6) 是归一化放射性前体密度
--      bol = beta/l,    lambda = al[i]    (i = 1, 2, ..., 6)
--      f[i]  (i = 1, 2, ..., 6) 是归一化缓发中子份额
--      alf 是放射性温度系数 (dollar/cdeg)
--      ak 是相互热容量 (cdeg/mj)
----------------------------------------------------------------
display N1 | display C8   | display Q | scale=200
TMAX=0.2 |   NN=5001 |   DT=0.00001
------
a=2.0 |   b=0.0 |   bol=140.0
alf=0.016 |   ak=12.5 |   gamma=0.0267 | en0=0.001
-------
STATE d[6] |   ARRAY al[6],f[6]
--                              填充 al 和 f 数组
data 0.0124,0.0305,0.111,0.301,1.14,3.01 | read al
data 0.033,0.219,0.196,0.395,0.115,0.042 | read f
data 1,1,1,1,1,1 |   read d |   --      放射性前体初始值
--
temprtr=0 |   en=1.0 |   --                      初始值
drun
----------------------------------------------------------------
DYNAMIC
----------------------------------------------------------------
r=a+b*t-alf*temprt |   --              b * t 是控制杆输入
enp=en0*en
DOT sum=f*d |   --                          注意点积!
endot=bol*((r-1.0)*en+sum)
omega=endot/en |   enlog=0.4342945*ln(en)
----------------------------------------------------------------
d/dt temprt=ak*enp-gamma*temprt
d/dt en=endot
Vectr d/dt d=al*(en-d)
------------------------------                      偏移显示
ENP=enp-scale |   dispt ENP
```

图 3.2 采用向量运算的核反应堆的仿真程序。temprt 是反应堆温度

当控制杆输入 b * t 增加放射性时,连锁反应将急剧增大 enp。在教学用的 TRIGA 反应堆中,由此而导致的反应堆温度的升高将降低反应堆的放射性 r,从而产生短暂、安全的电磁脉冲(图 3.3)。

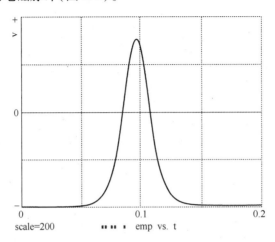

图 3.3   图 3.2 中的程序产生的反应堆热输出 enp 的时程图。当控制增加反应性 r 时,
连锁反应会提高反应堆的温度。在用于教学的 TRIGA 反应堆中,这反过来会
降低反应性 r,从而产生短的、安全的电磁脉冲(基于参考文献[1])

3.6.3   线性变换和旋转矩阵

像 Vector y = A * x 这样的简单向量-矩阵赋值方便地实现了对诸如旋转运算等向量的线性运算。注意:y = Ax 可以表示旋转向量 x 至新的位置后的结果,或者 y 是 x 在旋转坐标系中的表示。

平面向量 x≡(x[1],x[2])旋转后成为向量 y≡(y[1],y[2]),可以采用两个标量定义的变量赋值进行编程:

$$y[1] = x[1] * \cos(theta) - x[2] * \sin(theta)$$
$$y[2] = x[1] * \sin(theta) + x[2] * \cos(theta)$$

相反,你可以在实验协议中用 ARRAY A[2,2]声明一个二维旋转矩阵 A,然后在 DYNAMIC 程序段中指定 A 可能的时间变量元素 A[i,k],即

$$A[1,1] = \cos(theta) \quad | \quad A[1,2] = -\sin(theta) \quad | \quad A[2,1] = -A[1,2] \quad |$$
$$A[2,2] = A[1,1]$$

现在,旋转可以如下进行模拟:

$$Vector\ y = A * x$$

代表平面旋转的旋转矩阵 A 是一个有用的抽象概念,这一点在我们希望通过

65

相同角度 theta 旋转若干个向量 x1,x2,…时,就变得明显了,即

$$\text{Vector } y1 = A * x1 \quad | \quad \text{Vector } y2 = A * x2 \quad | \quad …$$

在飞行仿真中,三维旋转矩阵是很有用的。

3.6.4 线性控制系统的状态方程模型

现代教科书(参考文献[3])用向量方程模拟线性控制系统。我们用计算机可读的形式表示它们:

$$\text{Vectr } d/dt\ x = A * x + B * u$$
$$\text{Vector } y = C * x + D * u$$

式中:x = (x1,x2,…)为一个状态变量向量;u 和 y 为系统输入和输出变量的向量;矩阵 A、B、C 和 D 定义了受控体和控制器,并且可以是时间 t 的函数。线性采样数据控制系统可以类似地用向量采样数据赋值描述(参考文献[4])。

3.7 用户定义的函数和子模型

3.7.1 简介

Desire 实验协议脚本可以作为可重复使用的语言扩展定义新的函数和子模型。在随后的 DYNAMIC 程序段中,Desire 编译器作为快速内联代码调用这些子程序,无需运行时函数–调用/返回开销。

像向量一样,用户定义的函数和子模型不仅仅只是速记符号。作为有意义的抽象概念,它们使仿真模型变得更容易理解,而不仅仅是更容易编程。函数和子模型的定义可以收录到库文件中,以便于再利用。

3.7.2 用户定义的函数

实验协议脚本可以用 FUNCTION 声明,如:

$$\text{FUNCTION abs2d } (u\$,v\$) = \text{sqrt } (u\$\hat{}2 + v\$\hat{}2)$$

创建用户定义的函数。此类函数可以在实验协议或 DYNAMIC 程序段中调用,如

$$RR = abs2d(x,y)$$

其将生成赋值 RR = sqrt(x^2+y^2)。如果声明和调用参数不匹配,Desire 将返回一个出错信息。

函数定义必须符合一个程序行,但程序行可以扩展到另一个命令窗口或程序列表的程序行。用 \$ 符号标记哑元变量 u\$ 和 v\$ 可使得它们很容易被识别,但这并不是强制性的。哑元变量不能带有下标,哑元变量名是"受保护的",以防止"副作

66

用"的产生。这意味着,在函数定义后只要试图使用它们的名字,就会产生一个出错信息。函数定义可以包括常量参数,也可以包括哑元变量之外的变量。

调用参数可以是表达式,也可以包括文字和下标变量。在实验协议脚本中,调用参数可以是先前声明的复数、整数或实数。在 DYNAMIC 程序段中,调用参数必须是实数或向量表达式。

FUNCTION 定义可以嵌套,即它们可以包含以前定义的函数,但递归函数定义和递归函数调用是非法的(参考文献[4])。

下面是基于 2.3.1 节和 2.3.6 节的一些有用的例子:

FUNCTION max(x$,y$)= x$+lim(y$−x$)

FUNCTION min(x$,y$)= x$−lim(x$−y$)

FUNCTION asat(x$,alpha$)= alpha$ * sat(x$/alpha$)   (alpha$> 0)

FUNCTION bound(x$,alpha$,beta$)

   =lim(x$−alpha$)−lim(x$−beta$)+alpha$ (alpha$<beta$)

FUNCTION relay(ctrl$,a$,b$)= b$+(a$−b$) * swtch(ctrl$)

FUNCTION tpulse(alpha$,beta$)

   =swtch(t−alpha$)−swtch(t−beta$)   (alpha$<beta$)

3.7.3 子模型的声明和调用(参考文献[5])

在实验协议中定义的子模型被 DYNAMIC 程序段调用可以生成频繁使用的定义变量的运算和/或整个微分方程系统。我们将在 6.4.3 节和 8.2.7 节描述实际的应用。

每个子模型在被 DYNAMIC 程序段调用之前,必须在实验协议脚本中声明,如:

SUBMODEL clump (u$,x$,xdot$,a$,b$)

   d/dt   x$ =xdot$

   d/dt xdot$ =u$−a$ * x$−b$ * xdot$

   end

定义了一个小的微分方程系统,表示一个受弹簧和缓冲器控制的质量块。程序自动显示并列出了缩进的定义行,如例子中所示。

DYNAMIC 程序段可以用相应的变量和/或参数名(代替每个哑元变量)调用子模型。假设程序已预先为调用变量 u、x、xdot、a 和 b 赋值,那么,子模型调用

INVOKE   clump(u,x,xdot,a,b)

就会生成编译的嵌入代码,等价于

d/dt y =ydot

$$d/dt\ ydot = u - a * y - b * ydot$$

注意:调用创建了两个新的状态变量,即 y 和 ydot。此类调用产生的状态变量必须在实验协议中声明,在我们的例子中,就是

$$STATE\ y, ydot$$

即使新的状态变量是无下标的标量,也是如此。

子模型的调用参数必须是先前定义的量的量名,而不是像 3.7.2 节中用户定义的函数的表达式。如果声明和调用参数不匹配,将会返回一个出错信息。

子模型参数可以是向量、矩阵和标量。子模型也可以涉及对所有调用都通用的额外变量和参数。子模型允许所有合法的 DYNAMIC 程序段赋值和微分方程,包括向量-矩阵运算。对于有 Vectr d/dt 语句的子模型,所有由调用产生的微分方程状态变量必须在实验协议中用 STATE 语句予以声明。

实验协议必须是在 DYNAMIC 程序段中用作调用参数的下标变量、向量和/或矩阵声明数组;不同的调用可以使用不同的数组维度。在 SUBMODEL 声明中用作哑元变量的数组也必须予以声明。由于此类哑数组永远不会用实际值填充,所以可以通过设置所有哑元数组维度为 1 来节省内存。

例如,用下述语句定义的子模型:

SUBMODEL normalize(v$, v1$)

DOT vnormsq = v$ * v$ | vnn = 1/sqrt(xnormsq)

Vector v1$ = vnn * v$

end

标量 vnormsq 和 vnn 是"全局"参数,在所有该子模型的实例中被用作中间结果。为了获得两个不同向量 u 和 v 的归一化版本的 U 和 V,可通过以下程序实现:

invoke normalize(u, U) | invoke normalize(v, V)

实验协议必须利用以下语句声明两个哑元数组 v$ 和 v1$,即

ARRAY v$[1], v1$[1]

并利用下列语句声明 4 个调用的数组 u、U、v 和 V,即

ARRAY u[m], U[m], v[n], V[n]

如同用户定义的函数那样(见 3.7.2 节),用 $ 符号标记哑元变量(如 x$)是很方便的,但这不是必要的。一旦在子模型声明中使用了一个哑元变量名,它就会由一个出错信息保护起来,不能再在别处使用。

子模型定义可以包含用户定义的函数,可以调用其他子模型(嵌套的子模型)。但是,嵌套和递归子模型的定义以及递归子模型的调用,都是非法的。注意:子模型的调用不会造成任何函数调用开销。

3.7.4 采样数据赋值、限幅器和开关的处理

采样数据赋值、限幅器和/或开关等用户定义的函数仅产生单行 DYNAMIC 程序段代码,因此可以跟在 OUT、SAMPLE m 或 step 语句之后,如 2.3.3 节和 2.3.4 节中讨论的那样。但是,子模型调用可能会产生多行代码,它不能与子模型定义中的 OUT、SAMPLE m 或 step 语句隔开,因此,一个子模型必须只能生成微分方程系统(模拟)代码,只能生成对模拟变量进行运算的限幅器/开关运算,或只能生成采样数据运算。采样数据赋值可以包括限幅器/开关运算。

那么,可以严格地说,为了用 2.4.2 节中的方法生成三角波和方波,调用由下述语句定义的子模型是不正确的,即

$$\text{SUBMODEL signal}(y\$, p\$, w\$)$$

$$d/dt \; y\$ = w\$ * p\$$$

$$p\$ = \text{sgn}(p\$ - y\$)$$

$$\text{end}$$

极偶然的情况下,产生的代码是正常的,这可能是因为它只对等于 a 或 -a 的常量输入进行积分。

参 考 文 献

[1] Korn, G.A.: A Simulation-Model Compiler for All Seasons, *Simulation Practice and Theory*, **9**:21–25, 2001.

[2] Hetrick, D.: *Dynamics of Nuclear Reactors*, University of Chicago Press, Chicago, 1971.

[3] Franklin, G.F., *et al.*: Digital Control of Dynamic Systems, 4th ed., Addison-Wesley, Reading, MA, 2010.

[4] Korn, G.A.: *Interactive Dynamic-System Simulation*, 2nd ed., CRC/Taylor & Francis, Boca Raton, FL, 2010.

[5] Korn, G.A.: A New Software Technique for Submodel Invocation, *Simulation*, 93–97, Mar. 1987.

第4章 高效参数-影响的研究及
统计数据的计算

4.1 模型复制可以简化参数-影响的研究

4.1.1 探索参数变化的影响

参数-影响研究旨在探索模型和实验参数不同组合带来的影响。初始状态变量值被简单地看作额外模型参数。对于诸如下面带有可微函数 f 和 g 的微分方程或差分方程系统,即

$$(d/dt)\ x=f(t;\ x,y;\ a,b,\dots),\quad y=g(t;\ x;\ c,d,\dots) \tag{4-1}$$

可以通过计算参数灵敏度系数 $u(t)\equiv\partial x/\partial a$ 和 $v(t)\equiv\partial y/\partial a$ 的时程测量 $x=x(t)$ 和 $y=y(t)$ 对参数 a 微小变化的灵敏度。系统方程式(4-1)针对 a 求导,则生成微分方程系统

$$(d/dt)\ u=(\partial f/\partial x)\ u+(\partial f/\partial y)\ v+\partial f/\partial a,\quad \partial y/\partial a=(\partial g/\partial x)\ u \tag{4-2}$$

原则上,可以求解参数灵敏度方程式(4-2)及给定的系统方程式(4-1),得到 u 和 v 的时程。尽管理论上很有意义,但即使你只需要某个系统对一个参数变化的灵敏度,也需要求解 2N 个方程式(4-1)和式(4-2)。甚至,这也只能揭示一些小的参数变化所带来的影响。求解不同参数组合下的给定系统方程,通常更容易做到(见 4.1.2 节和 4.1.3 节)。

采用随机扰动参数值的蒙特卡罗仿真也是参数影响研究的一种形式,并可以进行诸如系统输出的统计回归和参数值的性能测量等(见第 5 章)。

4.1.2 重复仿真运行和模型复制

1. 简单的重复运行研究

重复运行参数影响研究只是对不同的参数值进行重复仿真运行。作为一个很简单的例子,DYNAMIC 程序段模拟了一个阻尼谐波振荡器在进行初始位移 $x(0)=1$ 后的响应 $x(t)$。

　　　　DYNAMIC

```
———————————————————————————————————
d/dt x = xdot
d/dt xdot = - ww * x-r * xdot
X = x - scale   |  -- 偏移显示
dispt X   |  -- 显示                                              (4-3)
```

我们设置 xdot(0)的默认值为 0。用如下实验协议脚本进行一个小的重复运
行参数影响研究,探索不同正阻尼系数 r 的影响。

```
TMAX = 0.5   |   DT = 0.0001   |   NN = 1001
ww = 400  | --   固定系统参数
x = 1 | --   给定初始位移
n = 5 | --   仿真运行次数
for i = 1 to n  | --  设置参数值
r = 5 * i
drunr
next                                                             (4-4)
```

这一实验协议调用 n = 5 模型的仿真运行式(4-3),阻尼系数 r 先后设置为 5、
10、15、20 和 25。

2. 模型的复制(向量化)

单次仿真运行不是使用不同的参数值重复运行仿真,而是使用不同的参数值
n 次运行模型。通过声明状态变量 x 和 xdot 以及作为 n 维向量的参数 r(如下式)
复制模型(式(4-3))。

$$x \equiv (x[1], x[2], ..., x[n])   \quad xdot \equiv (xdot[1], xdot[2], ..., xdot[n])$$
$$r \equiv (r[1], r[2], ..., r[n])$$

实验协议脚本如下:

```
TMAX = 0.5   |   DT = 0.0001   |   NN = 1000
ww = 400   | --   固定系统参数
———————————————————————————————————
n = 5   |   STATE x[n], xdot[n]   |   ARRAY r[n]
———————————————————————————————————
for i = 1 to n
x[i] = 1  | --           设置 n 的初始位移
r[i] = 5 * i  | --           设置 n 的参数值
next
drun                                                             (4-5)
```

71

这一脚本用 n 个所需的参数值填充了参数数组 r。
$$r[1]=5,r[2]=10,r[3]=15,r[4]=20,r[5]=25 \qquad (4-6)$$
接下来,一个新的 DYNAMIC 程序段用对应的向量模型取代了模型(式(4-3))。
DYNAMIC

————————————————————————————————————

Vectr d/dt x = xdot

Vectr d/dt xdot = -ww * x-r * xdot

dispt x[1],x[2],x[3],x[4],x[5]　　|-- 显示 5 条曲线 (4-7)

向量化编译器(见 3.1.2 节和 3.1.3 节)自动进行模型复制。向量模型将向量导数赋值编译到 n 个标量状态方程系统中。
$$d/dt \ x[i] = xdot[i]$$
$$d/dt \ xdot[i] = -ww * x[i]-r[i] \ * xdot[i] \qquad (i=1,2,\dots,n) \qquad (4-8)$$

n 的初始值 xdot [i]默认为 0,ww 是一个标量参数,为所有 n 个模型通用。我们的程序采用不同的参数值(式(4-6))有效复制了原始模型(式(4-3))n 次,并且在单次仿真运行中(图 4.1)运行了所有 n 个复制的模型。所得到的解 x[1]、x[2]、x[3]、x[4]和 x[5]与 4.1.2 节当 r=5、10、15、20 和 25 时得到的 x 的解完全一样。

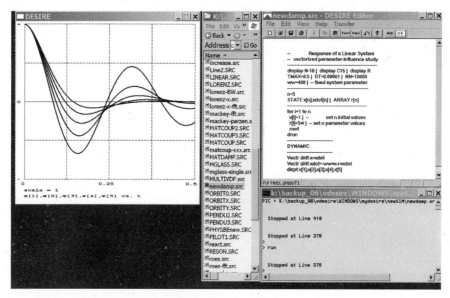

图 4.1　一项小的向量化参数影响研究中的双屏 Linux 显示器。双击右边文件管理器窗口中的文件 newdamp. src 向 Desire 加载程序。原始显示为彩色显示

向量化是对采样数据赋值以及对微分方程求解而进行的运算。复制的模型可

以采用用户定义的函数、表查询函数和子模型。每个函数或子模型定义对所有 n 个模型必须是相同的。向量和矩阵的运算(见第 3 章)以及时延和 store/get 运算(见 3.1.3 节)不能被复制。

通过消除重复运行研究的运行时循环和运行启动开销,模型复制提高了计算速度。模型复制需要额外的内存,因为紧凑的向量模型可以产生非常大的系统方程。

Desire 目前允许多达 800000 个双精度定义的变量,以及多达 40000 个符合固定步长和可变步长龙格-库塔积分法则的微分方程状态变量。这些足以满足 1000 个 40 阶微分方程模型。可变步长/可变阶齿轮式(Gear-type)和亚当斯(Adams)积分法则需要更多的内存,因此仅限于 1000 个状态变量。对于大型问题,有一个简单的组合技术:仅用新的参数值对向量化模型的重复运行进行编程(见 5.3.4 节)。

4.1.3 对参数-影响研究的编程

1. 系统性能指标

系统是指为了某个目的而构成的硬件、人员和/或运算模式的组合。那么,工程系统的具体定义必须包括定量效能指标。性能指标通常是系统参数的数值函数。我们经常使用成本相关泛函,像 1.4.1 节中的控制系统的误差指标一样,如系统变量时程的积分。参数影响研究必须指定性能指标并计算每个参数组合的运行终点值。

我们希望最大限度地提高性能指标或降低作为系统参数函数的成本指标,然而,更多的是实际的设计并不仅仅是简单的全局优化结果,还需要折中处理:

(1)相互矛盾的指标(如成本和性能)可能需要单独考虑,单一指标(如单位成本性能)可能不行;

(2)可能需要在不同的条件下(如不同的信号幅度、温度或初始条件)获得的性能结果之间选择一种折中办法。

仿真结果只能作为做出此类决策的原始参考依据,你必须自己做出明智的折中抉择。

2. 程序设计

在向量化模型之前,我们通常会检查其标量形式。这样可以简化对定义变量赋值的排序(见 1.2.4 节和 2.1.1 节)。在仿真运行时,你会希望通过编程输出那些专门设计用来评估变化参数影响的过程。

我们的"小例子"相当简单。但真正的参数影响研究会涉及多个参数和尽可能多的参数组合。我们必须选择一个系统性能指标来进行优化和改变:

(1)那些我们想在不同条件下进行优化的设计参数;

(2) 其他可以表示不同条件(如不同的温度、不同的初始条件等)的参数。

我们需要设计一个聪明的顺序,用以测试不同设计参数和运行条件的影响。如在 1.5.1 节中提到的,仿真能迅速产生大量的时程曲线和列表。对这些结果进行有意的评估是非常现实的问题。

为了帮助实验人员,Desire 实验协议命令可以在日志文件中列出连续的参数设置并对结果做出注释[①]。我们还可以写入由空格或制表符分隔的文本文件,这些文件可以供电子表格和关系数据库程序使用,以进行数据挖掘、演示和存储。

3. 二维模型的复制

如果只有两个设计参数,即 a1 取 n1 的值、a2 取 n2 的值,那么,通过 3.5.2 节的等价矩阵技术,就可以创建所需的 n=n1 ∗ n2 复制模型。我们声明一个 n1×n2 参数矩阵 A 和一个等价 n 维向量 a:

$$ARRAY\ A[n1,n2]=a$$

并用 n 个所需的参数组合填充 A。我们还要声明对应的状态向量 x、定义的变量向量 y 和效能向量 z,其中 x、y 为 n1×n2 矩阵,z 如下所示:

$$STATE\ X[n1,n2]=x \quad | \quad ARRAY\ Y[n1,n2]=y,Z[n1,n2]=z$$

然后,向量化的动态系统模型,即

$$Vector\ y=g(t;\ x,y;\ a)$$

$$Vectr\ d/dt\ x=f(t;\ x,y;\ a)$$

$$Vector\ z=S(x,y,a)$$

产生的效能指标 S[i,k]对应于单个仿真运行中的每个参数对 A[i,k]。

4. 绘制结果交会图

考虑一个能生成性能指标,如 1.4.1 节中提到的控制系统的积分平方误差 ISE 的模型。为了能清楚地理解 ISE 是多么依赖于某个系统参数,如伺服系统阻尼系数 r,展示 ISE 和 r 的交会图可能会有所帮助。

(1) 重复运行研究(见 4.1.2 节)。有 n 个参数值 r=r0,r0+DELr,r0+2DELr,… 的 n 次仿真运行在每次运行结束时生成对应的 ISE 值。随着连续运行,实验协议脚本将会绘制 ISE 和 r 的交会图。

```
for i=1 to n
r=r+(i-1) ∗ DELr
drun
plot r,ISE,c      | --   c=1,2,… 是图形颜色
reset
```

---

① 参见随书光盘中的参考手册。

next

相反,你可以在两个 n 维数组中保存对应的 r 和 ISE 的值,数组声明如下:

$$ARRAY\ rr[n],ise[n]$$

同时,用如下所示取代脚本循环中的绘图行:

$$rr[i]=r\quad|\quad ise[i]=ISE$$

然后,你可以绘制、交叉列表并分析相应的 ise [i] 和 r[i] 的值。

(2) 复制的模型(向量化)的研究(见 4.1.2 节)。复制的模型采用一个 n 维状态向量 ISE 和一个 n 维参数向量 r。实验协议脚本用 r0,r0+DELr,r0+2 * DELr,…等值填充 r 数组,使单次仿真运行得出对应的 ISE 值:

ARRAY r[n],… ｜ STATE x[n],…,ISE[n]

…

for i=1 to n ｜ -- 设置参数值

r=r0+(i -- 1) * DELr

next

drun

然后,就可以获得用于绘制交会图或用于任何其他用途的数组 r 和 ISE。

5. 最大值/最小值的选择

给定性能指标值 S[i] 的一个 n 维数组(向量),3.2.5 节中的最大值选择技术能很容易地确定最大或最小性能指标值 S[i] 的索引 i=I,并计算该值。但要记住,这一最大值/最小值的选择技术只在 DYNAMIC 程序段中起作用,因此,更易应用于向量化参数影响研究,而非重复运行研究。

6. 迭代参数的优化

参数影响研究生成性能指标,作为参数值 a、b、…的函数 F(a,b,…)。重复运行仿真研究,可以通过 F(a,b,..) 收敛于全局最大值或最小值这样一种方式,将连续的参数组合 a,b,…的选择与过去的结果关联起来。

最小化 F 的原始实验协议可能只是为了减少 F 而简单地依次改变一个参数。如果 F(a,b,…) 是连续的,只有一个最小值并且作为局部常数的程序段没有"平点",这样做可能才奏效。例如,下面的实验协议脚本可以获得某伺服机构阻尼系数 r 的值,其可以使积分平方差 ISE 的值最小(另请参见 1.4.1 节)。

(设置 TMAX、DT、参数和初始条件…)

…

drun ｜ -- 用试验值 r 初始运行获得 ISE

repeat

oldISE=ISE

75

```
r=r+DELr      | --                     增量 r
reset   |  drun   | -- 用 r+DELr 运行
DELISE＝ISE － oldIES   | --            测量梯度
if abs(DELISE)<crit then exit   | --不再发生变化
else proceed
r=r-DELr-opgain * DELISE   | --         工步
reset   |  drun
until 0 > 1   | --         尝试
```

写出 'optimal values：r =' ;r,'ISE = ' ;ISE | --   结果

此类简单的参数优化给出了很好的演示(参考文献[2]),但现实生活中的优化研究通常是非常困难的。它们必须处理多个参数以及具有平点和/或局部最小值的性能指标的"景观"。对于重要的优化方案,你的仿真实验协议可能希望调用外部专业的优化程序(参考文献[12])。

4.2   统 计 数 据

4.2.1   随机数据和统计数据

现在我们开始探讨那些性能取决于随机参数、随机初始条件和/或随机函数输入的系统。所谓随机方法,我们的意思是指那些行为只能通过统计数据来预测的量。统计量是重复的或复制的测量 $x[i]$ 的样本 $x \equiv (x[1], x[2], \dots, x[n])$ 的函数。

为了模拟随机量,仿真程序调用库函数 ran(),其可以产生在-1 和 1 之间均匀分布的伪随机数。我们将各种随机变量用 ran() 函数表示,如 $x = abs(ran())$ 在 0和 1 之间均匀分布。在 4.5.1 节~4.5.5 节中,我们将更详细地讨论伪随机数的属性和应用。

偶然的经验(不是概率论)显示,随着样本量的增加,从多个样本计算得出的统计值往往更密切地聚在有意义的值的周围。拥有此属性的统计数据比单独的测量更容易预测[1]。但不是所有的观测值都能表现出这种所期望的行为。在 4.4.2节我们将展示实例。

---

① 这一结果的每个实例都是一个经验大数法则。经验大数法则不是来自概率论,而是基于观测值,就像物理学中的自然法则。大量类似的数学定律(如中心极限定理)都与期望值和概率相关,也就是说,与模型的属性,而非实际观测值相关。通过经验大数法则对某个具体概率模型进行验证表明,该模型对预测是有用的。

76

统计的实际意义取决于从 N 个不同样本中计算得出的经验抽样分布聚类。但是进行 Nn 次实际测量的成本是昂贵的。作为一种替代方法,数学统计可以从理论概率模型得出理论抽样分布。将理论概率模型用于类似的实验是有效的。

4.2.2　样本均值和统计相对频率

我们首先计算非常简单的统计数据。给定测量 x[I](希望是独立的、类似的)的一个样本 $x \equiv (x[1], x[2], \ldots, x[n])$,许多有用的统计数据都是样本均值:

$<x> = (x[1] + x[2] + \ldots + x[n])/n$　　　　　　(x 的样本均值)

$<f(x)> = \{f(x[1]) + f(x[2]) + \ldots + f(x[n])\}/n$(f(x) 的样本均值)

$<x^2> = (x^2[1] + x^2[2] + \ldots + x^2[n])/n$　　　　(x 的均方)

$xvar = <(x - <x>)^2> = <x^2> - <x>^2$　　　　(x 的样本方差)[①]

另一个重要统计数据是测量确定的事件 e 的统计相对频率 $hh\{e\}$,其中事件 e 被定义为一组 x 值,如 $x = X, x \leq X$, 或 $X - b/2 \leq x \leq X + b/2$。$hh\{e\}$ 是事件 e 在大小为 n 的样本中的相对次数。注意:$hh\{e\}$ 等于指标函数 u(x) 的样本均值

$$<u(x)> = \{u(x[1]) + u(x[2]) + \ldots + u(x[n])\}/n$$

对于所有 x,指标函数 u(x) 等于 1,这样,事件 e 为真,并且对于其他所有 x 值,都等于 0。

4.3　通过向量平均来计算统计数据

4.3.1　样本均值的快速计算

我们通过下式模拟一个大小为 n 的测量样本,$x \equiv (x[1], x[2], \ldots, x[n])$ 为向量,即

ARRAY x[n]

实验协议和 DYNAMIC 程序段都可以用 DOT 运算(在 3.3.1 节中曾介绍过)计算出有用的统计数据。特别是,样本均值 xAvg、样本均方 xxAvg、样本方差 xVar 和离差 s,计算公式分别如下:

$$
\begin{array}{ll}
\text{DOT } xSum = x * 1 & \text{DOT } xxSum = x * x \\
xAvg = xSum/n & xxAvg = xxSum/n \\
xVar = xxAvg - xAvg^2 & s = \text{sqrt}(xvar)
\end{array}
\tag{4-9}
$$

---

①　因为 $E\{xVar * n/(n-1)\} = Var\{x\}$,所以 $xVar * n/(n-1)$ 往往是首选。对于大样本 n,两种估计近似相等。

在 DYNAMIC 程序段中,我们的向量化编译器展开 DOT 求和循环,因此均值计算速度很快。

4.3.2 快速概率估计

给定一个样本 $x \equiv (x[1], x[2], \ldots, x[n])$,我们用对应的统计相对频率 hh 估计事件 $\{a < x < b\}$ $(a < b)$ 的概率 $P\{a < x < b\}$。根据 4.2.2 节,hh 是指标函数的样本均值:

$$u(x) \equiv swtch(x-a) - swtch(x-b) \quad (a < b)$$

当取值范围为 (a, b) 时,$u(x)$ 等于 1,取值范围为其他值时,$u(x)$ 等于 0。在图 2.6 中,swtch(x) 被定义为阶梯函数。之后,DYNAMIC 程序段采用以下公式就可高效计算出概率:

$$Vector \; u(x) = (swtch(x-a) - swtch(x-b))/n \qquad (4-10)$$
$$DOT \; hh = u * 1 \qquad (4-11)$$

4.6.2 节提供了一个使用此类指标函数求平均值的完整程序。

4.3.3 快速概率密度估计(参考文献[2,5])

1. 简单概率密度估计

对于连续随机变量 x,x 的每个 X 值的概率密度 $\varphi_x(X)$ 可用下式近似得出,即

$$\varphi_x(X) \approx Prob\{X-h \leq x < X+h\}/2h = P/2h \qquad (4-12)$$

式中:2h 是一个很小的组距宽度。给定一个样本 $x \equiv (x[1], x[2], \ldots, x[n])$,我们通过指标函数 $u(x-X)$ 的样本均值 $<u(x-x)>$ 再次估计 p,如果 $X-h \leq x < X+h$,则等于 1,其他则等于 0。利用图 2.6 中定义的库函数 rect(x),我们将得到

$$u(x-X) \equiv rect((x-X)/h)$$

h 取值较小时,我们用下式估计概率密度 $\varphi_x(X) \approx P/2h$,即

$$F(X) \equiv (1/2h) < rect[(x-X)/h] > \equiv (1/2hn) \sum_{k=1}^{n} rect((x[k]-X)/h$$

$$(4-13)$$

对于大小为 n 的随机样本,2hn F(X) 有一个二项式分布,成功概率为 P(参考文献[7]),并且

$$E\{F(X)\} = P/2h \quad Var\{F(X)\} = P(1-P)/4nh^2 \qquad (4-14)$$

对于较小的 h 值,有

$$E\{F(X)\} \approx \varphi_x(X) \quad Var\{F(X)\} \approx \varphi_x(X)[1-2h\varphi_x(X)]/2nh \approx \varphi_x(X)/2nh$$

$$(4-15)$$

提高分辨率需要较小的 h 值。这意味着每个窗口中拥有更少的数据点,从而

78

产生更大的估计方差。因此,概率密度测量需要在分辨率和方差之间进行折中。你可能需要一个大的样本量 n。

2. 三角窗(Triangle Windows)和 Parzen 窗(参考文献[6])

我们通常希望针对 X 的取值范围来估计 $\varphi_x(X)$,并希望用一条光滑的曲线来拟合估计 $\varphi_x(X)$ 值。对于不同的由小于窗口宽度 2h 分离开来的 x 值,$\varphi_x(X)$ 的估计可以不只一次有效地使用一些样本值。定性地说,这意味着拟合估计点的曲线是平滑的,比单次测量的波动要小。

改进的概率密度估计尝试增强这一效果。我们用一个新的曲线核函数 $k[(x-X)/h]/h$ 的样本均值代替矩形窗估计(式(4-13)),即

$$F(X) \equiv <k[(x-X)/h]/h> \tag{4-16}$$

核函数以期望的估计 F(x) 的自变量 x 为中心。核窗口宽度 h 决定曲线的展宽,从而决定概率密度估计的分辨率。为得到更大的样本量 n,可以减小 h。我们原始的矩形窗口 $rect[(x-X)/h]/2$ 使所有的 x 值落入其窗口,并禁止所有其他值落入其窗口。但更通用的核函数 $k[(x-X)/h]$ 使 x 的值远离对样本均值起作用的参数值 X。由于 $\varphi_x(X)$ 是连续的,这就提供了一种插值,可以减少某个给定分辨率的估计方差。

如果核函数 k(X) 是归一化函数,那么,概率密度估计 F(x) 无疑是归一化函数,也就是说

$$\int_{-\infty}^{\infty} k(X)dX = 1$$

必然包含

$$\int_{-\infty}^{\infty} F(X)dX = 1$$

估计均值和方差并不能像式(4-14)那样容易得出,但可以明确的是:F(x) 是 $\varphi_x(X)$ 的渐近无偏和相合估计(参考文献[10]),且

$$Var\{F(X)\} \rightarrow (1/nh)\varphi_x(X)KK$$

当 n→∞ 时,且

$$KK = \int_{-\infty}^{\infty} k^2(q)dq \tag{4-17}$$

假设

$$\int_{-\infty}^{\infty} |k(X)|dX < \infty, \sup_{(-\infty,\infty)} |k(X)| < \infty, \lim_{(x\rightarrow\infty)}[Xk(X)] = 0$$

$$\lim_{n\rightarrow\infty} h(n) = 0, \lim_{n\rightarrow\infty}[nh(n)] = \infty$$

矩形窗估计式(4-13)是式(4-16)估计的一种特殊情况,其中

$$k(X) \equiv rect(X)/2, \quad KK = 1/2$$

79

下一个最简单的例子是三角窗内核,即

$$k(X) \equiv \lim(1-|X|), \quad KK = 2/3$$

实际上,这样就把来自 3 个相邻组距的 x 值混合在一起,但我们通常喜欢采用 Parzen 窗内核(参考文献[6]),即

$$k(X) \equiv \exp(-X^2/2)/\mathrm{sqrt}(2\pi), \quad KK = 1/[2\ \mathrm{sqrt}(\pi)]$$

式中给出了所有 x 值的权重。其分辨率确定的窗口宽度 h 衡量高斯核函数的扩展。

3. Parzen 窗估计的计算和显示

给定一个样本(向量) $x \equiv (x[1], x[2], \ldots, x[n])$,概率密度 $\varphi_x(X)$ 的 Parzen 窗估计是 n 个样本值的均值 F(X)。

$$f[i] = \exp[-(X-x[i])^2/2\ h^2]/[h * \mathrm{sqrt}(2\pi)] \qquad (i = 1, 2, \ldots, n)$$

$$(4-18)$$

对于每一个给定的样本量 n,我们选择的窗口宽度在 x 分辨率和估计的概率密度曲线平滑度之间反复试错。为了利用更小的窗口宽度 h,则需增加 n。

具体 X 值的概率密度估计可以通过 4.3.2 节的求平均值获得。但是,估计的概率密度 F(X) 和 X 关系的完整绘图需要一个附加的 DYNAMIC 程序段。实验协议必须为绘图设置 scale、t0、TMAX 和 NN 的值。注意:这些值不同于那些用于显示时程的值。新的 DYNAMIC 程序段,如 PARZEN:

(1)在两个选定的值 X1 和 X2 之间用 X=a * t+b 扫描 x;

(2)求 $f[i] = \exp[-(X-x[i])^2/2\ h^2]/[h * \mathrm{sqrt}(2\pi)]$ 的平均值,得出估计值 F(x)。

所需的实验协议脚本语句如下:

```
ARRAY f[n]  | --      声明样本值 f[i] 的向量
irule 0  | -- 本 DYNAMIC 程序段只处理采样数据
scale =(选择一个合适的显示比例)
t=0  | TMAX=(选择 TMAX,以设置要绘制的图的范围)
NN =(选择要绘制的图的点数)
a =(选择 X 扫描的范围 a=X2-X1)
b =(选择 X 的起始值 b=X1)
h =(选择 Parzen 窗口宽度)
--
--                 预计算额外速度系数
alpha =-1/(2 * h^2)  | beta =1/(h * n * sqrt(2 * PI))
--
```

drun PARZEN　│--　　　　　绘图运行

脚本调用了一个标记的 DYNAMIC 程序段 PARZEN ,用来绘制 Parzen 窗口概率密度估计图:

label PARZEN
--
X＝a∗t+b　│--　　　　　　随 t 的增加从 X1 到 X2 扫描 X
--　　　　　　　　　　　　计算 n 个样本 f[i] ...
Vector f＝beta ∗ exp(alpha ∗ (X-x)^2))
DOT F＝f∗1 │--　　　　　　　　求和以获得均值

为了尽可能快地运行时效性强的 DYNAMIC 程序段,预先计算出的参数 alpha 带有负号、beta 含有用于求平均值所需的除数为 n 的除法。

图 4.2 展示了一个例子,并描绘了改变 parzen 窗口宽度 h 所产生的影响。Parzen 窗技术可以扩展到二维概率密度估计(图 4.3 和随书光盘中的用户程序文件夹 parzen)(参考文献[2])。

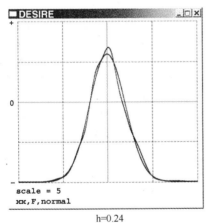

h=0.24

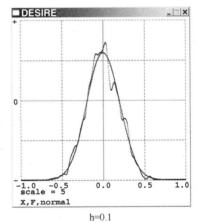

h=0.1

Parzen 窗概率密度估计

```
--
-----------------------------------------------------------------
display R
n=1000 |   ARRAY x[n],f[n]
NN=2
drun |  --                              填充数组
-----
scale=5 |   ascale=20
h=0.24 |   alpha=-1/(2*h*h)
beta=1/(h*n*sqrt(2*PI))
```

```
t=0|   TMAX=5|   NN=1000
drun PARZEN
-------------------------------------------------------------
DYNAMIC
-------------------------------------------------------------
Vector x=sqrt(-2*ln(abs(ran())))*cos(2*PI*abs(ran()))
 ----
    label PARZEN
X=2*t-TMAX|   --                              显示扫描
Vector f=ascale*beta*exp(alpha*(X-x)^2)
normal=ascale*exp(-0.5*X^2)/sqrt(2*PI)-scale
DOT F=f*1
F=F-scale|   dispxy X,F,normal
```

图 4.2　用 n=1000 高斯样本值填充数组 x,然后调用第二个 DYNAMIC 程序段估计概率密度的程序。显示器展示了 h=0.24 和 h=0.1 时的理论高斯概率密度与 Parzen 窗估计

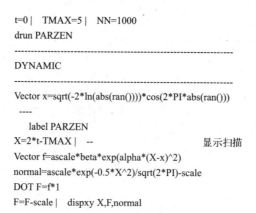

scale=1.4　　■ xx,FFF

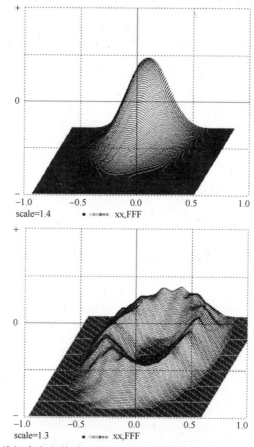

scale=1.3　　■ xx,FFF

图 4.3　二维概率密度估计(随书光盘中的例子 parz2d. src 和 tri cos . src)

4.3.4　采样范围的估计

对于样本 $x \equiv (x[1], x[2], \ldots, x[n])$，样本范围 range = xmax−xmin 为 $x[i]$ 的最大值和最小值之间的差。在 3.3.2 节，我们展示了如何在 DYNAMIC 程序段中计算 xmin 和 xmax。

4.4　复制的均值生成抽样分布

4.4.1　通过时间平均计算统计数据

在 4.3.1 节，我们用 DOT 运算求样本向量 $x \equiv (x[1], x[2], \ldots, x[n])$ 的平均值，我们也可以设置 t0 和通信间隔 COMINT 的默认值为 1，并用 DYNAMIC 程序段赋值产生随机变量 x 的连续 x 值 $x(1), x(2), \ldots, x(t)$，即

$$x = g$$

式中:g 是期望的任何随机变量。我们得到下式所示的均值

$$[x(1) + x(2) + \ldots + x(t)]/t = \text{xavg}$$

时间均值为

$$\text{xavg} = \text{xavg} + (x - \text{xavg})/t$$

有意义的是,通过这样的时间平均计算得出的统计数据可以通过向量化进行复制。在下面各节中,我们将对这个事实好好加以利用。

4.4.2　样本复制和抽样分布统计数据

1. 简介

统计仅在其离差随样本量减小时才有用。为了确保这一点,我们必须比较在新的实验中使用的每次统计的多个样本的结果。如同 4.4.1 节,我们创建了连续数据取值为 $x = x(t)$ 的一个样本 $[x(1), x(2), \ldots, x(t)]$。图 4.4 和图 4.5 中的程序通过向量化复制了这样一个样本,用以产生一个具有 n 个样本量为 t 的样本。如 4.4.1 节所述,每个样本可以产生基于时间平均的统计数据。这样,我们可得到统计数据样本:

$$(\text{xavg}[1], \text{xavg}[2], \ldots, \text{xavg}[n])$$

$$(\text{xxavg}[1], \text{xxavg}[2], \ldots, \text{xxavg}[n])$$

$$(\text{xvar}[1], \text{xvar}[2], \ldots, \text{xvar}[n])$$

$$\ldots$$

并能研究其抽样分布。现在,我们的实验协议不仅声明了数据向量 $x(t)$，而且还

声明了代表统计样本的向量：

$$\text{ARRAY } xavg[\,n\,], xxavg[\,n\,], xvar[\,n\,]$$

```
--                                     抽样分布研究
--------------------------------------------------------------
display N15 |   display R |   scale=0.01
NN=5000 |   --                         最大样本量 t
n=1000 |   --                          复制的实验次数
ARRAY x[n],xavg[n],xxavg[n],xvar[n],f[n],g[n]
x0=0.0 |   --                          测量值
--
drun |   --                            创建 tx 值的 n 个样本
write 'type go to continue' |   STOP
------------------------------------------------------
h=0.025 |   alpha=-1/(2*h*h)
beta=0.1/(h*n*sqrt(2*PI))
t=0 |   TMAX=1 |   NN=5000 |   scale=1
drun READOUT
```

图 4.4　用以研究抽样分布的实验协议脚本

```
-------------------------------------------------------------------
DYNAMIC
-------------------------------------------------------------------
Vector x=0.5*ran()+x0
--
--                                     计算样本统计数据
--
Vectr delta xavg=(x-xavg)/t
Vectr delta xxavg=(x^2-xxavg)/t
Vector xvar=xxavg-xavg^2
------------------------------
--                                     计算抽样分布统计数据
--
DOT Xsum=xavg*1 |   DOT XXsum=xavg*xavg
Xavg=Xsum/n |   XXavg=XXsum/n
Xvar=XXavg-Xavg^2
--
xvaro10=0.1*xvar[1]-scale |   Xvarx100=100*Xvar-scale
dispt Xavg,Xvarx100,xavg[1],xvaro10
-------------------------------------------------------------------
   label READOUT |   --                估计概率密度
xx=2*t-TMAX |   --                     显示扫描
Vector f=beta*exp(alpha*(xx-x)^2)
Vector g=beta*exp(alpha*(xx-xavg)^2)
DOT F=f*1 |   DOT G=g*1
F=F-scale |   G=G-scale
dispxy xx,F,G
```

图 4.5　两个 DYNAMIC 程序段可以产生的抽样分布统计数据

84

在随后的 DYNAMIC 程序段中,对向量赋值可为单次运行中所有 n 个样本生成统计数据:

$$\text{Vector } x = g$$
$$\text{Vectr delta } xavg = (x-xavg)/t$$
$$\text{Vectr delta } xxavg = (x^2-xxavg)/t$$
$$\text{Vector } xvar = xxavg-xavg^2$$
$$\cdots$$

这些向量运算速度非常快,复制的样本的数量 n 可以大到令人满意为止。

2. 经验大数法则的演示

图 4.4 和图 4.5 中的程序接受随机数据 x,并且能让你研究统计数据的抽样分布,如样本均值 xavg。一次单独的计算机运行产生均值 Xavg、均方 XXavg 和 xAvg 的样本方差 Xvar。对于 1 和 NN = 5000 之间的所有样本量 t(图 4.6),公式如下:

$$\text{DOT } Xsum = xavg * 1 \quad | \quad \text{DOT } XXsum = xavg * xavg$$
$$Xavg = Xsum/n \quad | \quad XXavg = XXsum/n$$
$$Xvar = XXavg - Xavg^2$$

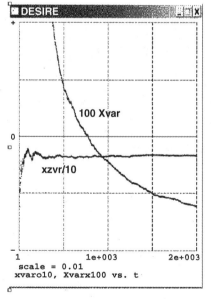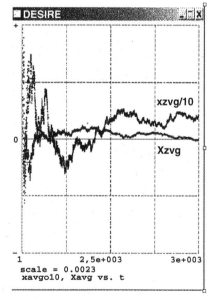

图 4.6　抽样分布统计 Xavg 和 Xvar 与样本统计 xavg 和 xvar 的
比较图。横坐标值 t 代表连续样本量

一个额外的 DYNAMIC 程序段为运行结束的样本量 t 估计并绘制 xAvg 的概率密度,并与估计的 x 的概率密度进行比较。图 4.7 和图 4.8 展示了 Xavg 聚类的抽

样分布:

$x = 0.5 * ran()$ （均匀分布）

$x = 0.1 * sqrt(-2 * ln(abs(ran()))) * cos(2 * PI * abs(ran()))$ （高斯分布）

$x = 0.5 * sat(1.3 * sin(ran()))$ （双峰分布）

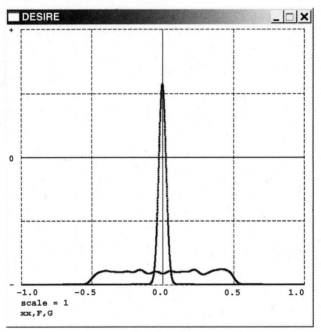

图 4.7 均匀分布随机变量 x 及 n = 1000 时的样本均值 xavg 的概率密度估计。
抽样分布近似高斯分布,且离差非常低

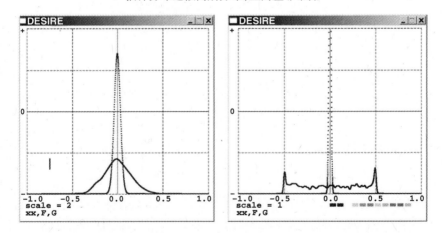

图 4.8 两个不同随机变量 x 及 n = 1000 时它们的样本均值 xavg 的概率密度估计。
即使右边的 x 分布是双峰的,但 xavg 的分布近似高斯分布

本程序演示了使用统计数据的根本原因。还要注意的是,对于较大的样本量 t,这些抽样分布近似高斯分布,甚至对于图 4.8 中的双峰随机变量来说也是如此。

3. 反例:肥尾分布(Fat-Tailed Distribution)

在实践中,随着样本量的增加,许多抽样分布的表现就像 4.4.2 节中的一样。但我们已经指出,并不是一定如此。有些观测值是根本不可预测的,或者只有一些可能的统计数据会聚类。一个经典的例子就是由下式产生的"肥尾"(Fat-Tailed)柯西分布(参考文献[7]):

$$x = 0.3 * \tan(0.5 * PI * ran()) \qquad (柯西分布)[①]$$

图 4.9 利用 x 的理论概率分布,比较了 t = 10000 和 n = 1000 时所获得的 xAvg 的抽样分布结果。

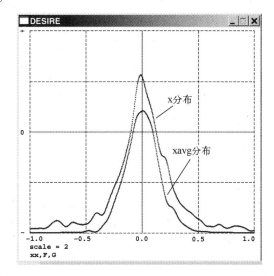

图 4.9 柯西(Cauchy)分布随机变量 $x = 0.3\tan(\pi ran()/2)$ 及其样本均值
xavg 的概率密度估计。这一例子清楚地表明,图 4.4、图 4.5 和
图 4.6~图 4.8 中演示的有用的经验大数法则并不总是适用的

4.5 随机过程仿真

4.5.1 随机过程和蒙特卡罗仿真

随机过程生成样本函数 x(t),该函数依赖于随机参数、随机初始条件和/或随机

---

① 虽然定义期望值和 x 的方差的积分不存在,但 Parzen 窗口概率密度估计以概率收敛。

输入。概率模型根据各种样本值 x(t1),x(t2),...的联合概率分布来描述随机过程（参考文献[7]）。此类模型试图使诸如概率和期望值等理论概念与观测的统计数据相匹配。当我们通过在所有采样时间 ti 增加相同的时移 τ 而改变时间原点时，如果随机过程的联合概率分布未受影响，那么，我们说随机过程是静止的随机过程。

我们的目标是预测随机过程的统计数据，如均方误差或平均成本。概率论能将这些量模拟为预期值，但含噪动态系统的逼真概率模型可能会异常复杂。我们采用蒙特卡罗仿真，实际测量某个动态系统仿真运行样本的统计数据。我们可能需要数百或数千次运行仿真，模型复制（向量化蒙特卡罗仿真）能提供所需的高速计算，即使是在并不昂贵的个人计算机上。

我们将用随机参数（包括随机初始条件）和/或随机时间函数输入（噪声）模拟动态系统产生的随机过程。蒙特卡罗仿真研究重复的或复制的仿真，从而生成不同随机过程样本函数 $^1x(t)$, $^2x(t)$,...的一个样本（图 4.10）。然后我们可以计算诸如性能指标的样本均值之类的统计数据。

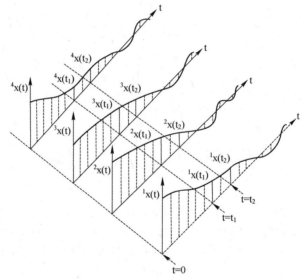

图 4.10　某连续随机过程的一些样本函数 $^1x(t)$, $^2x(t)$,...（基于参考文献[7]）

4.5.2　随机参数和随机初始值的建模

实验协议脚本生成随机参数值 a,b,...并按下式进行赋值：

$$a=\mathrm{ran}() \quad | \quad b=\cos(\mathrm{ran}()+c) \quad | \quad ...$$

此类参数在随后的仿真运行中保持不变。状态变量的初始值只是简单的附加参数。

88

Desire 库函数 ran( )的连续调用产生一个新的伪随机噪声序列值。伪随机噪声并不是真正随机的,而是一个经过编程的在大量样本后重复的数列。ran( )输出在-1 和 1 之间均匀分布,均值为 0,方差为 1/3。不同的样本是不相关的,但不是统计学上的独立(另请参见 4.5.4 节)。实验协议命令 seed q 可用于启动或重启带有具体固定值的噪声序列,以重复进行测试。

ran( )的各种函数可以产生各种带有不同有用的概率分布的样本。N=4、5 或 6 项时求得的和 y=ran( )+ran( )+... 大致为高斯分布,均值为 0,方差为 N/3,但是其范围必须限定在-N 和 N 之间。更准确的高斯噪声可通过 Box-Mueller 赋值在 Windows 环境下获得(参考文献[12]):

$$x = sqrt(-2 * ln(abs(ran( )))) * cos(2 * PI * abs(ran( )))$$

或更方便地在 Linux 环境下获得:

$$x = gauss(0)$$

4.5.3　采样数据随机过程

没有微分方程的 DYNAMIC 程序段实现周期采样数据赋值,包括差分方程系统(见 2.1.1 节)。如在 1.2.1 节中指出的,t=t0,然后默认为 t=1,TMAX 默认为 NN-1,因此 COMINT=1。现在,在其取连续值 t=1,2,...NN 时,t 只是简单地计算时间步长。如果你喜欢,实验协议也可以设置 t=t0=0。

在这样一个 DYNAMIC 程序段中调用 ran( )将在周期采样时间发挥作用,产生一个噪声序列 p(1),p(2),...,可作为差分方程系统的一个输入(见 2.1.1 节)。在 4.4.1 节和 4.4.2 节,我们使用了这样一个非常简单的过程来生成随机数据。我们将在 4.6.2 节提供另一个例子。

请注意,当改变 NN 和/或 TMAX 时,采样率

$$SR = (NN-1)/TMAX \tag{4-19}$$

以及噪声频谱也将发生变化。为获得更大的噪声带宽,可以通过设置系统变量 MM 的值大于 1(见 1.2.1 节)增大 NN,并保持合理显示点的数量。

ran( )在向量或矩阵赋值中效果同样好(见第 3 章),如:

$$Vector\ v = A * cos(w * t) + B * ran( )$$

事实上,向量和矩阵赋值可以有效重复调用 ran( ),以生成不同的噪声数组元素。

4.5.4　"连续"随机过程

1. 模拟连续噪声

与噪声参数的生成相比,噪声时间函数的正确建模要复杂得多。不能使用诸

如 x = ran( )这样的赋值模拟微分方程系统的时变输入:

(1) ran( )离散变化是必然的,并且会影响数值积分(见2.1.3节);

(2) 噪声信号必须来自于周期样本,以产生可预测的噪声功率谱。

因此,带有微分方程的 DYNAMIC 程序段一般在 OUT 语句后,仅在采样数据赋值后才调用 ran( )(见1.2.3节和2.1.3节)。然后,以输入/输出采样率定期读取噪声样本(式(4-19))。请再次注意,SR 及噪声谱,随 NN 和/或 TMAX 的变化而变化。如4.5.3节那样,可以通过增加 NN 来获得更大的噪声带宽。为了使显示点的数目保持合理,可以重新设置系统变量 MM 的值,使其大于1(见1.2.1节)。

通过向一个表示低通或带通滤波器的微分方程系统馈入采样数据噪声 y,我们模拟连续的或"模拟的"噪声,使 Noise = Noise(t),如下所示:

d/dt Noise = -w * Noise+y   ｜   ——一级低通噪声滤波器

… … … … … .

OUT

y = a * ran( )

Noise(t)的谱密度是由噪声采样率(式(4-18))和滤波器传递函数(参考文献[7])决定的。图4.11 展示了一个高斯采样数据噪声的例子:

y = 0.3 * sqrt(-2 * ln(abs(ran( )))) * cos(2 * PI * abs(ran( )))

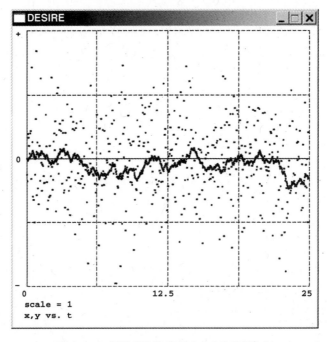

图4.11　高斯采样数据噪声和"连续"噪声

Noise 是一个微分方程状态变量,在每个积分步长都会发生变化(见 1.2.1 节和 1.2.2 节),但馈送到微分方程系统的定期采样噪声 y 是一个不连续的采样/保持状态变量(见 2.1.3 节)①。在每个导数调用时读取 y,只在采样时间发生变化。如 2.1.3 节指出的那样,采样/保持状态变量需要在 t=t0 时初始化。

多种随机过程可来自于仿真的"模拟"噪声,如:

$q = A * \sin(w * t) + c * Noise$　　　(加性噪声正弦曲线)

$q = A * Noise * \sin(w * t)$　　　(随机振幅正弦曲线)

$q = A * \sin(w * t + Noise)$　　　(随机相位正弦曲线)

为获得部分相关的噪声样本 y 和 z,可以使用赋值,如:

$$y = ran(), z = ran() + b * y$$

且

$$E\{y * z\} = b/3$$

2. 连续时间平均

为了产生时间平均

$$xavg = (1/t) \int_0^t x \, dt$$

对 DYNAMIC 程序段行进行编程:

$$d/dt \, xavg = (x - xavg)/t$$

且

$$xavg(0) = x(0)$$

为消除奇异,Desire 自动设置默认初始时间为 $t0 = 1.0E-275$,而非 $t0 = 0$。

3. 相关函数和谱密度

DYNAMIC 程序段可以通过 4.5.4 节中的求平均值来计算时间相关函数,如自相关函数

$$Rxx(\tau) = (1/t) \int_0^t x(k) x(k + \tau) \, dt$$

这一过程可以像 4.4.2 节那样进行向量化,从而产生 $Rxx(\tau)$ 的抽样分布。实验协议脚本可以延迟 τ,以绘制自相关函数或将其反馈至快速傅里叶变换(见 8.3.3 节),生成 x 的谱密度。

4.5.5　模拟的噪声问题(参考文献[12-14])

仿真程序假设,对不同伪随机噪声发生器(如 ran())的调用,将产生统计学上的独立值模拟的随机参数值和噪声函数。但这其实并不是真的。虽然通常能保证

---

① 如图 2.2 所示,在显示器上并不能观测到采样/保持活动。

是不相关的,但伪随机噪声样本是由一个确定的程序产生的①。模型输出可依赖于许多随机噪声样本的高阶联合概率分布,并且隐藏的周期性或相关性可能会产生奇怪的无法预见的影响。

随机参数和/或随机初始值需要相对较少的噪声样本,通常也是安全的。但涉及宽带时变噪声的仿真需要大量的独立噪声样本。可以说,5 个噪声源的 1000 次仿真运行可能需要 500 万~5 亿个独立样本②。参考文献[3-18]列出了伪随机噪声质量的多次测试,但我们通常假设其在统计学上是独立的,然后用不同的伪随机噪声发生器获得的结果去进行比较。在 5.5.2 节,我们将描述一种非常简单的方法,能完全重新打乱现有的噪声序列,以进行此类测试。

4.6 简单的蒙特卡罗实验

4.6.1 简介

我们用两个简单的蒙特卡罗实验结束本章。一个模拟采样数据的随机过程,另一个模拟连续的过程。有趣的是,这两个例子都匹配简单的概率模型。

4.6.2 赌博回报

假设抛硬币或转轮盘赌黑/红赢 1 美元的概率为 p,没赢的概率为 1-p。对于一枚诚实的硬币,p=0.5,美国转轮盘赌成功的概率为 $p = 34 /(34+36) \approx 0.4857$(在蒙特卡罗仿真中 p 为 $35 /(35+71) \approx 0.4923$)。我们通过 DYNAMIC 程序段向随机过程变量 x(t)(t=1,2,…)赋值表示此类 Bernoulli 实验中的连续回报,也就是(图 4.12)

$$x = swtch(p-abs(ran( )))$$

像 3.7.2 节一样,图 4.13 中的程序定义了如下便利函数:

FUNCTION bernoulli(p$) = swtch(p$-abs(ran( ))

通过声明向量 x[n]和 xSum[n],复制 N 次游戏。

DYNAMIC 程序段用如下程序计算每次复制的游戏回报 xSum[k]:

---

① 新型微处理器的特点是拥有改进的被片上模拟噪声"打乱"的伪随机噪声发生器。这一特点将改进未来的计算机函数库。

② 在 Linux 环境下,ran( )基于 GNU 库例程 drand48,其在 $2^{48}-1$ 个样本后重复,且通常能产生好的效果。目前的 Windows 版本拥有较短的周期。如果需要,用较长重复周期的伪随机噪声发生器实现 ran( )并不难。

Vector x = bernoulli(p) |--   Bernoulli 实验

Vectr delta xSum = x |--   t 实验得分

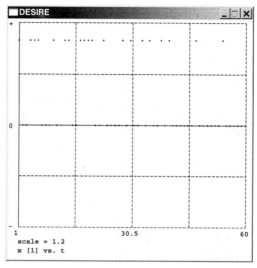

图 4.12   连续 Bernoulli 实验 x = swtch(p-abs(ran( )))的时程

我们现在有一个得分为 n 的样本 xSum[k]，并且如同 4.3.2 节那样，通过指标函数 rect(2 ∗ (t-xSum))的样本均值，估计出 xSum 等于 t = 0,1,2,…,n 次抛投的概率。图 4.13 中的程序调用了一个附加 DYNAMIC 程序段 PROB,用编译的 DOT 运算快速求出平均值。图 4.14 显示了 t = 0,1,2,…,n 次抛投成功的概率。注意：在我们的第一个 DYNAMIC 程序段,t 的取值范围在 1 和 nthrows 之间,但在 DY-NAMIC 程序段 PROB 中,其取值范围位于 0 和 nthrows 之间。

```
--                              赌博回报：Bernoulli 实验
--                              和二项式分布
------------------------------------------------------------
FUNCTION bernoulli(p$)=swtch(p$-abs(ran()))
------------------------------------------------------------
display Y |   scale=1.2
nthrows=60 |  --                            抛投次数
p=0.4
----                            n 是复制的实验次数
n=10000 | ARRAY x[n],xSum[n],f[n]
------------------------------------
--        得到 n 个样本量为 t 的赌博得分 xSum[i]
--
--
NN=nthrows |  --                            t 值数量
```

```
drun

--------------------------------------------------------
--          现在估计 xSum=0, 1, 2, ..., nthrows 的概率
--
t=0 |    TMAX=nthrows | scale=5/TMAX
drun PROB |    --                    估计赌博得分概率
--------------------------------------------------------
DYNAMIC
--------------------------------------------------------
Vector x=bernoulli(p) |    --              Bernoulli 实验
Vectr delta xSum=x |    --                      实验得分
dispt x[1]
--------------------------------------------------------
    label PROB
Vector f=rect(2*(t-xSum))/n |    --              指标函数
DOT prob=f*1 |    Prob=prob-scale
dispt Prob
```

图 4.13　赌博仿真的实验协议首先用 t 次连续抛投创建 n=1000 个抛硬币游戏样本,然后调用第二个 DYNAMIC 程序段 PROB,估计出 0,1,2,…次成功的概率

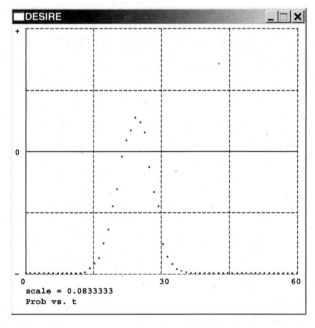

图 4.14　当 p=0.4 且 nthrows=60 时估计的赌博得分概率分布

4.6.3 连续随机漫步的向量化蒙特卡罗研究(参考文献[3])

我们的第一个例子是具有噪声输入的微分方程系统(图 4.15 和图 4.16 中的程序),通过对"连续"噪声输入 x(t) 从 t=t0=0 到 t=TMAX 的简单积分,生成沿 x 方向的随机漫步。x(t) 在 -aa 和 aa 之间均匀分布。

由噪声驱动的单一随机漫步可利用下列简单的 DYNAMIC 程序段进行模拟:

```
DYNAMIC
--------------------

d/dt x = noise
OUT
noise = aa * ran( )
```

```
--                        向量化蒙特卡罗随机漫步
------------------------------------------------------------
irule 2 |  --                              欧拉积分
NN=10001 |   TMAX=1 |   DT=TMAX/(NN-1)
n=5000 |   STATE x[n] |   ARRAY noise[n]
--                  备注：所有 x[i] 默认值为 0 （t=0）
aa=sqrt(3*NN) |  --                  缩放的噪音振幅
------------------------
scale=3 |  --                       显示一些随机漫步
drunr   |  --                              保留 t0=0
------              运行复制的漫步，计算统计数据
write "type go to continue" |   STOP
display R |   scale=TMAX^2
drun AVERAGES |
write "type go to see histogram" |   STOP
----------------------------------------------
--                            结束运行概率密度
irule 0 |  --                            仅采样数据
ARRAY f[n]
scale=4 |   TMAX=scale |   NN=2500 |
a=2*scale |   b=-scale |  --                用于显示扫描
t=0 |   h=0.15 |  --              h 是 Parzen 窗口宽度
alpha=1/(2*h*h) |   beta=1/(h*n*sqrt(2*PI))
drun PARZEN
------------------------------------------------------
```

图 4.15 向量化随机漫步仿真的实验协议连续调用列于图 4.16 中的 3 个 DYNAMIC
程序段。如同 4.3.3 节一样,第三个 DYNAMIC 程序段的 TMAX 和 NN,发生变化

由于积分器输入噪声在每个采样间隔是恒定的,所以使用简单的欧拉积分(irule 2)是有意义的。我们设定 DT=TMAX/(NN-1)。"连续"变量 x 实际上在以

```
--------------------------------------------------------
DYNAMIC
--------------------------------------------------------
Vectr d/dt x=noise |   --                    "持续"噪声
OUT
Vector noise=aa*ran()
dispt x[1],x[2],x[3],x[4],x[5],x[6] |  --  显示一些随机漫步
------------------------------------
     label AVERAGES
Vectr d/dt x=noise
OUT
Vector noise=aa*ran()
DOT xSum=x*1 |   DOT xxSum=x*x |   --     计算统计数据
xAvg=xSum/n |   xxAvg=xxSum/n
xVar=xxAvg-xAvg^2
Var=t*DT*(aa^2)/3 |   --          用于进行比较的理论 Var{x}
--
xAvgx20=20*xAvg |   --
dispt xVar,Var,xAvgx20
--
------------------------------------              绘制概率密度估计
    label PARZEN
--
xx=a*t+b |   --                               显示扫描
Vector f=beta*exp(-alpha*(xx-x)^2)
DOT F=f*1 |   F=10*F-scale
--                                   与高斯密度估计进行比较
yy=10*exp(-(xx^2)/(2*Var))/sqrt(2*Var*PI)-scale
errorx2=2*(F-yy)+0.5*scale
dispxy xx,yy,F,errorx2 |   --              重新缩放的带状图
```

图 4.16 随机漫步程序的第一个 DYNAMIC 程序段用不同颜色显示了几个随机漫步。第二个 DYNAMIC 程序段利用 n = 5000 个复制的随机漫步生成样本均值 xAvg 和样本方差 xVar 的时程。还显示了理论方差的时程 Var=t DT aa^2/3,以用于进行比较。第三个 DYNAMIC 程序段计算了 Parzen 窗口概率密度估计值,并与高斯密度进行了比较

较小的不相关步长 aa ran( )DT 变化着。步长 aa ran( )DT 均匀分布在-aa DT 和 aa DT 之间,理论预期值为 0,方差为(aa DT)^2/ 3。对于 t=0,所有样本值 x[i] 均默认为 0,所以有 NN-1 个随机步长。

在时间 t 时,欧拉积分已增加了 t/DT = (NN-1)t / TMAX 个不相关的增量。它们的方差简单地增加,因此有

$$E\{x(t)\} = 0 \quad Var\{x(t)\} = (t/DT)(aa\ DT)^2/3 = Var(t) \qquad (4\text{-}20)$$

选择 aa = sqrt(3 NN) 和 scale = $TMAX^2$ = 1 是便利的。随着随机步长数量 t/DT 的增加,x(TMAX) 的理论概率密度将近似高斯分布,均值为 0,方差为(aa)^2/3。

96

通过从 n 次复制的随机漫步模型得到的对应的样本均值 xAvg＝xAvg(t)和样本方差 xVar＝xVar(t)，向量化蒙特卡罗仿真可以估计 E{x(t)}和 Var{x(t)}。

DYNAMIC

————————————————————————

Vectr d/dt x＝noise

OUT

Vector noise＝a ∗ ran( )

一次单独的仿真运行产生了所有 n 个时程 x(t)，并且利用下述程序计算得出了统计数据 xAvg 和 xVar 的时程。

DOT xSum＝x ∗ 1 ｜DOT xxSum＝x ∗ x

xAvg＝xSum/n ｜ xxAvg＝xxSum/n ｜ xVar＝xxAvg −xAvg^2

图 4.15 和图 4.16 中的完整随机漫步程序包括一个附加的 DYNAMIC 程序段 PARZEN(如同 4.3.3 节一样，估计 x(TMAX＝1)的概率密度)，并且与对应的理论高斯密度(图 4.17)进行比较。注意:该 DYNAMIC 程序段使用的是其自己的参数值，特别是 TMAX＝scale 和 NN＝2500。

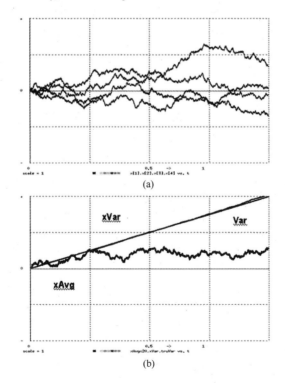

(a)

(b)

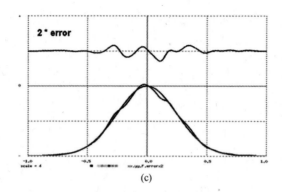

(c)

图 4.17　4 次模拟的随机漫步(a),统计数据 xAvg 和 xVar 的时程(b),运行结束时 x 的
概率密度估计(c)。图 4.17(b)比较了样本方差 xvar 与理论方差 Var=tDT aa^2/3 的
时程,图 4.17(c)比较了 x 的概率密度估计与高斯概率密度

图 4.17(a)展示了几次仿真的随机漫步。图 4.17(b)显示了 xAvg 的时程,并
将 xVar(t)与理论方差进行了比较:

$$Var(t). =Var=t\ DTaa^2/3$$

对于 NN = 10000 步、n = 5000 的典型运行,我们测量得到 xAvg = 0.008,xVar =
1.025,接近于理论结果(式(4-20))。在运行 Linux 操作系统的 3.16GHz 个人计
算机上,5000 次复制 10000 步随机漫步的向量化仿真用了 1.2s,运行时计算以及
xAvg(t)和 xVar(t)显示用了 1.6s,概率密度图用了 0.8s。

参 考 文 献

[1] Korn, G.A.: *Interactive Dynamic-System Simulation*, 2nd ed., Taylor & Francis, London, 2010.

[2] Korn, G.A.: Measurement of Probability Density, Entropy, and Information in Interactive Monte Carlo Simulation, *Proceedings of 1999 SCS MULTICON,* San Diego, CA, 1999.

[3] Korn, G.A.: Fast Monte Carlo Simulation of Noisy Dynamic Systems on Small Digital Computers, *Simulation News Europe*, Dec. 2002.

[4] Korn, G.A.: Model-Replication Techniques for Parameter-Influence Studies and Monte Carlo Simulation with Random Parameters, *Mathematics and Computers in Simulation*, **67**(6): 501–513, 2004.

[5] Korn, G.A.: Real Statistical Experiments Can Use Simulation-Package Software, *Simulation Practice and Theory*, **13**:39-54, 2005.

[6] Fukunaga, K.: *Introduction to Statistical Pattern Recognition*, Academic Press, New York, 1972.

[7] Korn, G.A., and T.M. Korn: *Mathematical Handbook for Scientists and Engineers*, rev. ed., Dover, New York, 2000.

[8] http://www.cooper.edu/engineering/chemechem/MMC/tutor.html presents an excellent review of large-scale Monte Carlo simulation.

[9]   Galassi, M. et al.: *Reference Manual for the GNU Scientific Library*, ftp://ftp.
      gnu.org/gnu/gsl/. Printed copies can be purchased from Network Theory Ltd. at
      http://www.network-theory.co.uk/gsl/manual/.

[10] Mittelman, H.D., and P. Spelucci: *Decision Tree for Optimization Software*,
      http://plato.asu.edu/guide.html, 2005.

[11] More, J.J., and S.J. Wright: *Optimization Software*, SIAM Publications, Philadelphia,
      1993.

[12] A comprehensive referenced list of pseudorandom-noise-generator software is the *Refer-
      ence Manual for the GNU Scientific Library,* by M. Galassi et al. ftp://ftp.gnu.org/gnu/gsl/.
      Printed copies can be purchased from Network Theory Ltd. at http://www.network-
      theory.co.uk/gsl/manual/.

[13] L'Ecuyer, P.: Chapter 4 in *Handbook on Simulation*, Banks et al. (eds.), Wiley, New York,
      1997.

[14] Marsaglia, V.: *Documentation for the DIEHARD Pseudorandom-Noise Test Programs*,
      http://stat.fsu.edu/pub/diehard.

[15] Roberts, P.D., et al.: Statistical Properties of Smoothed Maximal-Length Linear Binary
      Sequences, *Proceedings of IEEE*, Jan. 1966.

[16] Knuth, D.E.: The Art of Computer Programming, 3rd Edition (vol. 2), Addison-Wesley,
      Boston, NA, 1997.

[17] Entacher, K.: On the Cray-System Random-Number Generator, *Simulation*, **72**:(3), 163–
      169, 1999.

[18] Hellekalek, P.: A Note on Pseudorandom-Number Generators, *EUROSIM Simulation
      News Europe*, July 1997.

[19] Robert, C.P., and G. Casella: *Introducing Monte Carlo Methods with R*, 3rd ed., Springer-
      Verlag, New York, 2010.

[20] Rubinstein, R.Y.: *Simulation and the Monte Carlo Methods*, Wiley, New York, 1981.

[21] Fishman, G.S.: *Monte Carlo Simulation*, Springer-Verlog, New York, 1995.

[22] Hammersley, J.M., and D.C. Handscomb: *Monte Carlo Methods*, Methuen, London,
      1975.

第 5 章　真实动态系统蒙特卡罗仿真

5.1　简　　介

5.1.1　概述

本章将对真实动态系统蒙特卡罗仿真的编程进行全面讨论。主要讨论随机时间函数输入、随机参数和初始条件的影响。首先介绍重复运行蒙特卡罗仿真,然后探讨快速复制模型(向量化)蒙特卡罗仿真。当初开发这一技术主要是用于超级计算机。

5.2　重复运行蒙特卡罗仿真

5.2.1　重复仿真运行的运行结束统计数据

重复运行蒙特卡罗仿真程序循环,用新的随机输入对 DYNAMIC 程序段运行 n 次,然后计算 n 个时程的结果样本统计数据。

在下面这一简短的实验协议脚本中,通过程序循环进行 n 次连续操作,为参数 b 和状态变量 x 的初始值 $q0=q(t0)$ 分配新的随机值,然后调用能产生时程 $x(t)$ 的仿真运行。用数组采集随机参数值 $b[1],b[2],...,b[n]$,随机初始值 $q[1]$, $q[2],...,q[n]$,以及最终的 n 次运行结束值 $X[i]=x(t0+TMAX)$,即

$$ARRAY\ b[n],q0[n],X[n]$$

然后,基于运行结束样本,用 4.3.1 节~4.3.4 节中介绍的方法可以方便地计算统计数据:

$$X \equiv X[1],X[2],...,X[n]$$

因此,可以计算样本均值:

$$<f(X)>=\{f(X[1]+f(X[2])+...+f(X[n])\}/n$$

估计预期的系统性能指标。我们也可以估计运行结束概率和概率密度。

实验协议脚本首先设置 t0、TMAX、NN 和固定系统参数以及初始条件,然后通

过以下程序继续:

```
n=1000  | ARRAY b[n],q[n],X[n]
--
for i=1 to n  | --                          蒙特卡罗循环
    b[i]=b0+beta*f1(ran())  | --            设置新的随机参数值
    q[i]=q0+gamma*f2(ran())  | --           设置新的随机初始值
    --
    drunr  | --                             进行仿真运行,重置状态变量和t
    X[i]=x  | --                            读取运行结束值x(t0+TMAX)
    next
--                                          计算一些运行结束的统计数据
DOT xSum=x*1  | DOT xxSum=x*x
xAvg=xSum/n  | xxAvg=xxSum/n
xVar=xxAvg-xAvg^2  | s=sqrt(xVar)
```

5.2.2　例子:火炮仰角误差对1776加农炮炮弹弹道的影响

下面将用一个随机参数,尤其是随机初始值,模拟一个逼真的微分方程系统。类似程序可以直接应用到很多制造公差效应的蒙特卡罗研究中。

50多年来,图5.1所示的对1776加农炮炮弹的模拟一直是个教科书问题。通过设置加农炮的仰角 θ(theta)使加农炮瞄准目标,以获得预期的弹着点横坐标X。然后,蒙特卡罗研究给加农炮炮弹仰角增加随机误差,并确定其对样本均值的影响和对弹着点横坐标的离差[①]。

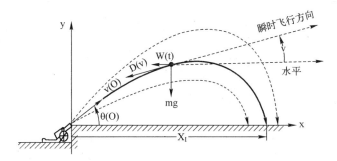

图5.1　加农炮几何学。假定风力 W(t)忽略不计(基于参考文献[6])

---

①　1776火炮的仰角实际上并不会受到制造误差的影响。陆基火炮的仰角通常用炮管后端下方的楔形炮闩设置,而海基火炮的仰角还需要判断军舰的滚动角。不管哪一种方法,都会有大量的随机误差。

通过等式

$$theta = 70 * PI/180 + a * (ran() + ran() + ran() + ran())$$

得出近似的高斯仰角误差。

由于 ran() 均匀分布于 -1 和 1 之间,其中预期值为 0,理论方差为 1/3,则得出

$$E\{theta\} = 70 \ PI/180, \quad Var\{theta\} = 4 * a^2/3$$

假设微弱的风力 W(t) 忽略不计,作用在球状加农炮炮弹上的力只有重力 mg 和反向作用于速度向量的空气阻力。相对于较低的空速来说,阻力大约与速度 v 的平方成正比。参阅图 5.1,水平方向和垂直方向的运动方程分别为

$$(d/dt)x = xdot, \quad (d/dt)xdot = -Rv^2 \cos\theta = -R \ v \ xdot$$
$$(d/dt)y = ydot, \quad (d/dt)ydot = -Rv^2 \sin\theta - g = -R \ v \ ydot - g$$

其中

$$v = sqrt(xdot^2 + ydot^2)$$

$g = 32.2 ft/s^2$ 是重力加速度,$R = 7.5 \times 10^{-5} \ ft^{-1}$ 是阻力系数除以弹丸质量。加农炮炮弹弹道由初始炮口位置 x(0) = y(0) = 0 和初始速度决定,即

$$xdot(0) = v0 * \cos(theta), \quad ydot(0) = v0 * \sin(theta)$$

式中:theta 为炮弹的仰角;v0 = 900ft/s 为炮口初始速度。

图 5.2 所示的是完整的仿真程序。假设地面是水平的,运行结束弹着点横坐标 XI 等于 x 的 x = xI 的值,其中,在弹道尾端 y = 0。保存 xI 的一种较好的方法是采用 2.4.2 节所讨论的跟踪/保持微分方程[①]:

xI = xI + swtch(y) * (x - xI)

当 y>0 时,xI 跟踪 x,然后保持 x 值直到仿真运行结束。此时,赋值 X[i] = xI 将弹着点横坐标读取到 n 维样本数组 X,用于计算统计数据。微分方程状态变量 xI 的初始值默认为 0。

```
--              重复运行蒙特卡罗:1776 加农炮
  -------------------------------------------------------
DT=0.008 |  TMAX=50 |  NN=5000 |  scale=5000
  -------------------------------------------------------
R=7.5E-05 |  g=32.2
v0=900 |  --                        炮口初始速度
a=0.03 |  --                        噪声振幅
--
n=20 |  ARRAY X[n] |  --                  xI 值
--
```

---

① 参考 2.1.2 节和 2.4.1 节,xI = xI+swtch(y) * (x-xI) 提前一个积分步长生成 xI 值。但我们并不使用 2.4.1 节中 xI 的额外延迟 xxI,因为 DT = 0.008 非常小。

```
for i=1 to n
  xI=0 |  --                              初始化跟踪-保持
  theta=70*PI/180+a*(ran()+ran()+ran()+ran())
  xdot=v0*cos(theta) |  ydot=v0*sin(theta)
  drunr  | display 2 |  --     运行，不要擦除显示
  X[i]=xI |  -- 读取弹着点横坐标
  next
--                              在 n 次运行之后计算统计数据
--
DOT XSum=X*1 |  DOT XXSum=X*X
XAvg=XSum/n |  XXAvg=XXSum/n
s=sqrt(abs(XXAvg-XAvg^2)) |  --                      离差
write "XAvg = ";XAvg,"      s = ";s
-------------------------------------------------------------------
DYNAMIC
-------------------------------------------------------------------
v=sqrt(xdot^2+ydot^2)
d/dt x=xdot |  d/dt y=ydot
d/dt xdot=-R*v*xdot |  d/dt ydot=-R*v*ydot-g
--
step
xI=xI+swtch(y)*(x-xI) |  --                      保持弹着点横坐标
-----
OUT
Y=y-scale |  XI=xI-scale |  dispt Y,XI
```

图 5.2　由于随机仰角设置误差而导致的计算 1776 加农炮炮弹弹着点横坐标的离差,并显示连续弹道的重复运行蒙特卡罗研究。跟踪/保持微分方程(见 2.4.2 节)保持弹着点坐标 xI

图 5.3 所示的是 n 次仿真运行中 x(t)和跟踪/保持输出 xI(t)的一些时程。命令窗口显示 n 次运行后最终的样本均值 XAvg 和弹着点横坐标 X=xI 的样本统计离差 s=sqrt(abs(XXAvg-XAvg^2))。

5.2.3　顺序蒙特卡罗仿真

在 n 次重复仿真运行后,人们可以在每一次连续的仿真运行后累加样本均值,而不计算蒙特卡罗统计数据。下面的实验协议脚本首先初始化样本均值 xAvg 和 xxAvg,然后用新的参数和初始条件值再次循环运行 n 次仿真。在每一次仿真运行结束时,程序不仅读取运行结束值 X[i]=x(t0+TMAX),而且还通过连续递归赋值更新统计数据:

```
xAvg=0 | xxAvg=0 | --               初始化统计数据计算
for k=1 to n | --                   蒙特卡罗循环
b=b0+B * f1(ran()) | --             设置新的随机参数值
```

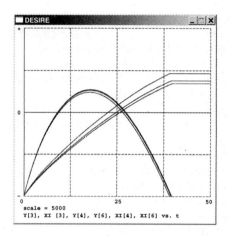

图 5.3　显示重复加农炮炮弹弹道和用于保持弹着点
横坐标的变量 xI 的运行时显示（当 y 返回 0 时）

q＝q0＋C＊f2(ran( )) │－－　　　　　　　设置新的随机初始值

－－

drunr │－－　　　　　　　　　　　　　　进行仿真运行,重置状态变量和 t

－－

－－读取运行结束值 x＝x(t0＋TMAX),计算统计数据

xAvg＝xAvg＋(x－xAvg)/k │xxAvg＝xxAvg＋(x^2－xxAvg)/k

xVar＝xxAvg－xAvg^2

next │－－回环!

这样可以节省时间,因为当样本方差足够小时(顺序蒙特卡罗仿真),研究结束。随书光盘中蒙特卡罗文件夹中 sequential. src 例子将这一技术应用到加农炮的仿真中。

5.3　向量化蒙特卡罗仿真

5.3.1　1776 加农炮炮弹的向量化蒙特卡罗仿真

最初开发向量化蒙特卡罗仿真主要是用于超级计算机的小型物理模型研究。在这种研究中重复运行程序开销尤其重要。如我们在第 3 章中所见,我们的向量编辑器可以在价格低廉的个人计算机上实现向量化。向量化的附带优点是,它可以帮助检查伪随机噪声的质量(见 5.5.2 节)。

与图 5.2 中所示的重复模拟加农炮炮弹程序不同,图 5.4 中的实验协议通过

STATE x[n],y[n],xdot[n],ydot[n] | ARRAY theta[n],v[n],xI[n]

声明 n 维数组(向量),而且用 n 个不同的随机值循环"填充"每个数组 theta、xdot 和 ydot:

```
for i=1 to n   |--噪声仰角(弧度)
    theta[i] = 70 * PI/180+a * (ran()+ran()+ran()+ran())
    xdot[i] = v0 * cos(theta[i])   |   ydot[i] = v0 * sin(theta[i])
    next
```

然后,向量化的 DYNAMIC 程序段可有效复制加农炮炮弹的模型和 n 次输出跟踪/保持操作:

```
Vector v = sqrt(xdot^2+ydot^2)  | --                 定义的变量
Vectr d/dt x = xdot  | Vectr d/dt y = ydot  |        --运动方程
Vectr d/dt xdot = -R * v * xdot  | Vectr d/dt ydot = -R * v * ydot
step
Vector xI = xI+swtch(y) * (x-xI)  | --       跟踪/保持
```

图 5.4 所示的是完整的程序。如预期的一样,结果同 5.2.2 节中的重复运行研究的结果一样。

```
--                          向量化蒙特卡罗仿真:
--                              加农炮炮弹弹道
---------------------------------------------------------------
display R |   scale=5000
DT=0.008 |   TMAX=50 |  NN=2000 |  --      定时
-------------------------------------
R=7.5E-05 |  g=32.2
v0=900 |  --                         炮口初始速度
a=0.03 |  --                          噪声振幅
--
n=1000
STATE x[n],y[n],xdot[n],ydot[n]
ARRAY theta[n],v[n],xI[n],XI[n],Y[n]
--
for i=1 to n |  --                  噪声仰角 (弧度)
    theta[i]=70*PI/180+a*(ran()+ran()+ran()+ran())
    xdot[i]=v0*cos(theta[i]) |  ydot[i]=v0*sin(theta[i])
    next
drun
--
DOT xISum=xI*1 |  DOT xIxISum=xI*xI
xIAvg=xISum/n |  xIxIAvg=xIxISum/n
s=sqrt(xIxIAvg-xIAvg^2)
write "xIAvg = ";xIAvg,"      s = ";s
```

```
-----------------------------------------------
DYNAMIC
-----------------------------------------------
Vector v=sqrt(xdot^2+ydot^2)
Vectr d/dt x=xdot |   Vectr d/dt y=ydot
Vectr d/dt xdot=-R*v*xdot
Vectr d/dt ydot=-R*v*ydot-g
--
step
Vector xI=xI+swtch(y)*(x-xI) |  --        保持弹着点横坐标
--
-------------------                        运行时弹道显示
OUT
Vector Y=y-scale |   Vector XI=xI-scale
dispt Y[3],XI[3],Y[4],Y[6],XI[4],XI[6]
```

图 5.4　实验协议计算当 n = 1000 时有效仿真运行的统计数据。数组 XI 仅用于显示比例

5.3.2　组合式向量化和重复运行蒙特卡罗仿真

由于模型复制可以将系统变量的数量有效增加到原来的 n 倍,拥有多个微分方程状态变量的仿真问题可能不符合单一向量化蒙特卡罗运行[①]。

该问题很容易加以解决。我们只需简单重复向量化蒙特卡罗运行。对一个 n 维向量化仿真进行 nn 次重复的结果是整个样本量 M=n * nn。图 5.5 所示的实验协议脚本对加农炮炮弹仿真循环进行 nn 次向量化运行。每一次向量化运行都对图 5.4 所示的由 DYNAMIC 程序段定义的 n 个重复模型进行运行。在进行任何一次向量化运行前,实验协议都设置 xI[i] 为 0。

为计算统计数据,我们对关注的每一个随机变量,声明一个 M 维组合式样本向量,对于变量 xI 来说,即为

$$M = n * nn \mid ARRAY\ XXI[M]$$

由第 k 次向量化运行得出的 n 个样本值 xI[1],xI[2],...,xI[n] 可通过很小的单行循环提供给组合式样本向量 XXI:

$$for\ i=1\ to\ n \mid XXI[i+(k-1)*n]=xI[i] \mid next$$

在进行 nn 次重复向量化运行后,用 M 维样本数组 XXI 计算统计数据,像 5.2.2 节中的 xI 那样。

---

① 目前,根据积分法则,Desire 最多容许 40000 个微分方程状态变量。尽管可以逼真地仿真超过 100 个微分方程,但我们仍希望获得较大的样本量 n。

```
------------------------------------------------------------------
DT=0.008 |   TMAX=50 |   NN=1000|   scale=5000
----------------------------------------
R=7.5E-05 |   g=32.2
v0=900 |   --                          炮口初始速度
a=0.03 |   --                          噪声振幅
--
n=100 |   nn=2 |   M=n*nn |   --             样本量
STATE x[n],y[n],xdot[n],ydot[n]
ARRAY theta[n],v[n],xI[n],Y[n],XI[n]
--
ARRAY XXI[M] |   --                     组合样本数组
--
for k=1 to nn |   --                 nn 个向量化仿真运行
  --
  for i=1 to n |   --                    噪声仰角（rad）
    theta[i]=70*PI/180+a*(ran()+ran()+ran()+ran())
    xdot[i]=v0*cos(theta[i]) |   ydot[i]=v0*sin(theta[i])
    xI[i]=0 |   --                    重置差分方程状态变量
    next
  --                    进行向量化仿真运行，并读取其
  drunr   |   --             n 个样本值到组合样本 XXI 中
  --
  for i=1 to n |   XXI[i+(k-1)*n]=xI[i] |   next
  next
--
DOT xISum=XXI*1 |   DOT xxISum=XXI*XXI
xIAvg=xISum/M |   xxIAvg=xxISum/M
s=sqrt(abs(xxIAvg-xIAvg^2))
write "xIAvg = ";xIAvg," s = ";s |   --       结果统计数据
```

图 5.5 5.3.1 节中 n 维向量化蒙特卡罗仿真的 nn 次重复的带有注释的实验协议脚本。该程序使用图 5.4 中所列的 DYNAMIC 程序段。需要注意的是，在调用第 i 次向量化运行前，实验协议重置微分方程状态变量 xI[i] 为 0。数组 XI 仅用于显示比例

5.3.3 交互式蒙特卡罗仿真：用 DYNAMIC 程序段 DOT 运算计算统计数据运行时程

向量化蒙特卡罗仿真还有另一重要特性。由于单一的仿真运行在每一个时间点对所有 n 个复制的模型进行采样，因此，可以计算并显示动态系统统计数据的时程，并随仿真运行的向前推进观测参数变化的结果。以前，这种交互式蒙特卡罗仿真只能通过超级模拟计算机进行，且极其不精确（参考文献[6]）。

统计数据基本上可以在积分步长结束时进行计算。然而，通常情况下，运行时

107

统计数据的计算只在输出采样时间才需要。然后,在 OUT 或 SAMPLE m 语句之后对用于统计数据计算的 DYNAMIC 程序段进行编程(见 1.2.1 节),以节省时间。例如,在每一个采样时间 t,向量化 DYNAMIC 程序段能够计算样本均值

$$qAvg(t) = (q[1] + q[2] + \ldots + q[n])/n \quad qqAvg(t) = (q^2[1] + q^2[2] + \ldots + q^2[n])/n$$
且

OUT

DOT qSum = q * 1 │ DOT qqSum = q * q

qAvg = qSum/n │ qqAvg = qqSum/n

这里需要回忆一下,快速 DYNAMIC 程序段 DOT 运算可以消除运行时求和循环开销(见 3.2.4 节)。下面 3 节将讨论应用情况。

5.3.4 例子:鱼雷弹道的离差

图 5.6~图 5.8 更为详细地描绘了蒙特卡罗研究。对一枚 1975 年的反潜鱼雷进行编程,以进行转向、Z 字形搜索,然后环绕可疑目标位置飞行。鱼雷的动态模型类似于 1.4.3 节所介绍的模型。图 5.6~图 5.8 中所示的向量化蒙特卡罗程序能够得出 n=6500 的二维鱼雷弹道样本,其弹道受到不完善的方向舵控制系统造成的噪声扰动。由于该鱼雷通过 6 个微分方程建模,事实上,需要解 3.9 万个非线性微分方程。运行 Linux 系统的 3.16GHz 老式个人计算机需要 50 s 完成。

```
--                        二维鱼雷仿真
--       6500 次有效仿真运行的蒙特卡罗统计数据
--                    39000 个微分方程的解
-------------------------------------------------------------------
display R│    scale=7
DT=0.01│   TMAX=100│   NN=1501
irule 4│   ERRMAX=0.1
-------------------------------------------------------------------
ARRAY RT[48]│  --            方向舵命令断点表
data 19,20,25,26│  --    (转向、蛇行、绕飞/攻击)
data 32,33,34,40,41,42,47,48,49
data 55,56,57,63,64,65,71,72,73,74,75
data 0,0.25,0.25,0
data 0,-0.25,0,0,0.25,0,0,-0.25,0,0,-0.25
data 0,0,-0.25,0,0,0.25,0,0,-0.125
read RT
-------------------------------------------------------------------
n=100
STATE u[n],v[n],psi[n],psidot[n],x[n],y[n]│ --状态变量
ARRAY cosp[n],sinp[n],rr[n]│  --          定义变量
ARRAY rrnoise[n]│  --               控制系统噪声
```

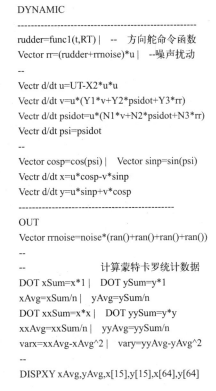

```
--------------------------------------------------------
--                                    鱼雷参数
UC=0.25
X1=0.8155 |   X2=0.8155 |   --  u-方程参数
UT=X1*UC*UC
Y1=-15.701 |   Y2=-0.23229 |   Y3=2.0002 |   --   v-参数
N1=-303.801 |   N2=-44.866 |   N3=-243.866 |-- r-参数
noise=0.04 |   --                            噪声振幅
--------------------------------------------------------
for k=1 to n |   x[k]=-2.4 |   y[k]=6 |   --          初始值
    next
drun
```

图 5.6　鱼雷弹道蒙特卡罗研究的实验协议脚本。为了快速演示,将 n 减为 100

```
--------------------------------------------------------
DYNAMIC
--------------------------------------------------------
rudder=func1(t,RT) |   --   方向舵命令函数
Vector rr=(rudder+rrnoise)*u |   --噪声扰动
--
Vectr d/dt u=UT-X2*u*u
Vectr d/dt v=u*(Y1*v+Y2*psidot+Y3*rr)
Vectr d/dt psidot=u*(N1*v+N2*psidot+N3*rr)
Vectr d/dt psi=psidot
--
Vector cosp=cos(psi) |   Vector sinp=sin(psi)
Vectr d/dt x=u*cosp-v*sinp
Vectr d/dt y=u*sinp+v*cosp
--------------------------------------------------------
OUT
Vector rrnoise=noise*(ran()+ran()+ran()+ran())
--
--                   计算蒙特卡罗统计数据
DOT xSum=x*1 |   DOT ySum=y*1
xAvg=xSum/n |   yAvg=ySum/n
DOT xxSum=x*x |   DOT yySum=y*y
xxAvg=xxSum/n |   yyAvg=yySum/n
varx=xxAvg-xAvg^2 |   vary=yyAvg-yAvg^2
--
DISPXY xAvg,yAvg,x[15],y[15],x[64],y[64]
```

图 5.7　用于鱼雷弹道蒙特卡罗研究的 DYNAMIC 程序段

　　所举的加农炮炮弹的例子仅有一个噪声参数和一个噪声初始条件。但图 5.7
中所示的鱼雷方向舵系统噪声 rrnoise 是一个大约的高斯时间函数,跟在 OUT 语句
后,通过下式实现:

109

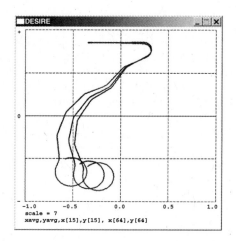

图 5.8　6500 个噪声扰动的蒙特卡罗弹道中第 15 个和 64 个噪声扰动的鱼雷弹道，
以及样本均值弹道(中心轨迹)。该演示中的噪声幅度被大幅放大

$$\text{Vector rrnoise} = \text{noise} * (\text{ran}() + \text{ran}() + \text{ran}() + \text{ran}())$$

这样,可以周期性地在 NN 通信点对噪声进行采样(见 4.5.4 节)。例子中的程序采用了一组不切实际的大噪声幅度 noise,目的是获得较清晰的显示。

弹道样本均值和方差的坐标 $x(t)$ 和 $y(t)$ 也在每一个通信点得以计算。图 5.8 所示的是由(xAvg,yAvg)以及第 15 个和第 64 个蒙特卡罗弹道所定义的平均弹道。也可同样简单地得出其他统计数据的时程。还可以采用 4.3.2 节和 4.3.3 节中的方法获得运行结束概率分布估计(随书光盘中 montecarlo 文件夹中含有编程的例子,即例子 toparz.src、toparz-new.src 和 toparz-2.src。)

5.4　含噪控制系统的仿真

5.4.1　非线性伺服系统蒙特卡罗仿真:噪声输入测试

对模拟的控制系统,我们采用噪声函数输入 unoise = unoise(t) 来研究 2 个不同的问题:

(1) 控制系统跟随给定的随机输入的效果如何?

(2) 非预期的噪声输入是如何影响控制系统性能的?

图 5.9 中的程序解决的是第一个问题。这里将噪声作为测试输入。

采用 4.5.4 节中的方法,向低通滤波器馈入伪随机高斯采样/保持噪声,生成

一个"连续"噪声测试输入 unoise(t)[①]:

$$noise = a * sqrt(-2 * ln(abs(ran()))) * cos(2 * PI * abs(ran()))$$

采用二阶滤波器:

d/dt p = -w * p + noise │--   二段低通滤波器

d/dt unoise = -w * unoise + p │--unoise(t)是预期的测试输入

………………………

OUT │--   在采样点获得噪声样本

--

$$noise = a * sqrt(-2 * ln(abs(ran()))) * cos(2 * PI * abs(ran()))$$

我们将产生的噪声测试输入 unoise 应用到 1.4.1 节中的非线性伺服模型:

e = x - unoise │--   伺服误差

voltage = -k * e - r * xdot │--   电机电压

d/dt v = -B * v + voltage │--   电机磁场的形成

torque = maxtrq * tanh(g2 * v/maxtrq) │--   饱和度受限的电机扭矩

--

d/dt x = xdot │Vectr d/dt xdot = torque - R * xdot │--动态

图 5.9 和图 5.10 中所示的蒙特卡罗仿真程序通过声明状态向量 p、unoise、v、x 和 xdot,以及向量 noise、e 和 torque,将该模型复制 n 次,即

STATE p[n],unoise[n],v[n],x[n],xdot[n]│ARRAY noise[n],e[n],torque[n]

标量参数 w、k、r、B、g2、max torq、R、a 对于全部 n 个模型都是一样的。p、unoise、v、x 和 xdot 以及采样/保持状态向量 noise[i] 的初始值全部默认为 0。

图 5.10 显示的是下列各项产生的时程:

(1) n 个模型之一的伺服输入 unoise[17] 以及对应的伺服输出 x[17] 和伺服误差 e[17];

(2) 误差的样本均值 eAvg = eAvg(t);

(3) 方差的样本均值 eeAvg = eeAvg(t)。

初始瞬态后,样本均方误差 eeAvg 相对固定预期值的波动较小。我们可以研究不同伺服参数组合的影响,而且还可以通过改变 a 和 w 修正输入噪声幅度和带宽。

参考第 4.5.4 节,需要十分谨慎的是,改变 NN 和/或 TMAX 将会改变噪声功率谱,而且可能需要对滤波器进行调整。

---

① 在 Linux 操作系统中,我们通过 noise = a * gauss(0) 可以实现同样的 Box-Mueller 噪声发生器。

```
              --       噪声输入测试向量化蒙特卡罗研究
              --              记录噪声采样
-------------------------------------------------------------
display R
a=3.5 |   w=1
k=40 |   r=2 |   g1=10000 |   --             控制参数
B=300 |   maxtrq=1 |   g2=2 |   R=0.6 |   --  伺服参数
-------------------------------------------------------------

TMAX=20 |   DT=0.001 |   NN=5000
--------
n=1000
STATE p[n],unoise[n],x[n],xdot[n],v[n]
ARRAY noise[n],voltage[n],torque[n],e[n]
--
drun
write "eAvg = ";eAvg;"          eeAvg = ";eeAvg
-------------------------------------------------------------
DYNAMIC
-------------------------------------------------------------

Vectr d/dt p=-w*p+noise |   --            2 阶滤波器
Vectr d/dt unoise=-w*unoise+p
--
Vector e=x-unoise |   --                  伺服误差
Vector voltage=-k*e-r*xdot |   --         电机电压
Vectr d/dt v=-B*v+g1*voltage |   --       电机磁场形成
--
Vector torque=maxtrq*tanh(g2*v/maxtrq) |   --      动态
Vectr d/dt x=xdot |   Vectr d/dt xdot=torque-R*xdot
-------------------------------------------------------------
--                          周期采样期间的高斯噪声样本
OUT
Vector noise=a*sqrt(-2*ln(abs(ran())))*cos(2*PI*abs(ran()))
-----------------------------------------
DOT eSum=e*1 |   DOT eeSum=e*e |   --         计算均值
eAvg=eSum/n |   eeAvg=eeSum/n
```

图 5.9   用于伺服系统噪声输入测试的向量化蒙特卡罗
仿真程序。其中省略了生成缩放带状图显示的程序行

5.4.2   由噪声引起的控制系统误差蒙特卡罗研究

在控制系统的第二类问题中,伺服系统尝试跟随给定的输入 $u=u(t)$,如 $u=A*\cos(omega*t)$,而"连续"噪声 unoise(t) 则被添加到电机电压 voltage(t) 中。此时,必须尽可能密切地关注 $u(t)$,并使噪声对控制系统输出 x 的影响最小化。

112

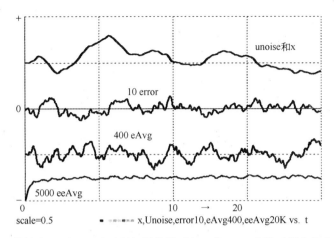

图 5.10　蒙特卡罗图。显示了所复制的模型之一的 1000 个模型样本均值 eAvg 和
eeAvg 以及测试噪声输出 unoise[17]与对应的伺服系统输出 x[17]和误差 e[17]的时程

所需的仿真程序类似于图 5.10 所示的程序。采用伺服输入

$$u = A * \cos(omega * t)$$

并从某种意义上尽量减小控制系统误差的样本均值

$$e = x - u$$

图 5.11 列出了向量化蒙特卡罗研究的程序。需要注意的是,伺服输入 u(t)
和信号参数 A 与 omega 对于所有 n 个复制的模型都是通用的,因此都由标量表示。
图 5.12 所示的是所复制的模型之一的 u(t)和 unoise[17]、x[17]和 e[17]的时程,
以及样本均值 eAvg 和 eeAvg 的时程。

再次需要注意的是,改变 NN 和/或 TMAX 就会改变噪声功率谱。

```
--                  噪声伺服向量化蒙特卡罗仿真
--                  记录噪声采样和初始化
-----------------------------------------------------------
display R
A=0.05 |  omega=1.2 |  --            输入信号参数
a=4000 |  w=100 |  --                噪声参数
k=40 |  r=2 |  g1=10000 |  --        控制器参数
B=100 |  maxtrq=1 |  g2=2 |  R=0.6 |  -- 伺服参数
-----------------------------------------------------------
TMAX=7.5 |  DT=0.001 |  NN=3750
--------
n=1000
STATE p[n],unoise[n],x[n],xdot[n],v[n]
ARRAY noise[n],voltage[n],torque[n],e[n]
-----------
```

113

```
drun
write "eAvg = ";eAvg;"          eeAvg = ";eeAvg
---------------------------------------------------------------
DYNAMIC
---------------------------------------------------------------
Vectr d/dt p=-w*p+noise |   --              2 阶滤波器
Vectr d/dt unoise=-w*unoise+p
--
u=A*cos(omega*t) |   --        所有 n 个模型的伺服输入
Vector e=x-u |   --                        伺服误差
Vector voltage=-k*e-r*xdot+unoise |   --   噪声电机电压
Vectr d/dt v=-B*v+g1*voltage |   --        电机磁场形成
--
Vector torque=maxtrq*tanh(g2*v/maxtrq) |   --        动态
Vectr d/dt x=xdot |   Vectr d/dt xdot=torque-R*xdot
---------------------------------------------------------------
--                        在周期采样点采样的高斯噪声
OUT
Vector noise=a*sqrt(-2*In(abs(ran())))*cos(2*PI*(abs(ran())))
---------------------------------------------------------------
DOT eSum=e*1 |   DOT eeSum=e*e |   --          计算均值
eAvg=eSum/n |   eeAvg=eeSum/n
```

图 5.11　噪声扰动伺服系统的向量化蒙特卡罗仿真程序类似于图 5.9 所示的程序，但需要注意的是其不同的伺服输入和电机电压。这里也省略了带状图显示命令

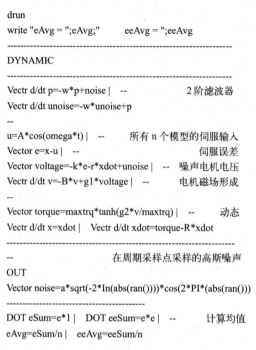

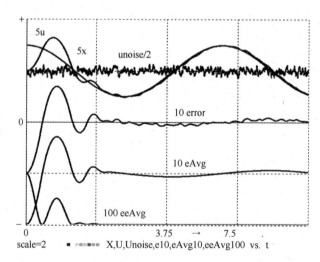

图 5.12　带有噪声控制器的非线性伺服系统的向量化蒙特卡罗研究生成的时程。特意将控制器衰减系数 r 设置得非常低，以更清楚地显示噪声影响。原始显示是彩色的

5.5 其他主题

5.5.1 蒙特卡罗优化

许多蒙特卡罗研究都受到参数的影响(见4.1.3节),这些研究试图优化那些由样本均值或其他统计数据定义的系统性能指标。在控制系统的研究中,这可能是当t=TMAX时的样本误差均值,或者是时间积分的样本均值,如积分方差(ISE,见1.4.1节和4.1.3节)。需要特别指出的是,如4.4.1节计算的时间均值的样本均值,由于通常情况下它们的方差非常小,因此很可能需要较少的蒙特卡罗样本。

在优化研究中,向量化是计算蒙特卡罗样本均值方便且有效的方法。然而,不幸的是,这只能完成一半任务。严格的参数优化通常需要单独的优化程序。这样的程序并非微不足道,而是必须多次(可能是很多次)调用蒙特卡罗仿真。目前,绝大多数这样的仿真与优化的组合都是特殊案例的专门解决方案。

5.5.2 方便的启发式伪随机噪声测试方法

在实际的动态系统仿真中,对伪随机噪声质量的所有检查都是启发式的。但我们的模型复制技术为不同的噪声发生器的通常代换增加了一项新的简单的测试。由于复制的每一个模型都是按顺序依次馈入噪声,所复制模型的数量 n 的任何变化都会彻底打乱馈入到每个模型中的噪声顺序。因此,蒙特卡罗结果与不同 n 值的一致性构成了对噪声质量的合理的启发式测试。

5.5.3 蒙特卡罗仿真的备选方法

1. 简介

我们知道,相当多的动态系统蒙特卡罗研究都适合在非常廉价的个人计算机上进行,但这是近年来才发展起来的。小型动态系统的蒙特卡罗仿真可追溯至20世纪40年代,当早期的制导导弹设计者需要预测噪声扰动控制系统的均方误差时,他们缺少重复模拟噪声系统所需的计算机性能。他们利用的是解法近似于直接均方误差的微分方程系统。

2. 随机扰动动态系统

考虑表1.1中的微分方程系统,即

$$(d/dt)x = f[t; x, u] \tag{5-1}$$

式中:$x = x(t) \equiv (x1, x2, \ldots)$ 为一组状态变量;$u = u(t) \equiv [u1(t), u2(t), \ldots]$ 为一组随机输入函数和/或系统参数。为简化讨论,假设定义的变量赋值已经被代入状态方程式(5-1)。我们再次希望研究随机输入(噪声、风力)或参数(制造公差)对时程 x(t) 求解的影响。如前所述,初始值 x(0) 仅仅是附加的系统参数。

在诸多应用中,每一个随机输入 u 是定类输入 u0 和较小的随机扰动 δu 的总和 u=u0+δu,且

$$x(t) \equiv x0(t) + \delta x(t) \tag{5-2}$$

式中:x0(t) 是系统 u=u0 的定类解,即下式的解:

$$(d/dt)x0 = f[t;\ x0,u0] \tag{5-3}$$

方程式(5-1)减去方程式(5-3)得出扰动 δx=δx(t) 这一新的微分方程,即

$$(d/dt)\delta x = f[t;\ x0(t)+\delta x, u(t)+\delta u] - f[t;\ x0(t), u0] \tag{5-4}$$

3. 线性化系统均方误差

十分常见的情况是,扰动 δu 和 δx 都很小,因此不需要像 x(t) 那样精确计算扰动向量 δx(t)。可以随后将未扰动的系统的精确解 x0(t) 代入方程式(5-4)中。其对解的精度要求较低。特别是,忽略除了方程式(5-4)中泰勒级数展开中的一次项外,可以得出线性化扰动方程:

$$d/dt\delta x = (\partial f/\partial x)\delta x + (\partial f/\partial u)\delta u \tag{5-5}$$

其中偏导数是已知的定类解 x0(t) 和时间 t 的函数,但独立于 δx 和 δu。

控制系统设计人员实际上并不需要扰动方程式(5-5)的噪声解 δx=δx(t)。他们真正希望的是在指定时间 t=t1 时的少量均方扰动。有趣的是,结果是可以通过方程式(5-5)获得新的微分方程系统,其解可以直接得出预期的均方(式(5-6)),而不需要随机噪声输入(参考文献[5,6]):

$$XX = E\{\delta x^2(t1)\} \tag{5-6}$$

这种独创性的方法(由 Laning 和 Battin 发明,见参考文献[5])几乎已经被遗忘。简单明了的蒙特卡罗仿真不再昂贵,方程式(5-5)中的偏导数公式在飞行仿真问题中并不受欢迎,其中 f 涉及多输入表列风洞数据。

参 考 文 献

[1] Korn, G.A., and J.V. Wait: *Digital Continuous-System Simulation*, Prentice-Hall, Englewood Cliffs, NJ, 1978.

[2] Korn, G.A.: Fast Monte Carlo Simulation of Noisy Dynamic Systems on Small Digital Computers, *Simulation News Europe*, Dec. 2002.

[3] Korn, G.A.: Interactive Monte Carlo Simulation of Dynamic Systems with Input Noise, *Simulation News Europe*, 2002.

[4] Korn, G.A.: Model Replication Techniques for Parameter-Influence Studies and Monte Carlo Simulation with Random Parameters, *Mathematics and Computers in Simulation*, **67**(6): 501–513, 2004.

[5] Laning, J.H., and R.H. Battin: *Random Processes in Automatic Control*, McGraw-Hill, New York, 1956.

[6] Korn, G.A.: *Random-Process Simulation and Measurements*, McGraw-Hill, New York, 1966.

第6章　神经网络的向量模型

6.1　人工神经网络

6.1.1　简介

在第6章和第7章中,将用简洁的向量符号创建易于读取的程序,对有用的神经网络进行建模。这些程序是针对神经网络的短期课程开发的。它们并不能代替专用神经网络软件[1],但它们的速度非常快,可以方便地进行交互式实验。

6.1.2　人工神经网络

人工神经网络将大量被称为(人工)神经元的简单计算单元结合在一起。每一个神经网络都是一个函数生成器,其可以将输入模式(模式向量)$x \equiv (x[1], x[2], \ldots, x[nx])$ 映射为输出模式 $y \equiv (y[1], y[2], \ldots, y[ny])$。该模式的特征 $x[1], x[2], \ldots, y[1], y[2], \ldots$ 通常都是实数,表示度量、图像像素值,或者客户、雇员或商品的属性等。

典型的神经元模型有 nx 个输入 $x[1], x[2], \ldots, x[nx]$,但只有一个输出

$$v = f\left(\sum_{k=1}^{nx} w[k]x[k] \right) + bias \tag{6-1}$$

式中:f 为神经元激活函数,而 $w[k]$ 为连接权值。神经元激活函数 v 概略地模拟生物神经元的输出脉冲速率,而连接权值模拟突触化学[2]。

一层这样的神经元可以将一个完整的模式 $x \equiv (x[1], x[2], \ldots, x[nx])$ 转化成层输出模式 $v \equiv (v[1], v[2], \ldots, v[nv])$,因此,有

---

　① 专用神经网络软件可提供大量网络训练算法供选择。最著名的程序包是基于命令的 Scilab 和 Matlab 神经网络工具箱。更快且更方便的神经网络程序通常拥有图形用户界面(GUI),如 MIT 的全开源 LNKNET 系统,商用程序如 DTREG 和 Peltarion Synapse。模拟逼真的脉冲性生物神经网络的软件则差别相当大,将在 7.7.1 节进行简要讨论。

　② 生物神经元模型用微分方程表示电化学过程(见 7.7.1 节)。

$$v[i] = f\left(\sum_{k=1}^{nx} w[i,k] \; x[k]\right) + bias[i] \; (i = 1,2,\ldots,nv) \qquad (6-2)$$

神经网络将不同的神经元层组合在一起,以得到输出模式(图6.1)。

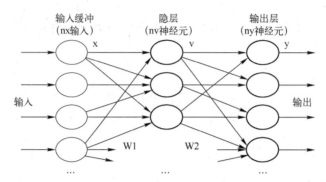

图6.1　两层神经网络

6.1.3　静态神经网络:训练、验证和应用

在图6.2中,静态神经网络作为可训练的函数生成器,在指定的意义下,可以将输入模式 $x \equiv (x[1], x[2], \ldots, x[nx])$ 映射为对应的输出模式 $y \equiv (y[1], y[2], \ldots, y[ny])$,匹配预期的目标模式 $target \equiv (target[1], target[2], \ldots, target[ny])$ 。

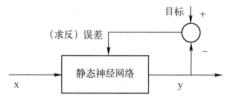

图6.2　静态神经网络训练,使其输出模式 y 与对应于每一个输入模式 x 的预期目标模式 target 相匹配

有监督的训练算法读取模式训练样本的连续输入模式 x,调整诸如连接权值这样的网络参数,使得每一个网络输出 y = y(x) 逼近 x 的对应目标模式 target(x)。无监督的训练修改网络参数,以适应连续的训练输入,而不用直接匹配已知的目标模式(见6.8.1节~6.8.3节)。如果来自同一输入模式种群的不同测试样本也近似预期的网络行为,则对网络设计和训练进行验证。

典型应用可以反复展示训练样本的模式 x 和 target,并调整神经网络参数,直到满足训练目标。模式可以从文件或计算机内存读取(见6.2.5节),或者由计算机程序生成。另外,连续的 x 和 target 模式对可以在线实现,例如,通过实际的或模拟的仪器或通信系统。如果输入模式统计数据和/或目标技术规格相对于训练时间变化缓慢,那么,静态神经网络就能够"适应"或继续训练(另请参见7.3.1节)。

118

静态神经网络的重要应用如下。

（1）均方回归。试图最小化下式中的样本均值

$$enormsqr = (1/ny) \sum_{j=1}^{ny} (target[j] - y[j])^2 \qquad (6-3)$$

（2）模式分类。训练 y=y(x)，以估计可能性，即输入模式 x 属于 n=ny 类之一，标有 ny 个指定的代码模式 target(x)（见 6.5.3 节）。

如果分类器输入属于一组已知的原型模式，那么，成功的分类能够检索噪声扰动的或部分删除的输入。然后，网络将用作寻址存储器（见 6.5.4 节）。

静态神经网络还有许多其他应用。

6.1.4　动态神经网络

如 1.1.2 节所指出的，动态系统不仅将模式 y(t) 的时序与当前的输入 x(t) 关联起来，而且还将与过去的 x(t) 和 y(t) 值关联起来。这种关系通过差分方程或微分方程进行建模（见 1.1.2 节）。

在图 6.2 的上下文中，动态神经网络将网络输出模式 y(t) 与当前的输入 x(t) 和过去的 x(t) 与 y(t) 值进行关联。目标模式也可以是时序 target(t)。

普通的静态网络能够使时变输出 y=y(t) 适应缓慢变化的输入和/或目标时序（见 7.3.1 节），事实上，其连接权值是实现"缓慢"或"长期"存储记忆的动态系统状态变量。在一个真正的动态网络中，一些或所有的神经元激活都是状态变量，而且还需要新的训练算法。这一话题将在第 7 章进行讨论。

6.2　简单向量赋值模拟神经元层

6.2.1　神经元层声明和神经元运算

有效的神经元层建模的关键是使用向量运算和子向量级联。针对模拟神经网络层（式(6-1)），实验协议声明了一个 nx 维的输入模式和偏置向量 x 和 bias，一个 nv 维的输出模式向量 v，以及一个 nv×nx 连接权值矩阵 W（见 3.1.1 节）：

$$ARRAY\ x[nx], bias[nx], v[nv], W[nv, nx] \qquad (6-4)$$

然后，DYNAMIC 程序段通过简单的向量赋值

$$Vector\ v = f(W * x + bias) \qquad (6-5)$$

模拟基础网络层操作（式(6-1)），特别是

$$Vector\ v = W * x \qquad (6-6a)$$

表示的是没有偏置的线性神经网络层，且

$$\text{Vector } v = \text{SAT}(W * x), \quad \text{Vector } v = \text{sigmoid }(W * x) \tag{6-6b}$$

$$\text{Vector } v = \text{sat }(W * x), \quad \text{Vector } v = \text{tanh }(W * x) \tag{6-6c}$$

通过不同的输出限制激活函数模拟神经元层[①]。例如,网络层(式(6-6b))的输出 $v[i]$ 为非负,可用于模拟生物学脉冲速率。DYNAMIC 程序段也可以包括向单个神经元激活(即 v(参考文献[13]))标量赋值。

6.2.2 神经元层级联简化偏置输入

通过实验协议声明

$$\text{ARRAY } x1[nx1] + x2[nx2] + \ldots = xx$$

3.4.1 节中的子向量符号可以将多个神经元层向量 $x1, x2, \ldots$ 级联进一个组合层。新层具有 $nx1 + nx2 + \ldots$ 维,其中 $xx[1] = x1[1]$, $xx[nx+1] = x2[1]$。向量级联从很大程度上简化了很多神经元网络模型。本节剩余部分和 6.2.5 节、6.4.2 节、6.5.2 节~6.5.4 节,以及 7.2.3 节和 7.4.2 节~7.4.4 节将对一些有用的应用进行演示说明。

实现方程式(6-5)中的偏置输入 $bias[1], bias[2], \ldots, bias[ny]$ 的最便捷的方法是将它们表示为加强的连接权值矩阵 WW 中第 $(nx+1)$ 列中的连接权值。通过

$$\text{ARRAY } x[nx] + x0[1] = xx \quad | \quad x0[1] = 1$$

$$\text{ARRAY } WW[nv, nx+1]$$

我们用神经元层级联来声明偏置加强的数组 xx、WW,并通过简单得多的向量赋值模拟神经元网络层(式(6-5))。注意:真层输入 x 仍可用于该程序,因此,可以赋予 x 一个向量表达式:

$$\text{Vector } v = f (WW * xx) \tag{6-7}$$

6.2.3 归一化和对比度增强层

1. 模式的归一化

如果输入和目标模式都以零为中心并且归一化,那么,通常情况下,网络就能训练得更好。为了归一化神经元层模式 $x1$,我们采用

$$\text{Vector } x1 = \text{abs }(x) \quad | \quad \text{DOT } xnorm = x1 * 1 \quad | \quad \text{Vector } x1 = x/xnorm \tag{6-8a}$$

(taxicab 归一化,见 3.2.4 节)或者

$$\text{DOT } xnormsqr = x * x \quad | \quad \text{Vector } x1 = x/\text{sqrt }(xnormsqr) \tag{6-8b}$$

---

① 库函数 $\text{sigmoid}(x) \equiv 1/(1+\exp(-x))$ 通常指的是逻辑函数。

（欧几里得归一化）[1]，这样绝对激活｜x1[i]｜或其平方 x1^2[i] 合计为 1。通常情况下，不再需要未归一化的向量 x，我们通常简单地用 x 代替方程式（6-8）中的 x1。

需要注意的是，模式归一化可以有效地将模式维度减 1。对于较小的模式维度 nx 来说，这样可以消除不同模式间的差异。例如，当 nx＝2 时，所有欧几里得归一化模式（x[1]，x[2]）都位于 x[1]、x[2] 平面的一个圆上。在此类情况下，可以将给定的模式投射到一个（nx+1）维模式空间，方法是声明

$$\text{ARRAY} x[nx]+x0[1]=xx \quad | \quad xx[1]=a$$

其中，a 是常数，且采用 xx 而不是 x。

2. 对比度增强：Softmax 和阈值分割

由

$$\begin{array}{ll} \text{Vector } p=\exp(c*W*x) & | \quad --(c>0) \\ \text{DOT } psum=p*1 & \\ \text{Vector } p=p/psum & \end{array} \qquad (6-9)$$

连续赋值定义的 softmax 神经元层的输出激活 v[i] 是归一化的，且为正。每个 p[i] 是增强还是减弱取决于其大小。这一对比度增强将随着参数 c 的增加而变得更加显著。如果没有两个输出激活是相等的，那么，随着 c 的增加，最大的 p[i] 将接近于 1，而所有其他的 v[i] 都将变为 0。这样的 softmax 层可以实现一个非常有用的连续函数，逼近非负 p[i] 的归一化最大选择层。

Desire 赋值

$$\text{Vector } p\hat{}=W*x \quad | \quad \text{Vector } p=\text{swtch}(p)$$

实现了非负 p[i] 的精确最大选择（另请参见 4.1.3 节）。非负 p[i] 的另一对比度增强技术是阈值分割，如下：

$$\text{Vector } p=\text{swtch}(W*x-thresh) \quad (thresh>0)$$

式中：thresh 为一个正的阈值。

6.2.4 多层网络

对于多层网络来说，实验协议可以声明多个神经元层向量 x，v，…和连接权值矩阵 W1，W2，…，即

$$\text{ARRAY } x[nx], v[nv], y[ny], \ldots, W1[nv, nx], W2[ny, nv], \ldots \quad (6-10)$$

然后，DYNAMIC 程序段只需简单地通过组合网络层赋值就可以模拟多层神经元

---

① 通常情况下，除法慢于乘法，为省去除法，可以编程 DOT xnormsq = x * x ｜ xnorml = 1/sqrt（xnormsq）｜ Vector x1 = x * xnorml。

网络,如下:

$$\text{Vector } v = \tanh\ (W1 * x) \tag{6-11}$$
$$\text{Vector } y = W2 * v$$

输入模式 x 馈入"隐藏的"v 层,而 v 层馈入 y 层,等等(图 6.1)。

6.2.5　运行神经网络模型

1. 计算连续神经元层输出

神经元层的定义,如方程式(6-5),通常都是样本数据赋值,其在采样时间 t0,
t0+COMINT, t0+2COMINT, …, t0+TMAX = t0+(NN-1) COMINT 执行(见 1.2.1
节)。对于输入模式 x = x(t),由向量赋值编程,如:

$$\text{Vector } x = A * \sin\ (omega * t) + a * \text{ran}() \tag{6-12}$$

后续网络层赋值,如方程式(6-11),生成神经元层输出 v(t),y(t),…,用于连
续的时间步长。选择的神经元激活,如 v[13]和 y[2],可以作为仿真时间 t 的函数
加以显示或列出。

如果 DYNAMIC 程序段不包含微分方程(见 1.2.1 节),那么,t0 和 TMAX 则分
别默认为 1 和 NN-1。如果 t0 和 TMAX 没有具体指定,那么,t 简单地遍历 t = 1,
2, …, TMAX = NN - 1。

2. 从模式-行矩阵输入

与方程式(6-12)中将输入模式作为 t 的函数不同的是,我们可以将 nx 维的输入模
式 x 定义为 Ntrial×nx 模式-行矩阵①,该矩阵的选定行由实验协议脚本声明和填充。

在 DYNAMIC 程序段指定了系统变量值 iRow>0 后,对向量赋值,如:

$$\text{Vector } x = P\# \qquad \text{Vector } x = (q - alpha) * \cos(Q\#) + c \tag{6-13}$$

自动将 P 中第(iRow mod Ntrial)行的向量替换为 P#。如果 iRow<1,程序则报告出
错信息。

尤其是,DYNAMIC 程序段赋值

$$iRow = t$$

其中 t = 1, 2, …,在矩阵 P 的连续行重复模式选择过程。这样就可以通过由模式-
行矩阵 P 定义的 Ntrial 模式反复执行神经网络模型。其他有用的模式序列通过

iRow = t/nlearn(经过 n 个学习步骤后进入下一行)

iRow = 1000 * abs(ran())(连续模式的伪随机"打乱")

获得。

---

①　模式-行矩阵简化了计算机程序,因为几乎所有的计算机语言都在存储器中逐行存储矩阵。不过大
多数教科书(参考文献[1-5])将模式矩阵定义为 nx * Ntrial 矩阵 X^T,其列是 nx 维模式向量。

和通常所需要的一样,DYNAMIC 程序段可以赋予 iRow 新值,以生成不同的模式序列。通过相同或不同维度和相同或不同 iRow 赋值,可以使用多个模式-行矩阵。

在向量表达式中,如方程式(6-11),Q#可以用作向量,但 Q#不能是索引移位或用作向量矩阵乘积。

3. 从文本文件和电子表格输入

另请参见 6.5.2 节。

实验协议脚本从逗号或制表符分隔的文本文件中将 Ntrial 连续 nx 维模式向量读取为 Ntrial×nx 模式-行矩阵 Q,其中

connect "datafile" as input #4 |--打开文件

read #4,Q |--将 Ntrial 模式向量读入模式行矩阵 Q

disconnect 4 |--关闭文件

矩阵 Q 的行可以表示输入模式、目标模式,或者级联输入和目标模式。统计数据库通常在制表符或逗号分隔的文本文件中将目标和输入数列为连续行,如:

2.2   3.4   9.9   …

12.5-3.8   0.0   …

  …

第一个 nx 列表示输入模式,其余 ny 列则表示目标模式。通过

connect "filespec" as input 2

read #2, TRAINDATA

disconnect 2

实验协议将此类文件读入模式-行矩阵,即

$$\text{TRAINDATA} \equiv \begin{matrix} 2.2 & 3.4 & 9.9 & \dots \\ 12.5 & -3.8 & 0.0 & \dots \\ & \dots & & \end{matrix}$$

TRAINDATA 的每一行都指定一个 nx+ny 维训练数据向量 traindata 作为实例,如果我们声明:

ARRAY input[nx]+target[ny]=traindata

那么,它连接一个 nx 维向量输入和一个 ny 维向量目标。

然后,DYNAMIC 程序段可以设置模式-行值 iRow,并获得对应的模式输入和目标,如下:

iRow=t | Vector traindata=TRAINDATA#

Vector x=input+Tnoise * ran( )

…

Vector error=target−y

123

6.5.4 节中有一个例子。

科学、工程和金融数据库通常以电子表格文件呈现。电子表格程序,如 Libre-Office Calc 或 Microsoft Excel 等,可以很容易地输出电子表格,电子表格是可由 Desire 读取、制表符分隔的文本文件。相反,还可以将 Desire 产生的由逗号分隔的文本文件转为电子表格。

6.3　有监督的回归训练

6.3.1　均方回归

1. 问题的陈述

对于给定样本 N 对应的 nx 维模式 x 和 ny 维模式 target 对,target 关于 x 的均方回归得出 ny 维输出模式 y = y(x),可以将样本求反误差[①]的均方最小化,即

$$error = target - y$$

进而,样本均值为

$$enormsqr \equiv \sum_{i=1}^{ny} (error[i])^2 \equiv \sum_{i=1}^{ny} (target[i] - y[i])^2$$

$$\equiv \sum_{i=1}^{ny} \left\{ target[i] - \sum_{k=1}^{nx} w[i,k]x[k] \right\}^2 = g \qquad (6-14)$$

或者,可以训练网络使其他的误差度量最小化。例如,可以用方程式(6-14)中的 $(error[i])^2$ 代替 $|error[i]|$,或者采用交叉熵度量(见 6.5.3 节)。

2. 线性均方回归和 Delta 法则

最简单的回归方案是采用一层线性网络,该网络通过 DYNAMIC 程序段赋值编程:

$$Vector \ y = W * x \qquad (6-15)$$

该网络始于随机权值 W[i,k],馈入 N 个连续输入模式 x。为了在每一步减少均方误差,Widrow 的 Delta 法则(Delta Rule)或最小均方算法(LMS 算法)在 g 的负梯度方向重复移动每一个连接权值 W[i,k],方法是进行赋值:

---

① 我们通常使用求反误差 error = target-y,而非 error = y-target,原因是在计算机程序中,可以省去很多一元负数运算的编程。

$$W[i,k] = W[i,k] - \frac{1}{2}\text{lrate} \, \partial g / \partial W[i,k] \quad (i=1,2,\ldots,ny; k=1,2,\ldots,nx) \tag{6-16}$$

其中

$$\frac{1}{2}\partial g / \partial W[i,k] = error[i]x[k] \quad (i=1,2,\ldots,ny; k=1,2,\ldots,nx) \tag{6-17}$$

最小均方算法通过使用 g 本身的导数而不是其样本均值的导数简化了计算。事实上,通过累加多个小步骤,该算法近似于每个样本均值的导数。

选择优化增益 lrate 是计算速度和稳定收敛之间的一种试错折中方法。lrate 的连续值必须正常地减少,以避免超调最佳连接权值。尤其是,如果所有连续平方 lrate^2 的和是有限的,那么,最小均方算法以概率 1 收敛到至少是 g 的期望局部最小值(理论风险),如果存在这样的最小值的话(见 1.1.3 节)。该算法随后会近似地最小化对应的 g 的测量样本均值(经验风险)。在很多情况下,必须通过多个样本对结果进行核对。

Desire 的计算机可读取的向量矩阵语言将 N×nx 矩阵(式(6-17))简洁地表示为 ny 维向量 error = target−W * x 和 nx 维向量 x 的"外积"error * x(见 3.3.2 节)。用随机值将连接权值 W[i,k]初始化,并通过下面的矩阵赋值实现最小均方算法(式(6-17))[①],即

$$\text{MATRIX } W = W + \text{lrate} * error * x$$

或者更为简单的

$$\text{DELTA } W = \text{lrate} * error * x \tag{6-18}$$

不需要在每一个试验步调整连接权值,另外,在更新之前还可以积累大量训练模式误差(批量训练)(参考文献[3])。

3. 非线性神经元层和激活-函数的导数

对于一个非线性神经元层

$$\text{Vector } y = f(W * x) \tag{6-19}$$

方程式(6-17)和式(6-18)可由方程式(6-20)和式(6-21)替代,即

$$\frac{1}{2}\partial g / \partial W[i,k] = error[i]fprime(y[i])x[k] \quad (i=1,2,\ldots,ny;$$

$$k=1,2,\ldots,nx) \tag{6-20}$$

$$\text{DELTA } W = \text{lrate} * error * fprime(y) * x \tag{6-21}$$

其中 fprime(q)是激活函数 f(q)的导数。特别是

---

① 这是一种类似 3.1.1 节中那些微分方程的微分方程系统,连接权值是微分方程的状态变量。每个差分方程式(6-18)的右侧是连接权值当前值的函数。

$$f(q) \equiv \tanh(q) \qquad\qquad (意味着\ fprime(q) \equiv 1-f^2(q))$$

$$f(q) \equiv sigmoid(q) \equiv 1/(1+\exp(-q)) \quad (意味着\ fprime(q) \equiv f(q)[1-f(q)])$$

$$(6-22)$$

具体如图 6.3 所示。

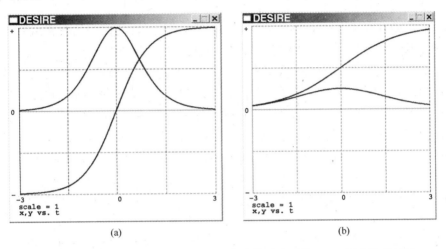

(a)　　　　　　　　　　　　　　(b)

图 6.3　(a)神经元激活函数 tanh(q)及其导数,(b)函数 sigmoid(q)及其导数

4. 误差-测量显示

为了跟进训练进度,显示 error[1],error[2],...的时程或方差范数(式(6-14))的时程是非常有益的。计算方法为

$$DOT\ enormsqr = error * error \qquad\qquad (6-23)$$

为了计算均方回归误差,我们必须通过大量的实验获得均值 enormsqr。到目前为止的实验中,均值 Msqavg(t)可以通过方程式(6-24)所示的递推关系得出(见 2.1.2 节和 4.5.4 节),即

$$Msqavg = Msqavg + (enormsqr - Msqavg)/t \qquad\qquad (6-24)$$

不过,我们倾向于仅基于最后 n 次实验的样本均值的运行均方误差。例如,n可能是不同训练样本的数量。为避免存储 enormsqr 的过去 n 个值的计算开销,我们倾向于显示指数加权运行均方误差的时程。指数加权运行均方误差由递推关系式得出,即

$$msquavg = msqavg + (enormsqr - msqavg)/tt \qquad\qquad (6-25)$$

式中:tt 为常数参数,其可以确定 enormsqr 的积累可以追溯到多远。需要注意的是,msquavg 从 0 开始,且在初始瞬值之后就变得有意义。随后章节将举例加以说明。

126

6.3.2 反向传播网络

1. Delta 法则

接下来讨论非线性多层网络,即由下列方程定义的两层网络[①]

$$\text{Vector } v = f1(W1 * x)$$
$$\text{Vector } y = f2(W2 * v) \tag{6-26}$$

v 层为隐层。均方回归再次试图最小化误差度量的样本均值:

$$\text{enormsqr} \equiv \sum_{i=1}^{ny} (\text{error}[i])^2 \equiv \sum_{i=1}^{ny} (\text{target}[i] - y[i])^2 = g \tag{6-27}$$

此时,必须更新两组连接权值 W1[i,k] 和 W2[i,k]。我们采用广义 Delta 法则:

$$W1[i,k] = W1[i,k] - \frac{1}{2}\text{lrate1 } \partial g / \partial W1[i,k] \quad (i=1,2,\ldots,nv;$$
$$k=1,2,\ldots,nx)$$
$$W2[i,k] = W2[i,k] - \frac{1}{2}\text{lrate2 } \partial g / \partial W2[i,k] \quad (i=1,2,\ldots,ny;$$
$$k=1,2,\ldots,nv) \tag{6-28}$$

导数通过链式法则进行评估。为了简化推导(参考文献[3,4]),我们指定 3 个定义的变量向量 error、deltav 和 deltay 作为中间结果。变量向量 error、deltav 和 deltay 的声明如下:

$$\text{ARRAY error}[ny], \text{deltay}[ny], \text{deltav}[nv]$$

DYNAMIC 程序段再次利用求反误差来提高计算速度。编程如下:

$$\text{Vector error} = \text{target} - y$$
$$\text{Vector deltay} = \text{error} * \text{f2prime}(y) \tag{6-29}$$
$$\text{Vector deltav} = W2\% * \text{deltav} * \text{f1prime}(v)$$

并通过

$$\text{DELTA W1} = \text{lrate1} * \text{deltav} * x \quad | \quad \text{DELTA W2} = \text{lrate2} * \text{deltay} * v \tag{6-30}$$

更新连接权值矩阵。

参考第 3 章和 Desire 参考手册。需要注意的是:

(1) W2% 是矩阵 W2 的转置;

(2) nv 维向量 deltav 和 nx 维向量 x 的乘积 deltav * x 是一个 nv×nx 矩阵, ny 维向量 deltay 和 nv 维向量 v 的乘积 deltay * v 是一个 ny×nv 矩阵。

函数 f1prime(v) 和 f2prime(y) 是神经元激活函数 f1(v) 和 f2(y) 的导数,且方

[①] 如果像部分教科书中那样将输入缓冲区作为额外层计算在内,则为 3 层。

程式(6-22)适用。Irate1 和 Irate2 为正数,可以相应地降低学习速率,像 6.3.1 节中的 Irate 一样。参考文献[10]提出,Irate1 = r * Irate2,其中 r 在 2 和 5 之间。6.7.1 节讨论了变量学习速率。将网络层泛化到 3 层或更多层并不难[①]。额外层可能可以也可能不可以改进收敛。绝大多数反向传播网络仅有两层,而且输出层通常只是线性层[②]。隐层和/或输出层可以有偏置输入,其编程如 6.2.2 节所示。

有趣的是,向量赋值(式(6-29))可以说是模拟一个神经网络,向原始网络的连接权值"反向传播"输出误差影响。

2. 动量学习

反向传播训练可能会由于平点而减缓和/或被均方误差函数景观中的局部最小值中断。一种常用的调整方法被称作动量学习。该方法声明两个额外的状态变量矩阵 Dw1 和 Dw2,并且用 4 个矩阵差分方程

$$\text{MATRIX } Dw1 = \text{lrate1} * \text{delta1} * x + \text{mom1} * Dw1$$
$$\text{MATRIX } Dw2 = \text{lrate2} * \text{delta2} * v + \text{mom2} * Dw2 \qquad (6\text{-}31)$$
$$\text{DELTA } W1 = Dw1 \quad | \quad \text{DELTA } W2 = Dw2$$

替代两个矩阵差分方程(式(6-30))。

由此产生的连接权值的调整支持过去的成功方向。参数 mom1 和 mom2,通常在 0.1 和 0.9 之间,通过反复试错确定。

3. 简单的例子

反向传播回归常用于模拟经验关系。例如,图 6.4~图 6.7 所示的两层网络输入连续的噪声样本 x(t)= 1.1 * ran( ),并学习将其输出 y(t)与对应的样本 target(t)= 0.4 * sin(3 * x)相匹配。图 6.6 和图 6.7 给出了结果。网络估计的正弦函数非常精确。类似的程序能够从诸如 6.2.5 节中的文件填充的模式数组中读取 x(t)和 target(t)。

---

① 从连续赋值可以看到增加更多隐层的方法:

Vector v1 = tanh(W1 * x)

Vector v2 = tanh(W2 * v1)

Vector y = tanh(W3 * v2)

Vector error = target−y

Vector deltay = error * (1−y^2)

Vector deltav2 = W3% * deltay * (1−v2^2)

Vector deltav1 = W2% * deltav2 * (1−v1^2)

DELTA W1 = lrate1 * deltav1 * x

DELTA W2 = lrate2 * deltav2 * v1

DELTA W3 = lrate3 * deltay * v2

② 在此情况下,f2prime(y)的所有向量分量都等于1,deltay 与 error 一样。

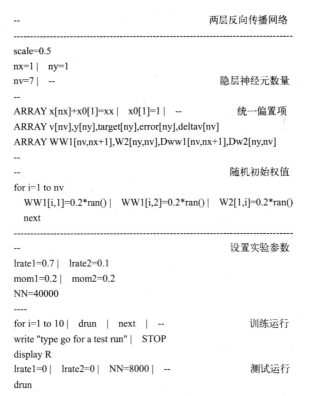

```
--                                          两层反向传播网络
-------------------------------------------------------------------
scale=0.5
nx=1 |   ny=1
nv=7 |   --                                  隐层神经元数量
--
ARRAY x[nx]+x0[1]=xx |   x0[1]=1 |   --              统一偏置项
ARRAY v[nv],y[ny],target[ny],error[ny],deltav[nv]
ARRAY WW1[nv,nx+1],W2[ny,nv],Dww1[nv,nx+1],Dw2[ny,nv]
--
--                                              随机初始权值
for i=1 to nv
   WW1[i,1]=0.2*ran() |   WW1[i,2]=0.2*ran() |   W2[1,i]=0.2*ran()
   next
-------------------------------------------------------------------
--                                              设置实验参数
lrate1=0.7 |   lrate2=0.1
mom1=0.2 |   mom2=0.2
NN=40000
----
for i=1 to 10 |   drun   |   next   |   --              训练运行
write "type go for a test run" |   STOP
display R
lrate1=0 |   lrate2=0 |   NN=8000 |   --              测试运行
drun
```

图 6.4　用于学习正弦函数的反向传播网络实验协议脚本。该程序声明了用于网络输入、两个网络层和连接权值的数组。输入偏置项由额外的连接权值表示(见 6.2.2 节)。实验协议用随机值初始化连接权值,设置参数,然后调用训练和测试运行

```
-------------------------------------------------------------------
DYNAMIC
-------------------------------------------------------------------
x[1]=1.1*ran() |   target[1]=0.4*sin(3*x[1]) | -- 输入，目标
--
Vector v=tanh(WW1*xx)
Vector y=W2*v
---------                                        反向传播
Vector error=target-y
Vector deltav=W2%*error*(1-v^2)
MATRIX Dww1=lrate1*deltav*xx+mom1*Dww1
MATRIX Dw2=lrate2*error*v+mom2*Dw2
DELTA WW1=Dww1 |   DELTA W2=Dw2
--
DOT enormsqr=error*error
msqavg=msqavg+(enormsqr-msqavg)/20000
```

```
MSQAVG=msqavg-scale |   --                              偏置显示
ERROR=scale*(2*error[1]+0.5)
dispt ERROR,MSQAVG
```

图 6.5   用于函数学习程序的 DYNAMIC 程序段。该网络学习将随机输入 x[1]与
对应的正弦函数值 target[1] = 0.4 * sin(3 * x[1])进行匹配。如 6.3.1 节所述，
Msqavg 是方差范数 enormsqr 的移动平均值

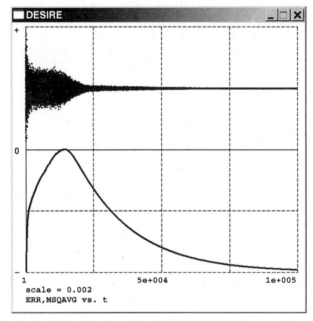

图 6.6   正弦学习神经网络缩放后的匹配误差训练运行时程和方差范数的移动平均值。
移动平均值在其初始积累后变得有意义

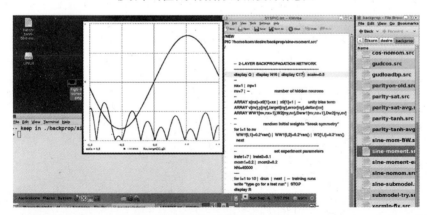

图 6.7   双屏 Linux 显示。显示了正弦匹配的神经网络程序在测试运行期间的 Desire 命令、编辑器、
文件管理器，以及图形窗口。需要注意的是，图表底部的绝对误差曲线按比例放大了 100 倍

4. 经典异或(XOR)问题和其他例子

图 6.8~图 6.10 所示的是两输入反向传播网络的程序和结果,用于解决经典 XOR 问题(参考文献[3])。随书光盘中的 backprop 和 encoders 文件夹里有更多例子,有些是关于动量学习的,有些则不是。在 6.5.4 节和第 7 章中,我们将介绍有关反向传播训练的更多的应用。

```
--                                    XOR 网络,反向传播
-------------------------------------------------------
display R |   scale=0.4
nx=2 |  --                            网络输入数量
nv=7 |  --                            隐层神经元数量
N=4 |  --
--
ARRAY INPUT[N,nx],TARGET[N,1]
ARRAY x[nx]+x0[1]=xx |  x0[1]=1
ARRAY v[nv],deltav[nv]
ARRAY y[1],deltay[1],error[1]
ARRAY WW1[nv,nx+1],W2[1,nv]
--
for i=1 to nv |  --                   初始化
   for k=1 to nx+1
      WW1[i,k]=0.5*ran() |  next
   W2[1,i]=0.5*ran()
   next
-----------------------------         填充数组
data 0,0;0,1;1,0;1,1 |  read INPUT
data 1,0,0,1 |  read TARGET
-------------------------------------------------------
--                                    设置实验参数
lrate1=6 |  lrate2=4
NN=2000
drunr   |  --                         训练运行
write 'type go for a recall test' |  STOP
----
NN=6 |  TMAX=NN-1 |  --               测试运行
drun RECALL
write 'type go to see weights' |  STOP
write WW1,W2
```

图 6.8 用于 XOR 问题的实验协议脚本。输入和目标取自模式-行矩阵 INPUT 和 TARGET。 Recall(再次调用)测试在命令窗口列出了 6 个输入和输出的例子

```
-------------------------------------------------------
DYNAMIC
-------------------------------------------------------
--                                    训练运行
iRow=t |  Vector x=INPUT#
```

131

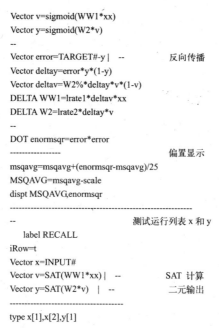

```
Vector v=sigmoid(WW1*xx)
Vector y=sigmoid(W2*v)
--
Vector error=TARGET#-y |    --            反向传播
Vector deltay=error*y*(1-y)
Vector deltav=W2%*deltay*v*(1-v)
DELTA WW1=lrate1*deltav*xx
DELTA W2=lrate2*deltay*v
--
DOT enormsqr=error*error
-----------------                       偏置显示
msqavg=msqavg+(enormsqr-msqavg)/25
MSQAVG=msqavg-scale
dispt MSQAVG,enormsqr
-------------------------------------------------------------
--                                      测试运行列表 x 和 y
    label RECALL
iRow=t
Vector x=INPUT#
Vector v=SAT(WW1*xx) |  --              SAT 计算
Vector y=SAT(W2*v)   |  --              二元输出
-------------------------------------
type x[1],x[2],y[1]
```

图 6.9　用于 XOR 问题的 DYNAMIC 程序段使用了 sigmoid 神经元激活函数,以进行训练运行。iRow=t 通过模式–行矩阵 INPUT 和 TARGET 的连续行循环运行对应的输入和目标模式(见 6.2.5 节)。测试运行采用硬限制 SAT 激活函数而不是 sigmoid 来得出二元输出($y[1]=0$ 或 $y[1]=1$)

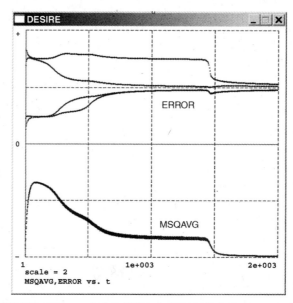

图 6.10　XOR 网络的 ERROR=error[1]和指数加权的运行均方差 MSQAVG=5 * msqavg 的缩放时程。需要指出的是,网络输出 error[1]并不是时间的连续函数,但其值似乎都位于连续曲线上

132

6.4 更多神经网络模型

6.4.1 函数连接型网络

函数连接层可生成 nf 个函数：
$$f[1] = f_1(x[1], x[2], \ldots, x[nx]), f[2] = f_2(x[1], x[2], \ldots, x[nx]), \ldots$$
$$(6-32)$$

这些函数馈入线性或非线性输出层，即
$$\text{Vector } y = WW * f$$

或馈入一个多层网络。函数连接型向量可以通过一个级联子向量声明实现（见 3.4.1 节）：

ARRAY f1[1]+f2[1] +…=f

其中，f1,f2,…由标量 DYNAMIC 程序段为 f1[1],f2[1],…赋值定义。

不甚普遍但却更为方便的函数连接型网络采用单一变量向量函数。我们声明

ARRAY f1[x]+f2[x]+…+ fn[x]=f

用 DYNAMIC 程序段向量赋值

Vector f1 = x   ｜   Vector f2 = sin(x)   ｜   Vector f3 = cos(x)   ｜   …

定义 f1,f2,…。

这样的网络对于模式分类来说尤其有用（见 6.5.3 节和 6.5.4 节）。

6.4.2 径向基函数网络

1. 基函数扩展和线性优化

径向基函数（RBF）网络是一种特殊类型的函数连接型网络。这种网络的输出仅仅是基函数 $f_k\{x[1], x[2], \ldots, x[nx]\}$ 的加权和，即
$$y[i] = \sum_{k=1}^{n} W[i,k] f_k\{x[1], x[2], \ldots, x[nx]\} \quad (i = 1, 2, \ldots, ny) \qquad (6-33a)$$
或
$$\text{Vector } y = W * f \qquad (6-33b)$$

且连接权值为 W[i,k]，其训练用于最小化样本误差度量均值，如 g = [target-y]² 的均方。可以采用 6.2.2 节中的方法将偏置输入添加到 y。

一旦计算了基函数 f[k]，我们只需优化简单的线性网络层。如果存在最小值，优化的连接权值 W[i,k] 的连续近似值通过 6.3.1 节中的 Delta 法则很容易进行计算：

133

$$\text{Vector error} = \text{target} - y \quad | \quad \text{DELTA W} = \text{lrate} * \text{error} * f$$

2. 径向基函数

径向基函数网络使用 n 个超球面对称基函数 $f[k]$,其形式如下:

$$f[k] = f(\| x - X_k \| ; a[k], b[k], ...) \quad (k = 1, 2, ..., n)$$

式中:n 个"半径" $\| x - X_k \|$ 是在 nx 维模式空间中输入向量 x 和 n 个指定的径向基中心 X_k 之间的模式空间距离;$a[k]$,$b[k]$,...是确定第 k 个基函数 $f[k]$ 的参数。可以对 X_k 和 $a[k]$,$b[k]$,...进行训练(参考文献[4]),但最为常见的是提前选定。真正的最优选择可能存在,也可能不存在。

最常用的径向基函数为

$$f[k] = \exp(-a[k] \| x - X_k \|^2) \equiv \exp(-a[k] \, rr[k]) \quad (k = 1, 2, ..., n) \quad (6\text{-}34)$$

可以将其视为 nx = 1 和 nx = 2 的"高斯曲线"。该径向基函数层然后通过简单的向量赋值表示:

$$\text{Vector } y = W * \exp(-a * rr) \quad (6\text{-}35)$$

式中:y 是 ny 维向量;a 和 rr 是 n 维向量;W 是 ny×n 的连接权值矩阵。

仍需要计算平方半径 $rr[k] = \| x - X_k \|^2$ 的向量 rr。根据 D. P. 卡萨森特(D. P. Casasent)(参考文献[5]),可以将 n 个指定的径向基中心向量 X_k 写为 n×nx 模式-行矩阵(模板矩阵)P 的 n 行:

$$(P[k,1], P[k,2], ..., P[k,nx]) \equiv (X_k[1], X_k[2], ..., X_k[nx])$$
$$(k = 1, 2, ..., n)$$

(见 6.2.5 节)。然后

$$rr[k] = \sum_{j=1}^{nx} (x[j] - P[k,j])^2$$
$$= \sum_{j=1}^{nx} x^2[j] - 2\sum_{j=1}^{nx} P[k,j] \, x[j] + \sum_{j=1}^{nx} P^2[k,j] \quad (k = 1, 2, ..., n)$$

最后一项,即

$$\sum_{j=1}^{nx} P^2[k,j] = pp[k] \quad (k = 1, 2, ..., n)$$

定义了 n 维向量 pp,其仅依赖于给定的径向基中心。如果能够提前选择这些中心(见下文),实验协议可以声明并提前计算常数向量 pp 如下:

```
ARRAY pp[n]
for k = 1 to n
   pp[k] = 0
   for j = 1 to nx   |   pp[k] = pp[k] + P[k,j] ^2   |   next
next
```

之后,DYNAMIC 程序段通过

$$\text{DOT } qq = x * x \quad | \quad \text{Vector } rr = qq - 2 * P * x + pp \tag{6-36}$$

得出预期的向量 rr。但通常情况下,不需要显式计算 rr。使用方程式(6-35),完整的径向基函数算法通过

$$
\begin{aligned}
&\text{DOT } qq = x * x \quad | \quad \text{Vector } f = \exp(a * (2 * P * x - qq - pp)) \\
&\text{Vector } y = W * f \\
&\text{Vector } error = target - y \\
&\text{DELTA } W = lrate * error * f
\end{aligned}
\tag{6-37}
$$

可得到有效表示。通常采用 6.2.2 节中的方法为 y 添加偏置项。

如果能够预先确定径向基中心 X_k 和高斯扩展参数 $a[k]$ 的数量和位置,Casasent 算法和 Desire 向量赋值的组合可以使径向基函数(RBF)网络的编程变得容易。但它们的选择的确是问题,尤其是当模式维度 nx 大于 2 时。由竞争向量量化得出的曲面细分(Tessellation)中心(见 6.8.1 节和 6.8.3 节)通常用作径向基中心(参考文献[10])。附录 A.1.1 中有完整的工作程序。

6.4.3 神经网络子模型

图 6.11 所示的是神经网络子模型的声明。这可以作为方便的可重用代码存

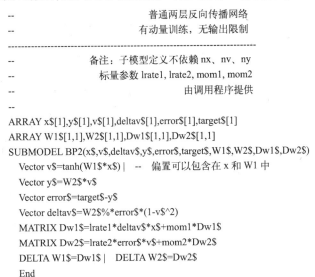

```
--                      普通两层反向传播网络
--                   有动量训练,无输出限制
------------------------------------------------------------------------
--              备注:子模型定义不依赖 nx、nv、ny
--              标量参数 lrate1, lrate2, mom1, mom2
--                      由调用程序提供
--
ARRAY x$[1],y$[1],v$[1],deltav$[1],error$[1],target$[1]
ARRAY W1$[1,1],W2$[1,1],Dw1$[1,1],Dw2$[1,1]
SUBMODEL BP2(x$,v$,deltav$,y$,error$,target$,W1$,W2$,Dw1$,Dw2$)
  Vector v$=tanh(W1$*x$)|  -- 偏置可以包含在 x 和 W1 中
  Vector y$=W2$*v$
  Vector error$=target$-y$
  Vector deltav$=W2$%*error$*(1-v$^2)
  MATRIX Dw1$=lrate1*deltav$*x$+mom1*Dw1$
  MATRIX Dw2$=lrate2*error$*v$+mom2*Dw2$
  DELTA W1$=Dw1$|  DELTA W2$=Dw2$
  End
```

图 6.11 带有动量训练的两层反向传播网络的子模型声明。调用程序必须在每一个子模型调用前设置标量参数 lrate1、lrate2、mom1 和 mom2。相反,这些参数在子模型声明中应该是哑元参数(见 3.7.3 节)

储在数据库文件(如 gudload. src)中。此类代码可以拷贝到用户程序,即 sine-sub-model. src,或者这两个文件可以通过

load folder specification/gudload. src

load folder specification/sine-submodel

自动组合。

组合程序(可能会保存为新的 . src 文件)然后可以借助 DYNAMIC 程序段中的子模型。需要再次指出的是,Desire 子模型可以编译成内嵌代码,而且不会造成任何运行时函数调用开销。

6.5 模 式 分 类

6.5.1 简介

分类器网络将每一个 nx 维输入模式 x 分配给 N 个指定的类别 target(x)之一。这些类别可以简单地标注为 target = 1, 2, …, N,但这些 N 个索引值更为有用的代码则是对应的 N 个 N 维二元选择器模式组:

$$target = target^{(1)} \equiv (1, 0, 0, \dots), target^{(2)}$$
$$\equiv (0, 1, 0, \dots), \dots, target^{(N)} \equiv (0, 0, \dots, 1) \qquad (6\text{-}38)$$

我们可以训练网络以得出 N 维输出模式 y(x),匹配最小二乘意义上的 target(x),即这样做可以最小化

$$g = \sum_{i=1}^{N} (target[i] - y[i])^2 \qquad (6\text{-}39)$$

的样本均值。

贝叶斯统计假定存在对应目标和输入模式的联合概率分布。然后可以证明(参考文献[1,2]),最小化 g 的预期值的 N 个网络输出 y[i]等于贝叶斯后验概率 Prob{target = target^{(i)} | x}。实际网络输出 y[i]是这些条件概率的统计估计。

6.5.2 来自文件的分类器输入

如 6.2.5 节指出的那样,科学数据库通常以制表符或逗号分隔的文本文件连续行显示输入和目标数据。关于分类问题,这些行的形式为

3.5 -0.4 7.9 … category1

1.5   3.5   0.1 … category3

…

其中,category1,category3,…是目标实例;每一行列出了一种输入模式及其已知类

别。计算机文本编辑器的"替换所有"(replace all)功能使替换目标名称十分容易，如用二元选择器代码如(0 0 1)替换 category3，因此文件变为

$$
\begin{array}{cccccccc}
3.5 & -0.4 & 7.9 & \cdots & 1 & 0 & 0 \\
1.5 & 3.5 & 0.1 & \cdots & 0 & 0 & 1 \\
\end{array}
$$

$$
\cdots
$$

如同 6.2.5 节中一样，实验协议将该文件读取到模式-行矩阵，即

$$
\mathrm{TRAINDATA} \equiv
\begin{array}{cccccccc}
3.5 & -0.4 & 7.9 & \cdots & 1 & 0 & 0 \\
1.5 & 3.5 & 0.1 & \cdots & 0 & 0 & 1 \\
\end{array}
$$

$$
\cdots
$$

通过声明

$$
\mathrm{ARRAY\ input[nx] + target[N] = traindata}
$$

TRAINDATA 的每一行都指定了一个 nx+N 维训练数据向量 traindata 的一个实例。这一级联子向量声明使我们能够存取 nx 维向量 input 和 N 维向量 target。

6.5.4 节列举了一个典型例子。在其他时间，对于 input 和 target，使用单独的模式-行矩阵可能更为方便(见 6.5.4 节)。

6.5.3　分类器网络

1. 简单的线性分类器

有时，对应于不同类别的分类器的输入模式 x 可以通过经由原点的超平面分离开来。在此情况下，二元选择器模式 target 关于 x 的简单线性回归：

$$
\begin{aligned}
& \mathrm{Vector\ x = input} \\
& \mathrm{Vector\ y = W * x} \\
& \mathrm{Vector\ error = target - y} \\
& \mathrm{DELTA\ W = Irate * error\ * x}
\end{aligned} \tag{6-40}
$$

得出与后验概率 Prob{target[i] | x}相关的估计值 y[i]。与概率不同，这些估计值加起来不到 1，而且甚至可能为负。但经收敛后，最大的估计值 y[i]可以表示与当前输入相关的最可能的类别。

2. Softmax 分类器

貌似更为可信的概率估计 p[1]，p[2]，…，p[N]是通过 softmax 输出层得出的(见 6.2.3 节)：

$$
\begin{aligned}
& \mathrm{Vector\ x = input} \\
& \mathrm{Vector\ p = exp(W * x)\ |\ DOT\ psum = p * 1} \\
& \mathrm{Vector\ p = p / psum}
\end{aligned} \tag{6-41}
$$

Softmax 分类器输出 p[i]为非负，加起来为 1，因此，即使在训练期间它们看起

来也像概率。如果训练成功,它们全部收敛到接近 0 或 1 的估计概率值。

利用 6.3.1 节中的 Delta 法则训练非线性 softmax 层,我们可以声明一个 N 维向量 deltap,并编程

$$\text{Vector error} = \text{target} - p$$
$$\text{Vector deltap} = \text{error} * \text{fprime}(p)$$
$$\text{DELTA W} = \text{lrate} * \text{deltap} * x$$

其中,通过方程式(6-41a)中的微分法,fprime(p) = p * (1-p)。但还有更好的方法。

假设收敛,则可以发现,用于 softmax 层的更为简单(且更为快速)的交叉熵更新原则也可以得出预期的概率估计(参考文献[2])[①],即

$$\text{DELTA W} = \text{lrate} * \text{error} * x \qquad (6-42)$$

3. 反向传播分类器

对于不能通过超平面隔离开来的输入模式,可以为 softmax 分类器添加一个非线性隐层:

$$\begin{aligned} &\text{Vector x} = \text{input} \\ &\text{Vector v} = \text{W1} * x \\ &\text{Vector p} = \exp(\text{W2} * v) \;\mid\; \text{DOT psum} = p * 1 \\ &\text{Vector p} = p/\text{psum} \end{aligned} \qquad (6\text{-}43a)$$

并使用反向传播训练:

$$\begin{aligned} &\text{Vector error} = \text{target} - p \\ &\text{Vector deltav} = \text{W2\%} * \text{error} * (1 - v^2) \\ &\text{DELTA W1} = \text{lrate1} * \text{deltav} * x \\ &\text{DELTA W2} = \text{lrate2} * \text{error} * v \end{aligned} \qquad (6\text{-}43b)$$

此处依然不需要 deltap 来进行交叉熵优化。如果需要,则可以添加动量学习。

4. 函数连接型分类器

直觉上貌似可信(已被证明为 Cover 定理)(参考文献[10])的是,将 nx 维输入模式映射到较高维空间会使转换的模式更易于隔离。通过将函数连接层(见 6.4.1 节)与 softmax 输出组合起来,可以获得有用的分类器网络。

为了对 6.4.1 节中介绍的较为简单的两种函数连接型网络进行编程,实验协议脚本声明:

ARRAY x[nx]+f2[nx]+…+ fn[nx]=f

---

① 这一更新规则最小化了样本交叉熵,即:$h = \sum_{i=1}^{N} \{ \text{target}[i] \ln(p[i]) + (1-\text{target}[i]) \ln(1-p[i]) \}$ 的样本均值,而非方程式(6-39)定义的均方(参考文献[2])。

ARRAY p[N],error[N]

ARRAY WW[N,n * nx]

向量函数 f1,f2,…必须在 DYNAMIC 程序段中进行定义。它们可以有多种形式(参考文献[8]),但非常简单的函数可以得出令人吃惊的好结果。分类器网络的 DYNAMIC 程序段示例如下:

```
————————————————————————————————————————
DYNAMIC
————————————————————————————————————————

Vector x = input
Vector f1 = 1    |    Vector f2 = x    |    Vector f3 = x^2
——
Vector p = W * f    |    DOT psum = p * 1
Vector p = p/psum
——
Vector error = target−p
DELTA W = lrate * error * f
```

5. 其他分类器

如同 6.4.2 节,函数连接层可以是径向基函数层。如果聚类中心的位置是已知的或是可以确定的,则可以将它们作为径向基函数中心使用(随书光盘中的 rbf-softmax. src 程序)。在 6.10.1 节,将描述对向传播分类器。随书光盘中的文件夹 patterns 里有大量分类器网络的完整程序。

6.5.4 例子

1. 利用经验数据库分类:费雪鸢尾问题(Fisher's Iris Problem)

R. A. Fisher 的鸢尾问题(参考文献[10])基于 nx = 4 测量值(花瓣与萼片的长度和宽度)将鸢尾花分成 N = 3 类。

因特网上有大量的鸢尾数据可资使用。请参考 6.5.2 节。我们在参考文献[10]中编辑鸢尾文件,得出了由制表符分隔的文本文件 iristrain. txt,其行如下:

$$4.8 \quad 3 \quad 1.4 \quad 0.1 \quad 1 \quad 0 \quad 0$$
$$4.3 \quad 3 \quad 1.1 \quad 0.1 \quad 1 \quad 0 \quad 0$$
...

Ntrain = 114 连续文本行为训练样本列出了 input[1],input[2],input[3],input[4],target[1],target[2],target[3]。类似文件 iristest. src 拥有 Ntest = 36 数据行,可用于测试样本。

3个鸢尾物种的模式聚类重叠并不是很严重,但它们也不是线性分离的,因此,线性分类器并不能起作用。随书光盘中的 Iris 文件夹里既有附有动量学习的反向传播/softmax 分类器,也有不带动量学习的反向传播/softmax 分类器,但图 6.12 和图 6.13 中的函数连接/softmax 分类器程序特别快(图 6.14)。

```
--                      鸢尾函数连接型分类器
--                      估计后验概率
-------------------------------------------------------------------
display R
--
nx=4 |  --                          特征数量
N=3 |  --                           类别数量
nv=11 |  --                         隐层神经元数量
--
Ntrain=114 |   Ntest=36
ARRAY trainDATA[Ntrain,nx+N],testDATA[Ntest,nx+N]
ARRAY input[nx]+target[N]=data
ARRAY x[nx]+f2[nx]+f3[nx]+f4[nx]+f5[nx]=f
ARRAY p[N],error[N]
ARRAY WW[N,5*nx]
--
for i=1 to N |   for k=1 to 5*nx |  --            初始权值
     WW[i,k]=0.1*ran() |   next  |  next
------------------------------------------------            参数
lrate=0.07
Tnoise=0.0 |   Rnoise=0
NN=40000
------------------------------------------------
connect '.\iris\iristrain.txt' as input 3
input #3,trainDATA
disconnect 3
----
TWOPI=2*PI
drun  |  -- 训练运行
--
write 'type go for successive recall tests' |   STOP
connect '.\iris\iristest.txt' as input 3
input #3,testDATA
disconnect 3
-----
NN=2
for i=1 to Ntest
   drun RECALL
   write target,p,error |  -- 显示概率
   write 'type go to continue' |   STOP
   next
```

图 6.12   解决 Fisher 鸢尾问题的函数连接/softmax 分类器实验协议脚本

140

```
-------------------------------------------------
DYNAMIC
-------------------------------------------------
iRow=t |
Vector data=trainDATA# |    -- 得到输入和目标

Vector x=input+Tnoise*ran()

Vector f2=sin(PI*x) |    Vector f3=sin(TWOPI*x)
Vector f4=cos(PI*x) |    Vector f5=cos(TWOPI*x)
--
Vector p=exp(WW*f) |    DOT psum=p*1
Vector p=p/psum |    -- 概率估计
Vector error=target-p
-------------------------------------------------
DELTA WW=lrate*error*f
--
DOT enormsq=error*error
msqavg=msqavg+(enormsq-msqavg)/1500
msqavgx50=50*msqavg-scale |    --偏移显示
dispt msqavgx50,p[1],p[2],p[3]
```

图 6.13   鸢尾函数连接/softmax 分类器训练运行的 DYNAMIC 程序段。此处没有显示
测试运行程序,但其与此类似,不过省略了连接权值更新,且在命令窗口中列出了
概率与误差

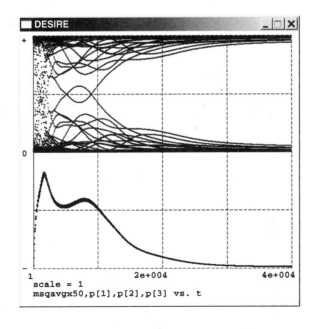

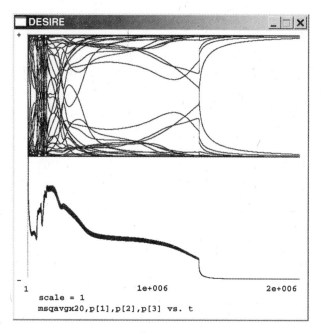

图6.14 图6.12中函数连接/softmax分类器和带有动量学习的反向传播/softmax分类器的后验概率估计与运行均方概率匹配误差的收敛。注意:函数连接型网络使用了4万个实验步,而反向传播网络需要200万个实验步

我们使用了参考文献[8]中使用的简单函数 $\sin(\pi x)$、$\cos(\pi x)$、$\sin(2\pi x)$ 和 $\cos(2\pi x)$ 解决鸢尾问题和其他几个分类问题。

2. 图像模式识别与联想记忆

简单的图像识别试图将分类器输入 x 同 N 个已知的 nx 维原型模式之一进行关联。典型的情况是,输入是受噪声扰动的原型模式之一。如果 N 大于20,使用输入和目标模式的单独的模式-行矩阵,而不是6.5.2节中的组合矩阵,将会十分方便。N×nx 矩阵 INPUT 的行按顺序表示 N 个原型模式。对应的二元选择器模式 target = $(1,0,0,\dots)$, $(0,1,0,\dots)$, ...则是 N×N 单位矩阵 TARGET 的行①。

实验协议声明

$$\text{ARRAY } x[nx], target[N], INPUT[N,nx], TARGET[N,N]$$

并设

① 我们注意到,如果对于带有加性高斯噪声的线性独立原型模式,最优连接权值矩阵 W 可以像转置 INPUT 矩阵(参考文献[1,2])的 Penrose 伪逆,通过闭式求解获得。然而,实际上,Delta 法则训练应用更为普遍,足够精确,也更为迅速。

MATRIX TARGET = 1

定义 N 个二元选择器模式。通过

$$iRow = \ldots \quad | \quad Vector\ x = INPUT\#+noise \quad | \quad Vector\ target = TARGET\#$$

DYNAMIC 程序段则可获得对应的输入和目标模式。

图 6.15~图 6.17 中的程序模拟了一个 5×5 像素的图像模式分类器,表示字母表 N = 26 个字母。每一个字母图像是向量输入的一个实例,其 nx = 5 * 5 = 25 分量是数值像素值。可以使用数字 0 表示空白像素,用 1 表示黑色或彩色像素①。

```
--                    SOFTMAX 模式分类器
--                          估计后验概率
--                        实现内容定址存储器
-------------------------------------------------------------
cc=10 | display R
nx=25 | N=26
--
ARRAY INPUT[N,nx],TARGET[N,N]
MATRIX TARGET=1 | --    二元选择器行
--
ARRAY x[nx],input[nx],p[N],error[N],W[N,nx]
ARRAY q[N],xx[nx] | -- 为内容定址存储器
--
for i=1 to N | for k=1 to nx | --    初始化
    W[i,k]=ran() | next | next
--
ARRAY X[nx],Input[nx],XX[nx] | --用于 SHOW 显示
-------------------------------------------------------------
connect '.\pattern\alphabet.txt' as input 2
input #2,INPUT
disconnect 2
------------------------
NN=800 | lrate=2 | Tnoise=0 | Rnoise=0.4
drunr | -- 训练运行
write 'type go for successive recall runs' | STOP
----------
NN=4
for i=1 to N
  drun RECALL
  for k=1 to 6000 | write "wait" | next
  next
```

图 6.15 图像识别网络的实验协议脚本

---

① 随书光盘上的备选数据文件 alphabet.txt 用-1 而不是 0 来表示空白像素,这样抗噪稍佳。

```
            --                    A
            1   1   1   1   1
            1   0   0   0   1
            1   1   1   1   1
            1   0   0   0   1
            1   0   0   0   1
            --                    B
            1   1   1   1   1
            1   0   0   0   1
            1   1   1   1   0
            1   0   0   0   1
            1   1   1   1   1
            --
            ..................etc for CD...
--------------------------------------------------------------
DYNAMIC
--------------------------------------------------------------
iRow=t |    Vector input=INPUT#
Vector x=input+Tnoise*ran()
Vector p=exp(W*x) |    DOT psum=p*1
Vector p=p/psum |   --                    概率估计
-----------------------------------------------
Vector error=TARGET#-p
DELTA W=lrate*error*x | --               Delta 法则
--                         指数加权运行均值
DOT enormsqr=error*error
msqavg=msqavg+(enormsqr-msqavg)/100
ENORMSQR=0.4*enormsqr
MSQAVG=msqavg-scale
dispt MSQAVG,ENORMSQR
------------------------------------------
    label RECALL
iRow=i |    Vector input=INPUT#
Vector x=input+Rnoise*ran()
Vector p=exp(W*x) |    DOT psum=p*1
Vector p=p/psum |   --                    概率估计
--
Vector q^=p |    Vector q=swtch(q) | -- 二元选择器
Vector xx=INPUT%*q |   --                 重构模式
------------------------------------------        显示模式
Vector Input=cc*input |    Vector X=cc*x
Vector XX=cc*xx
SHOW   |   SHOW Input,5 |   SHOW X,5 |   SHOW XX,5
```

图 6.16　图像识别网络的 DYNAMIC 程序段

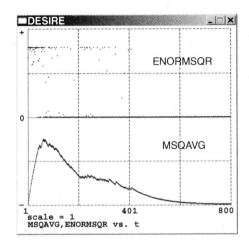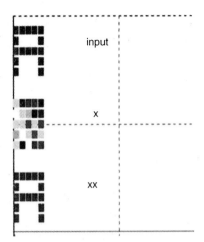

图 6.17　enormsqr 训练运行时程和运行均方误差,以及由再次调用产生的输入、噪声扰动输入和重构模式

我们将这些组作为连续模式行输入到制表符分隔的文本文件 newalphabet. txt 中,并用

connect 'newalphabet. txt' as input 2

read #2,INPUT

disconnect 2

填充模式行矩阵 INPUT。然后,DYNAMIC 程序段可以通过

$$iRow = t \quad | \quad Vectorinput = INPUT\#$$

获得神经网络输入。

图 6.17 显示了平方概率误差范数的训练时程及其移动平均值 msqavg(见 6.3.1 节):

$$enormsqr = \sum_{i=1}^{N} (target[i] - p[i])^2$$

每次重新调用运行都将近似的二元选择器模式 p 转换成精确的二元选择器模式 q:

$$Vector \; q\hat{} = p \quad | \quad Vector \; q = swtch(q)$$

并通过

$$Vector \; xx = INPUT\% * q$$

选择的分类器重构模式。

SHOW 语句显示了输入模式 input、噪声扰动输入模式 x,以及字母表中每一个字母的重构模式 xx(见图 6.17)。神经网络作为内容定址存储器或内容可寻址存

145

储器,当噪声扰动时或这些模式中的一部分显示时,再次生成已知模式。

在极其重要的应用中(如由图像触发引起的对文件或设备的访问),只有当

$$\sum_{i=1}^{nx} (xx[i] - input[i])^2$$

小于指定的阈值时,才能接受选择的模式。

6.6 模式的简化

6.6.1 模式中心的确定

对于给定的 N 个 nx 维输入模式 input$^{(r)}$ 的样本,通常比较方便的是创建输入 x,其向量样本均值等于 0:

$$avg = \sum_{r=1}^{N} x^{(r)}/N$$

我们声明一个默认值从 0 开始的 nx 维向量 avg,并对更新赋值进行编程:

Vector x = input-avg │ Vectr delta avg=lrateb * x

其能够同其他网络训练操作同时进行,如 Delta 法则。

6.6.2 特征约简

1. 瓶颈层和编码器

当一个两层网络能够学习使用比输入模式特征少的隐层神经元重现其输入模式时,隐藏的瓶颈层将输入模式重新编码为较低维的模式向量,不会丢失信息。这样的特征约简可以简化后续的处理。

编码器网络是多层瓶颈网络,对其进行训练可以将 N 个 N 维二元选择器模式 x=(1,0,0,…),(0,1,0,…),…,(0,…,0,1)映射到类似的 N 维输出模式 y(nx= ny=N)(参考文献[1,3])。之后,维度 nv≤N 的隐层 v 对输入层编码。原则上,nv≥log$_2$N已足够大。编码器网络并不真正用于解码,但是实验不同神经网络的便利平台。随书光盘中的文件夹 encoders 使我们可以实验大量的反向传播解码器和带有 softmax 输出级的编码器。一些例子使用了批量训练。

2. 主分量(参考文献[3、10])

假定我们在处理 N 个 nx 维模式 x$^{(r)}$ 的样本,样本均值为 0(见 6.6.1 节),且带有非奇异自相关矩阵

$$C_{XX}[i,k] = \sum_{r=1}^{N} x^{(r)}[i]x^{(r)}[k]/N(i,k = 1,2,\cdots,nx)$$

DYNAMIC 程序段向量赋值

PLEARN v = W * x; Iratep

实现了桑格(Sanger)算法[①],其通过 nv≤nx 列对 nv×nx 矩阵 W 进行训练,以得出 x 样本主分量转变为不相关模式的 v 样本。输出模式 v 表示 nx 维输入样本,特征是 nv≤nx。分量样本方差:

$$\sum_{r=1}^{N} v^{(r)}[i] v^{(r)}[i]/N(i,k = 1,2,\ldots,nv)$$

随 i 减少。减少特征数 nv 是可能的,这样第 nv 个分量的方差就小到不会影响后续处理的结果。

幸运的是,当 nv≤nx 时,主分量转换可能会使模式类别可分离(图 6.18)。随书光盘中的文件夹 pca 里有更多的例子。

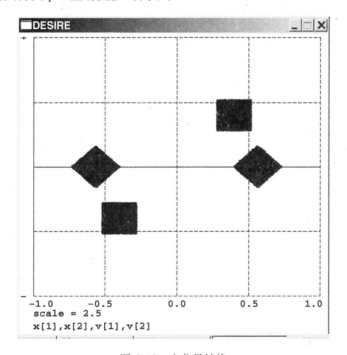

图 6.18 主分量转换

---

① 特别是,赋值实现更新操作:

$$W[i,k] = W[i,k]+\text{lratep } v[i](x[k]-\sum_{j=1}^{i} W[j,k] v[j])(i = 1,2,\ldots,nx;k = 1,2,\ldots,nv)$$

其中,lratep 为正学习速率。

6.7 网络训练问题

6.7.1 学习速率的调整

DYNAMIC 程序段赋值可以随着训练的进展而降低学习速率：

$$lrate = lrate0/(1+t/n0) \tag{6-44a}$$

$$lrate = lrate0 + gamma * lrate \tag{6-44b}$$

参数 lrate0、n0 和 gamma 通常通过反复试错确定。更复杂的方案将学习速率调整为过去误差度量改进的函数。

6.7.2 过拟合和泛化

1. 简介

神经网络训练结果(如回归精度)通常通过较长的训练运行得到改进。如果使用更多的网络参数,如通过增加隐层神经元,训练结果也会得以改进。但是,更加精确地匹配训练模式,而不是网络能够泛化其信息以识别新的测试模式,则没有意义。

2. 添加噪声

泛化通常通过在训练运行期间为网络层添加噪声这样的简单对策得以改进(参考文献[10])。

3. 早期停止

为了实现早期停止,我们运行两个网络。例如,第一个网络

$$Vector \ v = W1 * x$$

…

以训练模式运行,其中训练输入为 x。副本网络

$$Vector \ v = W1 * X$$

…

随着训练网络学习,处理从测试样本中获得的输入模式 X,复制不断变化的连接权值。随着训练网络适应连接权值,该测试网络的运行均方误差先减小,但当进一步的相适应仅适用于训练模式时,又会增加(图 6.19)。训练就在此点停止。

4. 正则化(参考文献[2])

改进的匹配误差度量,如:对于均方回归

$$g(i) \equiv \sum_{i=1}^{ny} (target[i] - y[i])^2 + W^T W$$

148

可能会降低冗余连接权值的影响,因此会改进泛化。可以改进 6.3.1 节~6.5.3 节中的 Delta 法则算法,以解决此类误差度量。

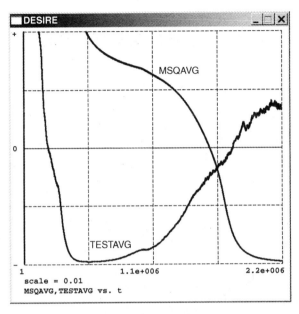

图 6.19　鸢尾分类器训练与测试网络移动方差均值 MSQAVG 和 TESTAVG 的时程

6.7.3　逾越简单梯度下降

有了足够的隐层神经元,即使是两层非线性网络,从理论上讲也能够近似于其输入(参考文献[3,4])的任何预期连续函数。但需要注意的是:

(1)最优连接权值通常不止一组;

(2)用同一训练样本重复训练运行通常会得出不同的结果;

(3)训练过程可能会陷入误差度量超曲面的平点或第二最小值。

有大量出版物描述改进的反向传播算法,但其中没有哪种算法能在任何时候都起作用。参考文献[9]介绍了很多很好的技巧。梯度下降方案,如反向传播和函数连接训练,都很简单而且快速,但还有更精细的优化技术。特别是,牛顿和共轭梯度训练算法可以将与二阶误差度量导数成比例的项添加到更新的公式(6-28)中(参考文献[1-10])。列文伯格-马夸尔特(Levenberg-Marquart)法(参考文献[3,10,24])是此技术的简化版。蠕行随机搜索(模拟退火算法)(参考文献[3,4])尝试较小的随机连接权值增量,然后,如果改进了误差度量,则从新的连接值继续。随书光盘中的文件夹 creep 里给出了简单的例子。遗传优化算法是另一

149

种可能性(参考文献[1])。包括分类和回归在内的大数据挖掘任务用支持-向量机可能会做得最好(参考文献[1])。

6.8 无监督的竞争层分类器

6.8.1 模板-模式匹配和 CLEARN 运算

1. 模板模式和模板矩阵

在 6.5.1 节~6.5.4 节中,我们通过有监督的训练对模式进行分类。无监督竞争模式分类器读取 nx 维输入模式 $x \equiv (x[1], x[2], \ldots, x[nx])$,并将它们与通过 nv×nx 模板矩阵 W 的行表示的 nv 模板模式进行对比:

$$wi \equiv (W[i,1], W[i,2], \ldots, W[i,nx])(i = 1, 2, \ldots, nv) \qquad (6\text{-}45)$$

模板矩阵元素 $W[I,k]$ 是网络参数,它们非常像连接权值。

2. 匹配已知模板模式

简单图像识别(见 6.5.4 节)试图确定分类器输入 x 是否是 nv 个噪声扰动的已知 nx 维原型之一。竞争分类器程序仅需用已知的原型模式填充 nv 个模板矩阵行,并选择索引 i 的值 I,使得平方模板-匹配误差最小:

$$g(i) = \sum_{j=1}^{nx} (x[j] - W[i,j])^2 (i = 1, 2, \ldots, nv) \qquad (6\text{-}46)$$

(最小二乘模板匹配)[1]

Desire 实验协议脚本声明输入 x、模板矩阵 W,以及 nv 维隐层神经元层 v:

$$ARRAY\ x[nx], v[nv], W[nv, nx]$$

DYNAMIC 程序段赋值:

$$CLEARN\ v = W(x) Iratex, crit\#$$

然后得出 nv 维二元选择器模式(见 6.5.1 节)v,与最接近于输入 x 的模板相关[2]。重要的是,不需要任何训练。

在 6.8.3 节和 6.10.1 节中,我们将给出示例程序。

3. 模板模式训练

其他无监督竞争分类器可以学习找出给定输入模式样本的适当分类类别(图 6.20 和图 6.21)。从随机初始值 $W[i,k]$ 开始,并将连续输入模式 x 读取到:

$$CLEARN\ v = W(x) Irate, crit$$

---

① 还可以采用其他匹配误差度量。

② 实验协议脚本中必须定义参数 Iratex 和 crit。结束符#禁止模板训练。

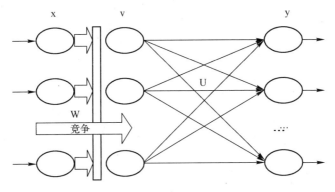

图 6.20　竞争性模板-匹配层和可选对向传播层

```
-------------------------------------------------------------------
DYNAMIC
-------------------------------------------------------------------
iRow=t|  --                          选择模式行矩阵 INPUT 中的行
Vector x= INPUT#+noise*(ran()+ran()+ran())|          --噪声输入
--
CLEARN y=W(x)lrate1, crit|  --           竞争、选择和学习
Vectr delta h=y|  --                     用心学习（可选）
--
Vector w=W%*y|  --                       重构和显示模板
```

图 6.21　通过连续输入模式训练的用于竞争分类器的 DYNAMIC 程序段。Input 可以是函数 input(t)，也可以是从模式-行矩阵读取的向量 INPUT#。设 crit=-1，用于简单竞争学习；设 crit=0，用于通过 FSCL 学习（见正文）；设 Iratex=0，用于重新调用运行。如果需要，赋值 Vector w=W% * y 可以得出选择的模板向量 w 用于显示。如果模板成功近似于一组原型向量，分类器函数作为内容定址存储器。为了对图 6.20 中所示的可选对向传播层编程，添加以下行

Vector y＝U ∗ v ｜－－　　　　　　函数输出

Vector error＝target-y ｜－－　　　输出误差

DELTA U＝Iratef ∗ error ∗ v ｜－－　　学习函数值

通过连续实验步，CLEARN 对模板矩阵 W 进行训练，将平方模板-匹配误差的样本均值（式（4-46））最小化。在每一步，CLEARN 首先找到最小化 g(i) 的模板索引 i＝I，然后通过

$$W[I,k]=W[I,k]+Iratex*(x[k]-W[I,k])(k=1,2,\dots,nx)　　（6-47）$$

更新获胜模板（Grossberg-Kohonen 学习（参考文献[10,18]）。如同 6.7.1 节，学习速率 Iratex 是正参数，可以通过编程随连续实验步而减少。在 6.8.2 节~6.8.4 节中，我们讨论了参数 crit 的选择问题。成功的训练定义 nv 模板，CLEARN 的二元选择器输入 v 再次确定了最接近于当前输入 x 的模板。如果期望用于显示

151

（图 6.22 和图 6.23）或用于进一步计算,则可以通过下式得出获胜模板向量:

$$\text{Vector } w = W\% * v \qquad\qquad (6\text{-}48)$$

理想情况下,nv 个模板收敛到 nv 个不同"码本模式"。可以确认最多 N≤nv 个噪声扰动,但有望获得用于输入样本的隔离得很好的模式分类类别,如图 6.22 和图 6.23 所示。然而,通常情况下,依照方程式(6-47),跟踪当前输入模式 x 的模

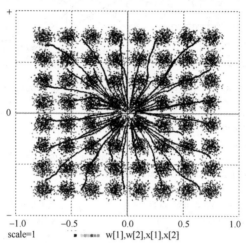

图 6.22 二维模式竞争学习。显示的是 N=64 噪声模式输入 x≡(x[1],x[2])和一些 计算的模板向量 w≡(w[1],w[2])试图逼近 64 个原型模式。通过简单的竞争学习, 一些模板可能在输入-模式聚类之间结束,一些聚类可能吸引不止一个模板向量

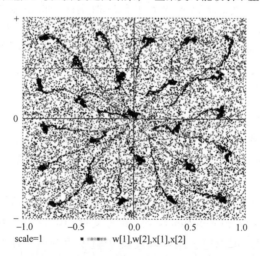

图 6.23 对于均匀分布在正方形上的纯噪声输入 x=ran( ),本图中 nv=15 模板向量 w 正在试 图学习沃罗诺伊-曲面细分(Voronoi-tessellation)中心。即便是通过用心学习(crit=0), 结果也并不完美

板接近后续的输入模式,并加以跟踪。输入模式可能因此"捕捉"到不止一个模板向量或一个都没有,或者模板可能在码本模式之间的某个地方结束①。在6.8.2节和6.8.4节中,描述了改进这一行为的技术方法。

4. 相关训练

几乎所有传统的竞争性-分类器网络(参考文献[3,4,10])首先通过

$$DOT \ xxsum = x * x \quad | \quad Vector \ x = x/xxsum$$

将输入模式归一化(见6.2.3节),然后间接通过最大化相关和

$$r[i] = \sum_{j=1}^{nx} W[i,j]x[j] \quad (i = 1,2,\dots,nv)$$

最小化模板-匹配误差 g(i)。

从生物学上来说,貌似更为可信。但如6.2.3节中所指出的,归一化可能会使一些模式(如6.10.1节和6.10.2节中的螺旋点)在没有模式加强的情况下很难区分,造成麻烦。CLEARN训练不需要任何归一化,通过直接最小化平方模板-匹配误差(式(6-46)),极大地简化了计算。

6.8.2　用心学习

用心算法(Conscience Algorithms)(参考文献[3,11])将模板-学习竞争倾向于过于频繁选择的模板。通过将 crit 设置为0,CLEARN 实现了 Ahalt 等人的 FSCL 算法(频率敏感竞争学习算法)(参考文献[11]),如下:

$$ARRAY\dots,v[nv],h[nv],\dots \tag{6-49}$$

实验协议必须在 v 后立即声明一个 nv 维向量 h ≡ (h[1],h[2],…,h[nv])。

每一个 h[i] 的初始默认值为 0,DYNAMIC 程序段调用

$$CLEARN \ v = W(x) \ Irate,crit$$

式中:crit = 0,选择第 I 个模板,然后将二元选择器模式 v 添加到 h:

$$Vector \ h = h + v$$

或

$$Vectr \ delta \ h = v \tag{6-50}$$

结果,每一个 h[i] 计算第 i 个模板在训练过程中被选择的次数。然后,CLEARN 选择带有选择计数和平方模板匹配误差的最小乘积 h[i]g(i) 的模板。这一过程趋于均衡模板选择计数。结果得到改进,但仍不够完美。

---

① 事实上,训练过程已经收敛于均方模板-匹配误差的局部最小值,而不是全局最小值。

6.8.3 竞争学习实验

1. 模式分类

图 6.20 和图 6.21 中的程序能够进行大量的实验。图 6.22 和图 6.23 描绘了给定样本中模式的无监督分类。该样本包含噪声扰动二维模式向量 x，表示点 $x \equiv (x[1], x[2])$。尤其是，实验协议在一个正方形上生成 N 个均匀间隔的点，并将它们存储为 N×2 的模式-行矩阵 INPUT 的行。DYNAMIC 程序段添加近似的高斯噪声，通过

$$iRow = t \mid Vector\ x = INPUT\# + noise * (ran() + ran() + ran()) \qquad (6-51)$$

得出分类器输入[①]。

然后，DYNAMIC 程序段赋值

$$CLEARN\ v = W(x)\ lrate, crit$$

式中：设 crit 为 0、-1，或者正值，使我们能够尝试不同的分类器类型（见 6.8.2 节和 6.8.3 节）。还可以变换 N、nv、lrate，以及噪声电平 noise。CLEARN 的赋值最终以#结束，如下：

$$CLEARN\ v = W(x)\ lrate, crit\#$$

简单设置选择的模板 wI 等于 x，而不是逐渐更新（快速学习模式）。

对 N 进行分类至少需要 nv = N 个模板。但除非 nv 较大，否则通过不同原型的重复或随机顺序进行训练很可能会失败。

2. 向量的量化

当用纯噪声输入，即

$$x = ran()$$

替换图 6.21 中的竞争层程序的原型-模式输入时，模板更新（式(6-47)）趋于将 nv 个计算的模板向量 wi 移至码本向量。码本向量是 nx 维输入模式空间的 nv 个沃罗诺伊-曲面细分中心。二元选择器输出 v 确定与 x 匹配最好的曲面细分区。对于 crit = 0（FSCL 学习，见 6.8.2 节），h[i]/t 估计 t 次实验中第 i 个曲面细分中心中查找 x 的统计相对频率。所有 h[i] 随 t 的增加接近于 t/nv。实际实验只能近似地确定这些理论预测。

6.8.4 简化的自适应谐振仿效

只有在预设的警界限度（"谐振"）之内与当前输入匹配时，Carpenter -

---

① iRow = t 表示按顺序的输入模式。随机顺序将得出类似的结果。或者，iRow = t/nsearch，表示每一个模式 nsearch 次，使分类器按顺序学习模式。

Grossberg 自适应谐振训练(ART)(参考文献[12-16])通过更新已提交的模板才可以解决多捕获问题;否则,重置操作将从当前竞争中清除模板,然后选择次佳模板。ART 保留已学习的模式类别。Desire 的 DYNAMIC 程序段赋值[①]

$$CLEARN \ v = W(x) \ lrate, crit \tag{6-52}$$

式中:crit>0,作用很像低噪声下依次模式学习常见特殊案例的 ART(表6.1)(参考文献[21])。连续输入模式不再"窃取"提交的模板,分类器利用 iRow=t/n 最多能够接连学习 nv 个模式类型。如图6.24和图6.25所示,算法可以容许少量的加性噪声。如果噪声太多,过程将用完模板并报告出错信息。与 ART 不同,CLEARN 不需要模式归一化。

表6.1 简单伪自适应谐振训练(ART)技术:CLEAR(Ncrit>0)
(来源:参考文献[21])

```
x                     nx-维输入模式向量
w1, w2,---,wnv         nv nx-维模板向量
v                     nv 维二元选择器模式向量(分类器输出)
badmatch[i]           0 或 1(初始值全为 0)
committed[i]          0 或 1(初始值全为 0)
irate>0               学习速率,可以降低以用于连续实验
crit>0                匹配容错(更小的 crit 意味着更高的"警惕")
------------------------------------------------
for successive input vectors x do {
  LOOP:
    for all i such that badmatch[i] = 0, find the index i = I of the template closest to x
      (i.e. the index that minimizes ‖ x-wi ‖ 2) ;   /* COMPETE for best match */
    if (badmatch[i] = 1 for all i ask the user for more templates;   /* test the match */
    if ( ‖ x-wI ‖ <crit) committed[I] =1;            /* RESONANCE, update wI */
      else if (committed[I]>0) ) { badmatch[I] =1;   go to LOOP;} /* RESET-
          --an already-committed template is closest but not close enough */
  wI = wI+lrate * (x-wI) ;           /* UPDATE-with or without resonance! */
  reset all v[i] and badmatch[i] to 0;
  set v[I] =1 and all other v[i] =0;/* the output v is the binary-selector-code for I */
  }
```

每一个模板 wi 有两个状态标签:committed[i]和 badmatch[i],它们的初始值均设为0。如果能够满足 vigilance/match condition ‖ x-wI ‖ <crit,那么,与输入 x 匹配最佳的模板模式 wI 用 committed[I] =1 标记。之后,这样的模板不再适合不太紧密的匹配。如果 ‖ x-wI ‖ >crit,当且仅当 wI 提前标记(如 commited[I] =1)时,我们才能对当前搜索进行重设(badmatch[I] =1)。它遵循的是 committed[i] =0

---

① 需要注意的是,本书中应用的 Desire CLEARN 运算与参考文献[20]中描述的 Desire 早期版本的 CLEARN 运算有很大的不同。

标记符明确到此为止仍未提交的模板。获胜的未提交模板,即便没有谐振,也可以跟踪新的模式。如果 CLEARN 用完了模板,则告警信息会提示增加 nv 或 crit。表 6.1 列出了完整算法的伪程序。

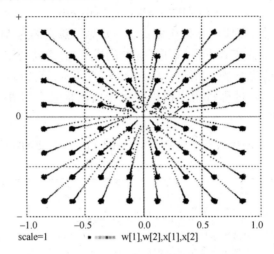

图 6.24　与 6.8.4 节(crit=0.015)伪-ART 方案匹配的 N=64 噪声模式 x=(x[1],x[2])
的竞争性模板。需要注意的是,模式聚类并不"窃取"彼此的模板。64 个噪声破坏的
原型模式依次(iRow=t/nsearch,式中 nsearch=200)重复显示,得出匹配低噪声
电平的无瑕疵模板。原始显示是彩色的

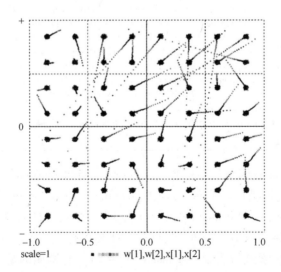

图 6.25　用较大初始随机模板-向量值进行的同一实验。可用模板的数量
nv 必须从 64 增加到 70,以匹配所有的 N=64 模式

nv 个标签 badmatch[i]是内部变量,但实验协议在 v 后应立即声明 nv 个标签
committed[i]的向量:

$$ARRAY\ldots,v\,[\,nv\,],committed\,[\,nv\,],\ldots$$

6.9 有监督的竞争学习

6.9.1 双向分类 LVQ 算法

Kohonen 的 LVQ(学习向量量化)算法(参考文献[3,4])修订了双向分类有监督的竞争学习的更新法则(式(6-46))。如 6.3.1 节一样,每个训练样本输入 x 都与其已知的相关二维二元选择器模式 target 一起显示。如果竞争层的二元选择器输出 v 与 target 不匹配,方程式(6-47)的学习速率 Iratex 的符号则相反。

6.9.2 对向传播网络

参考图 6.20 和图 6.21,Hecht-Nielsen 的对向传播网络(参考文献[10])将竞争层分类器的二元选择器输出 v 通过编程

$$Vector\ y=U*v$$

馈入到"outstar"层。U 可以通过单独的计算得出,或者通过

$$DELTA\ U=lratef*(\,target-y\,)*v$$

进行训练,使 y(x)从最小二乘意义上匹配预期的模式 target(x)。

图 6.26 描绘了基于正弦函数输入的简单对向传播回归。对向传播网络通常

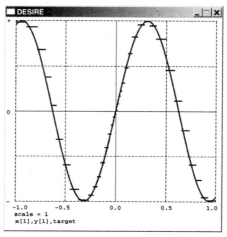

图 6.26　图 6.20 和图 6.21 的对向传播网络函数 input＝sin(5x[1])的最小二乘近似值

比反向传播网络能更迅速地近似于回归。但目标的结果近似值 y 并不连续,因为 y 只能取 nv 个不同值。这些值将比较密集地分布在对应于频繁输入的区域。我们注意到,带有竞争性基础中心学习(见 6.4.2 节)的径向基函数网络事实上是带内置插值的对向传播网络。

6.10 CLEARN 分类器的例子

6.10.1 已知模式的识别

1. 图像识别

图 6.27 是取代 6.5.4 节中 softmax 特征图像识别器的竞争层分类器的完整程序。如同 6.5.4 节,N 个给定的 nx 像素特征图像模式被读入 N×nx 模式-行矩阵 INPUT:

connect '.\competitive\alphabet.txt'as input 2

input #2,INPUT

disconnect 2

由于这些模式是已知的,因此不需要模板训练。实验协议简单地向 N×nx 模式-行矩阵 W 的行分配图像模式:

$$MATRIX\ W=INPUT$$

接着,N 次连续神经网络运行读取由

$$iRow=i\mid Vector\ input=INPUT\#$$

$$Vector\ x=input+Rnoise*ran()$$

生成的噪声扰动的输入模式 x,并利用 CLEARN 得出用于最接近的模板模式的二元选择器代码 v:

$$CLEARN\ v=W(x)\ lrate,crit$$

可以通过

$$Vector\ w=W\%*v$$

重构获胜的模板模式,并通过图 6.15~图 6.17 中的 Desire SHOW 语句进行显示。

```
--                    竞争性图像识别器
-----------------------------------------------------
nx=25 |  --                    输入像素数量
N=26 |  --                     模式数量
nv=N |  --                     模板数量
 --
ARRAY INPUT[N,nx]
```

158

```
ARRAY x[nx],input[nx],v[nv],w[nx]
ARRAY W[nv,nx] |    --          模板矩阵
---------------------------
connect '.\competitive\alphabet.txt' as input 2
input #2,INPUT
disconnect 2
------------------------------         参数
NN=20
lrate=0 |   crit=-1   | Rnoise=0.5
MATRIX W=INPUT |    --         无模板训练!
----------------------
for i=1 to N
   drun
   for k=1 to 2500 |   write "wait" |   next
   next
--------------------------------------------------
DYNAMIC
--------------------------------------------------
iRow=i |   Vector input=INPUT#
Vector x=input+Rnoise*ran()
CLEARN v=W(x)lrate,crit |   --     竞争/选择
Vector w=W%*v |   --               重构模板
--------------------------------------------------
--
SHOW | SHOW input,5 | SHOW x,5 | SHOW w,5
```

图 6.27　可以识别一组已知图像的竞争分类器的完整程序

2. 螺旋基准问题的快速解决方案

螺旋分离问题是经典的教科书例子(参考文献[9,17])。参考图 6.28,分类器输入模式 x ≡ (x[1],x[2]) 表示平面的点。一个点属于类别 1 还是类别 2 取决于其更接近于第一螺旋线的点还是第二螺旋线的点。分离这些类别十分困难。参考文献[17]列出了数量庞大的多种解决方案。下面的 CLEARN 解决方案的速度异常迅速。

图 6.29 中的实验协议脚本定义了图 6.28 中的 N = 104 个螺旋点。第一螺旋线有 97 个点,笛卡儿坐标为

$$X[2k,1] = r[k]\cos(phi[k]) \quad X[2k-1,1] = -X[2k,1] \quad (k=1,2,\ldots,97)$$

其中

$$r[k] = 0.8(7+k)/104 \quad phi[k] = (97-k)\pi/16 \quad (k=1,2,\ldots,97)$$

第二螺旋线同第一螺旋线交错,而且有 97 个点,其坐标为

$$X[2k,2] = r[k]\sin(phi[k]) \quad X[2k-1,2] = -X[2k,2] \quad (k=1,2,\ldots,97)$$

我们将第一螺旋线和第二螺旋线上的点与其各自的二元选择器模式(1,0)和

（0,1）进行关联,指定为 N×2 模式-行矩阵 TARGET 的行:
TARGET[2*k,1]=1 TARGET[2*k,2]=0
TARGET[2*k-1,2]=0 TARGET[2*k-1,2]=1 (k=1,2,...,97)

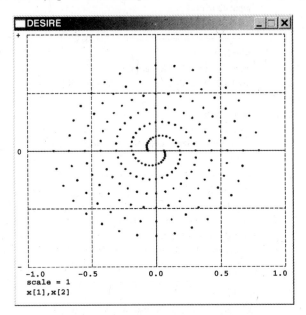

图 6.28　用于螺旋分类问题的两个交错的螺旋线。第一螺旋线有 97 个点,笛卡儿坐标为
X[2k,1]=r[k] cos (phi [k]) X[2k-1,1]=-X[2k,1] (k=1,2,...,97)
其中
r[k]=0.8 (7+k) /104 phi[k]=(97-k)π/16 (k=1,2,...,97)
第二螺旋线同第一螺旋线交错,有 97 个点,笛卡儿坐标为
X[2k,2]=r[k] sin (phi [k]) X[2k-1,2]=-X[2k,2] (k=1,2,...,97)
分类器输入模式表示平面的点(x[1],x[2])。一个点属于类别 1 还是类别 2 取决于它更
接近于第一螺旋线的点还是第二螺旋线的点

　　螺旋线的点已知,因此,有
$$\text{MATRIX } W = X$$
只需识别带有 N 个螺旋点的 N=194 模板。
　　图 6.30 中的训练运行得出二元选择器代码 v,其通过
$$\text{iRow}=t \mid \text{Vector } x=X\#$$
$$\text{CLEARN } v=W(x) \text{ lratex, crit}\#$$
可以识别最接近于输入的螺旋点模板,并用对向传播训练将每一个输入模式 x=X
#与对应的螺旋选择器 TARGET#=(1,0)或(0,1)进行匹配:

160

```
        --              对向传播螺旋分类器
        ------------------------------------------------------------
        display R
        --------
        N=194
        --      创建 N 个螺旋点的 N*2 模式行矩阵 X
        --          以及对应的二元选择器模式 TARGET
        --
        ARRAY r[97],phi[97],X[194,2],TARGET[194,2]
        for k=1 to 97
          r[k]=0.8*(7+k)/104 |  phi[k]=PI*(97-k)/16
          X[2*k,1]=r[k]*cos(phi[k]) |   X[2*k,2]=r[k]*sin(phi[k])
          X[2*k-1,1]=-X[2*k,1] |   X[2*k-1,2]=-X[2*k,2]
          --
          TARGET[2*k,1]=1 |  TARGET[2*k,2]=0
          TARGET[2*k-1,1]=0 |  TARGET[2*k-1,2]=1
          next
        ------------------------------------------------------------
        nv=N |  --                              模板数量
        ARRAY W[nv,2] |  --                      模板矩阵
        ----------------
        ARRAY x[2],w[2],v[nv],U[2,nv],p[2],error[2]
        ------------------------------------------------------------
        MATRIX W=X |  --             如果模板已知则使用
        lratex=0 |  lratef0.1 | crit=-1 --
        -------------------------------------
        ---- lratex=0.2 | lratef=1 | --             用于模板训练
        ---- nlearn=30 | crit=0.000025
        -------------------------------------
        NN=6000 |  --                         训练运行
        drun  |  --                          显示螺旋点
        write "type go to continue" |  STOP
        ----------------------
        NN=50000 |  --          输入随机点（重新调用）
        drun RECALL
```

图 6.29　螺旋分类器的实验协议脚本。显示的是已知模板分类和模板-训练分类的赋值

$$\text{Vector } error = TARGET\# - y$$

$$DELTA \ U = lratef * error * v$$

重新调用运行读取 NN＝50000 随机输入点模式 x ≡（x[1]，x[2]），而且

$$CLEARN \ v = W(X) \ lratex, crit$$

再次创建指定最接近于 x 的螺旋点的二元选择器 v。然后

$$\text{Vector } y = U * v$$

```
----------------------------------------------------------------
DYNAMIC
----------------------------------------------------------------
iRow=t |    Vector x=X# | --        如果模板已知则使用
CLEARN v=W(x) lratex,crit#
-----
CLEARN v=W(x) lratex,crit#
-- iRow=t/clearn | Vector x=X# | --      用于模板训练
-- CLEARN v=W(x) lratex,crit#
Vector y=U*v
Vector error=TARGET#-y | --                  对向传播
DELTA U=lratef*error*v
Vector w=W%*v+0.005*ran() | --              显示模板
dispxy w[1],w[2]
------------------------------------
    label RECALL
Vector x=ran() |   --                     随机点(x[1],x[2])
CLEARN v=W(x) lratex,crit | --            查找最近的模板
Vector p=exp(U*v) |    DOT psum=p*1
Vector p=p/psum
Vector x=swtch(p[1]-p[2])*x | --     如果 p[1]=0 则消除像素
dispxy x[1],x[2]
```

图 6.30　螺旋分类器的带有训练和重新调用运行的 DYNAMIC 程序段。如同图 6.29,
显示的是已知模板分类和模板-训练分类的赋值

用对向传播-训练矩阵 U 得出与获胜模板相关的螺旋选择器代码 y:

$$\text{Vector } x = \text{swtch}(y[1]) * x$$
$$\text{dispxy } x[1], x[2]$$

最后,仅仅显示第一螺旋线上的点(图 6.31)。

6.10.2　学习未知模式

6.10.1 节中的已知模式分类器不需要模板训练。但如我们在 6.8.1 节~
6.8.4 节中所见,初始随机模板模式可以通过 NN 个连续噪声扰动输入模式样本进
行训练:

$$\text{Vector } x = \text{INPUT\#} + \text{Tnoise} * \text{ran}()$$

例如,这些输入可以是 6.10.1 节中那样的图像模式或是 6.10.1 节中那样的
螺旋点模式。

将图 6.29~图 6.31 中的已知模板程序变为 6.10.1 节中定义的从模式-行矩
阵 X 学习螺旋点模板的程序十分容易。我们仅用

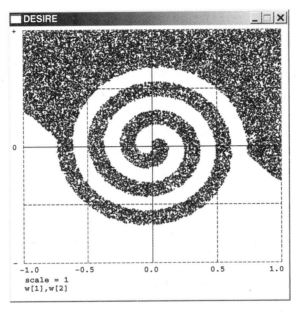

图 6.31　分离交错螺旋线的重新调用运行的结果。
已知和学习螺旋点模板的结果是吻合的

$$\text{iRow} = t/\text{nlearn} \mid \text{Vector } x = X\#$$
$$\text{CLEARN } v = W(x) \quad \text{lratex}, \text{crit}$$

替代图 6.30 中的训练运算赋值

$$\text{iRow} = t \mid \text{Vector } x = X\#$$
$$\text{CLEARN } v = W(x) \quad \text{lratex}, \text{crit}\#$$

即可。

其余代码

$$\text{Vector } y = U * v$$
$$\text{Vector error} = \text{target}\# - y$$
$$\text{DELTA } U = \text{lratef} * \text{error} * v$$
$$\text{Vector } w = W\% * v$$
$$\text{dispxy } w[1], w[2]$$

不变,且对向传播与之前一样训练矩阵 U。

必须对图 6.29 中的实验协议进行修改,以删除 MATRIXW = INPUT,并为模板学习设置近似的参数值。我们选择

$$\text{lratex} = 0.2 \quad \text{lratef} = 1 \quad \text{nlearn} = 30 \quad \text{crit} = 0.000025$$

这可以实现伪自适应谐振训练(ART)模板训练(见 6.8.4 节),读取每一个连

163

续螺旋点模式 nlearn 次。crit 很小,因为螺旋点模板非常紧密。图 6.32 所示的是训练运行过程中接近螺旋点的 104 个模板。

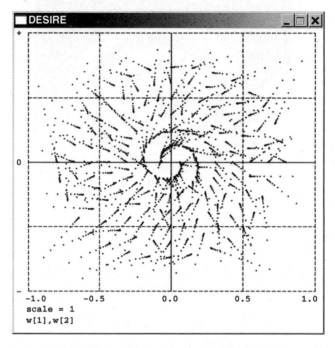

图 6.32　该训练–运行显示所示的是跟踪 104 个螺旋点的模板向量 w≡ (x[1],x[2])。
伪自适应谐振训练(见 6.8.4 节)用于完美地分离交错螺旋线

参 考 文 献

[1]　Bishop, C.M.: *Neural Networks for Pattern Recognition*, Oxford University Press, Oxford, UK, 1995.

[2]　Bishop, C.M.: *Pattern Reconition and Machine Learning*, Springer-Verlag, New York, 2007.

[3]　Hassoun, M.: *Fundamentals of Artificial Neural Networks*, MIT Press, Cambridge, MA, 1995.

[4]　Haykin, S.: *Neural Networks,* 2nd ed., Macmillan, New York, 1998.

[5]　Hecht-Nielsen, P.: The Casasent Network, *Proceedings of IJCNN, III-905*, 1992.

[6]　Korn, G.A.: *Neural Networks and Fuzzy-Logic Control on Personal Computers and Workstations*, MIT Press, Cambridge, MA, 1995.

[7]　Lang, K.J., and M.J. Witbrock: Learning to Tell Two Spirals Apart, *Proceedings of 1988 Connectionist Summer School*, Morgan Kaufmann, San Francisco, 1988.

[8] Misra, B.B., and S. Dehur: Functional-Link Neural Networks for Classification Task in Data Mining, *Journal of Computer Science*, **3**(12):948–955, 2007.

[9] Orr, G.B., and K.R. Mueller, *Neural Networks: Tricks of the Trade*, Springer-Verlag, Berlin, 1988.

[10] Principe, J., et al.: *Neural and Adaptive Systems*, Wiley, New York, 2001.

[11] Ahalt, S.C., et al.: Competitive Learning Algorithms for Vector Quantization, *Neural Networks*, **3**:277–290, 1990.

[12] Carpenter, G.A., and S. Grossberg: ART 3: Hierarchical Search Using Chemical Transmitters, *Neural Networks*, **3**:129–152, 1990.

[13] Carpenter, G.A.: Neural-Network Models for Pattern Recognition and Associative Memory, *Neural Networks*, **2**:243–25, 1990.

[14] Carpenter, G.A.: Fuzzy ART, *Neural Networks*, **4**:759–771, 1991.

[15] Carpenter, G.A.: Fuzzy ARTMAP, *IEEE Transactions on Neural Networks*, **3**:698–713, 1992.

[16] Carpenter, G.A., et al.: ART-2A, *Neural Networks*, **4**:493–504, 1991.

[17] Chalup, S.K., and L. Wiklendt: Variations of the Two-Spiral Task, *Journal of Connection Science*, **2**:19, June 2007.

[18] Grossberg, S.: *The Adaptive Brain* (2 vols.), North-Holland, New York, 1987.

[19] Grossberg, S.: *Neural Networks and Natural Intelligence*, MIT Press, Cambridge, MA, 1988.

[20] Korn, G.A.: *Neural Networks and Fuzzy-Logic Control on Personal Computers and Workstations*, MIT Press, Cambridge, MA, 1995.

[21] Korn, G.A.: New, Faster Algorithms for Supervised Competitive Learning: Counterpropagation and Adaptive-Resonance Functionality, *Neural Processing Letters*, **9**:107–117, 1999.

[22] Fletcher, R.: *Practical Methods of Optimization*, Wiley, New York, 1987.

[23] Horst, R., et al.: *Introduction to Global Optimization*, Kluwer Academic Norwell, MA, 1995.

[24] Galassi M., et al.: *Reference Manual for the GNU Scientific Library,* ftp://ftp.gnu.org/gnu/gsl/. Printed copies can be purchased from Network Theory Ltd. at http://www.network-theory.co.uk/gsl/manual.

[25] Madsen, K., et al.: *Methods for Nonlinear Least-Squares Problems*, 2nd ed., Informatics and Mathematical Modeling Group, Technical University of Denmark, Copenhagen, 2004.

[26] Ben Israel, A., and T.N.E.Greville: *Generalized Inverses*, Wiley, New York, 1974.

[27] Noble, B., and J.W. Daniel: *Applied Linear Algebra*, 2nd ed., Prentice-Hall, Englewood Cliffs, NJ, 1977.

第7章 动态神经网络

7.1 简 介

7.1.1 动态和静态神经网络

第6章中的静态网络属于自适应函数生成器,经训练可匹配指定的目标模式(图6.2)。如我们所提到的,此类网络还能够关联输入和输出时序值,而且如果训练足够快,还可在训练模式下适应缓慢变化的时序统计数据(另请参见7.3.1节和7.3.2节)。

更复杂的时序匹配用自适应动态系统——动态神经网络(图7.1)代替自适应函数生成器。对应每个输入模式时序 $x(t) \equiv (x[1], x[2], ..., x[nx])$,训练然后调整诸如连接权值等参数,使网络输出 $y(t)$ 匹配目标模式时序 $target(t) \equiv (target[1], target[2], ..., target[ny])$。如果训练足够快,以训练模式在线运行的动态神经网络能够使其参数适应不断变化的条件。

由于动态系统输出取决于过去以及现在的系统变量值,因此,动态神经网络必须具有某种记忆,其可采取不同的形式:

(1)带有反馈后续神经元输入 $q(t)$ 和输出 $q(t-tau)$ 的延迟单元;

(2)级联此类延迟单元的延迟线(7.2.2节~7.3.2节);

(3)围绕神经元或神经层的反馈,其必须使用在前面的时间步长期间处理的数据(递归神经网络,见7.4.1节~7.4.3节);

(4)插入神经元连接的线性或非线性信号滤波器。

7.1.2 动态神经网络的应用

动态神经网络可以在线适应输入和/或目标序列,且能够:

(1)作为有效的自调节线性和非线性滤波器(见7.2.3节);

(2)预测时序(见7.5.1节~7.5.4节);

(3)识别和/或分类时序模式(见7.6.1节);

(4)用观测的动态系统变量时程仿效动态系统的行为(模型匹配,见7.6.2节)。

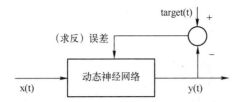

图7.1 动态神经网络是一种自适应动态系统。通过训练诸如连接权值等网络参数,
使网络输出 y(t) 与对应于每个网络输入 x(t) 的预期目标时序 target(t) 相匹配

动态神经网络非常有用。其通常较小,不像大型静态网络易受收敛问题困扰。但是,针对递归神经网络的训练程序非常复杂(参考文献[4,5])。

7.1.3　神经网络和微分方程模型相结合的仿真

与控制系统仿真相同,由动态神经网络处理的数据通常也是微分方程模型的变量。神经网络本身可通过微分方程建模(见 7.7.1 节),但我们通常使用采样数据网络模型,并采用在第 2 章介绍的混合系统技术。相应的 DYNAMIC 程序段列出微分方程系统赋值,其后是避免后续神经网络代码在积分步长(见 2.3.4 节)中段执行的 OUT(或 SAMPLE m)语句。

7.2　延迟线输入神经网络

7.2.1　简介

延迟线输入网络将静态网络和延迟线存储器结合起来。图 7.2 所示系统拥有标量时序输入 signal(t),并通过向静态神经网络馈入抽头延迟线将过去和现在相关联,得出

$$x[1]=signal(t), x[2]=signal(t-COMINT), x[3]=signal(t-2COMINT), \ldots$$
$$(7-1)$$

其中,如在 1.2.1 节讨论的那样:

$$t=0, t0+COMINT, t0+2\ COMINT, \ldots\ COMINT=TMAX/(NN-1) \quad (7-2)$$

如果实验协议没有指定 t0 和 TMAX,那么,COMINT 默认值为 1,仿真时间 t 仅计算实验次数 t=1,2,…。图 7.3 中的短程序描绘了延迟线的运算。

在图 7.2 所示的网络中,延迟线是唯一的存储器。延迟线抽头的数量决定网络的追溯能力。延迟线向静态网络馈入连续输入模式 x ≡ (x[1], x[2], …, x[nx]),以便常规静态网络训练算法能将输出 y(t) 与指定目标模式序列 target(t) 相匹配。

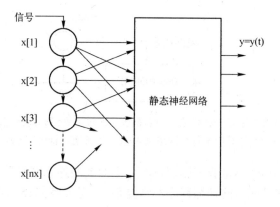

图 7.2　馈入静态神经网络的抽头延迟线

```
NN=5
ARRAY x[4]
drun

---------------------------------

DYNAMIC

---------------------------------

Vector x=x{-1} |   x[1]=2*t
Type x[1],x[2],x[3],x[4]
```

t	x[1]	x[2]	x[3]	x[4]
1.00000e+00	2.00000e+00	0.00000e+00	0.00000e+00	0.00000e+00
2.00000e+00	4.00000e+00	2.00000e+00	0.00000e+00	0.00000e+00
3.00000e+00	6.00000e+00	4.00000e+00	2.00000e+00	0.00000e+00
4.00000e+00	8.00000e+00	6.00000e+00	4.00000e+00	2.00000e+00
5.00000e+00	10.00000e+00	8.00000e+00	4.00000e+00	2.00000e+00

图 7.3　描绘延迟线运算的简单计算机程序

7.2.2　延迟线模型

Desire 用 3.2.3 节中的向量索引移位运算模拟 nx 级延迟线。我们在实验协议中声明 nx 维向量,并编制 DYNAMIC 程序段赋值:

$$\text{Vector } x = x\{-1\} \mid x[1] = \text{signal}(t) \qquad (7\text{-}3)$$

这些赋值的顺序非常重要。在索引移位运算将早期的 signal(t) 样本移至连续的延迟线抽头之后,读取当前的 signal(t) 输入值,实现 nx 赋值(式(7-1))。

168

7.2.3 延迟线输入网络

1. 线性组合器

由 B. 威德罗(B. Widrow)开创性实现的图 7.2 中的方法可以用于计算延迟输入值的加权和:

$$y(t) = w1\ x[1] + w2\ x[2] + \ldots + wnx[n] \tag{7-4}$$
$$\equiv w1s(t) + w2s(t-\text{COMINT}) + \ldots + wns(t-[nx-1]\text{COMINT})$$

该"线性组合器"(参考文献[10])可以实现一种线性滤波器,特别是由连接权值 w1,w2,…定义的数字有限脉冲响应(FIR)滤波器。威德罗通过其最新提出的 Delta 法则或最小均方算法训练连接权值 wi。如 6.3.1 节所描述的那样,Delta 法则可以最小化误差度量样本均值。在线运算可以最小化过去输入值的移动平均值。

一般来说,图 7.2 所示的延迟线可以驱动 ny 维神经元层

$$\text{Vector } y = W * x$$

以创建 ny 个线性滤波器,如 ny 个不同输入信号匹配的滤波器。

为静态网络添加偏置输入,我们声明

$$\text{ARRAY } x[nx] + x0[1] = xx \quad | \quad x0[1] = 1$$
$$\text{ARRAY } WW[ny, nx+1]$$

和程序(如同 6.2.2 节)

$$\text{Vector } y = WW * xx$$

本章所列举的例子既有带偏置的,也有没带偏置的。

采用 Delta 法则(见 6.3.1 节)的 DYNAMIC 程序段最小化 $(\text{target}-y)^2$ 的均方,然后采取以下形式[①]:

```
Vectorx = x{-1}          |   x[1] = signal(t)   |--   抽头延迟线
Vector y = WW * xx       |   --                        静态神经网络
--                                                                    (7-5)
Vector error = target - y |   --                       Delta 法则
DELTA WW = lrate * error * xx
```

这种线性组合器可作为自适应滤波器和预测器,能够进行线性回归和简单的模型匹配。但非线性动态网络表现更佳,只是稍显复杂。

2. 单层非线性网络

为了改进 7.2.3 节中的预测器网络,我们向输出层添加 tanh 激活,用

---

① 如第 6 章一样,我们总使用求反误差,通过消除一元减运算来提高计算速度。

$$\text{ARRAY deltay}[\text{ny}]$$

声明误差传播向量延迟,并使用 6.3.1 节中的广义 Delta 法则进行训练。对于没有偏置输入的网络,DYNAMIC 程序段赋值(式(7-5))由

$$\text{Vector x} = \text{x}\{-1\} \quad | \quad \text{x}[1] = \text{signal}(t) \quad | \quad -- \qquad \text{延迟线}$$

$$\text{Vector y} = \tanh(W*x) \quad | \quad -- \qquad\qquad\qquad \text{静态神经网络}$$

$$--$$

$$\text{Vector error} = \text{target} - y \quad | \quad -- \qquad\qquad \text{广义 Delta 法则}$$ (7-6)

$$\text{Vector deltay} = \text{error}*(1 - y^2)$$

$$\text{DELTA W} = \text{lrate}*\text{deltay}*x$$

替代。

3. 函数连接型网络

通过实验协议声明

$$\text{ARRAY x}[\text{nx}] + \text{x0}[1] + \text{f2}[\text{nx}] + \text{f4}[\text{nx}] = f \quad | \quad \text{x0}[1] = 1$$

可以用延迟线输入模拟函数连接型网络(见 6.4.1 节),例如,我们可以级联 1 个 nx 维延迟线,1 个偏置输入,2nx 个函数连接输入。

然后编程:

$$\text{Vector x} = \text{x}\{-1\} \quad | \quad \text{x}[1] = \text{signal}(t)$$

$$\text{Vector f3} = \text{x}*\text{x} \quad | \quad \text{Vector f4} = \text{x}*\text{x}*\text{x} \quad | \quad -- \qquad 2*\text{nx 函数连接}$$

$$\text{Vector y} = \tanh(W*f)$$

$$--$$

$$\text{Vector error} = \text{target} - y \quad | \quad -- \qquad\qquad \text{广义 Delta 法则}$$

$$\text{Vector deltay} = \text{error}*(1 - y^2)$$

$$\text{DELTA W} = \text{lrate}*\text{deltay}*x$$

随书光盘中有完整的程序。

4. 带有延迟线输入的反向传播网络

延迟线预测器可以使用多层反向传播网络和偏置输入。参考 6.3.2 节,我们编程:

$$\text{ARRAY x}[\text{nx}] + \text{x0}[1] = \text{xx} \quad | \quad \text{x0}[1] = 1 \quad | \quad -- \qquad \text{输入层和偏置}$$

$$\text{ARRAY v}[\text{nv}], \text{deltav}[\text{nv}] \quad | \quad -- \qquad\qquad\qquad \text{隐层}$$

$$\text{ARRAY y}[\text{ny}], \text{error}[\text{ny}] \quad | \quad -- \qquad\qquad\qquad \text{输出层}$$

$$\text{ARRAY WW1}[\text{nv}, \text{nx}+1], \text{W2}[\text{ny}, \text{nv}] \quad | \quad -- \qquad \text{连接权值}$$

$$\cdots\cdots\cdots\cdots$$

$$------------------------------$$

DYNAMIC

170

$$————————————————————————————————$$

Vector x = x{-1} │ x[1] = f(t) │ -- 　　　　带有输入 f(t) 的延迟线

Vector v = tanh(WW1 * xx) │ -- 　　　　隐层 　　　　　　　　　　(7-7)

Vector y = W2 * v │ -- 　　　　　　　输出层(无限制)

--

Vector error = target-y │ -- 　　　　　反向传播

Vector deltav = W2% * error * (1-v^2)

DELTA WW1 = lrate1 * deltav * xx

DELTA W2 = lrate2 * error * v

由于梯度下降训练很快,因而,对于动态神经网络极具吸引力。正如我们所指出的,其通常足够小,可避免困扰大型反向传播网络的收敛问题。可以十分容易地添加动量训练,如 6.3.2 节所示,但可能并不需要。在 7.5.4 节,我们描绘了 1 个带有延迟线输入的 3 层反向传播网络。

7.2.4　使用伽马延迟线

再次调用 7.2.3 节中抽头延迟线赋值

$$Vector\ x = x\{-1\}\ \ \ \ │\ \ \ \ x[1] = signal(t)$$

实现

$$x[i] = x[i-1]\ \ \ (i=2,3,\dots,nx)\ \ \ \ \ \ x[1] = s(t)$$

J. Principe 和其同事(参考文献[10])用由差分方程系统定义的小型线性滤波器的级联替换简单的延迟线

$$x[i] = x[i]+mu(x[i-1]-x[i])\ \ \ (i=2,3,\dots,nx)\ \ \ \ x[1] = s(t)\ \ (7-8a)$$

式中:mu 是正参数。紧缩向量符号用单行程序

$$Vectr\ delta\ x = mu * (x\{-1\}-x)\ \ \ │\ \ \ x[1] = s(t)\ \ \ \ \ \ \ \ \ \ (7-8b)$$

对伽马延迟线建模,该程序自动编译成 nx+1 个赋值(式(7-8a))。

常规延迟线"记忆"nxCOMINT 时间单位的过去输入值,但伽马延迟线抽头输出受所有过去输入的影响。s(t)过去的附加信息使减少抽头数量 nx,并缩小由延迟线馈入静态网络的规模成为可能。过去的伽马线输入影响随时间衰减。网络参数 mu 可容易地调整衰减率[①]。图 7.4 显示抽头值对初始条件 x[1] = 1、nx=8 以及 mu 两个不同值的响应。mu 通常通过反复试错选定。参考文献[4,5]对自动训练进行了讨论。

---

① 如果需要,可以声明 mu 为 nx 维向量。这样,每个滤波器就拥有其自己的时间常数 mu[i]。

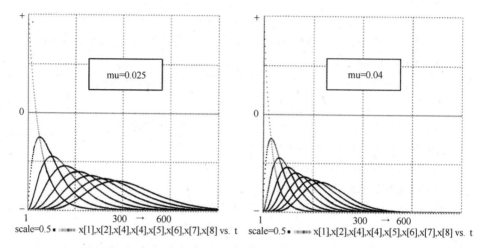

图 7.4　8 抽头伽马延迟线的抽头输出对初始条件 x[1]=1 且 mu=0.025 和 mu=0.04
的响应。响应最大值在 t=1,1/mu,2/mu,…。原始显示的曲线颜色不同。
底部的小正方形是颜色键控

7.3　用作动态网络的静态神经网络

7.3.1　简介

如 6.1.3 节所述,以训练模式在线运行的普通静态网络是真正的动态系统。它们通过向它们的连接权值反馈的误差实现存储记忆。这种网络能够识别并匹配时序模式。这些模式的统计数据相对于学习速率不会迅速改变。我们将通过大量实例演示这种运算。

7.3.2　简单的反向传播网络

图 7.5 中的两层反向传播网络可作为原始动态网络在线运行。其训练程序与 6.3.2 节中的程序类似:

```
ARRAY x[nx]+x0[1]=xx    |    x0[1]=1   |  --   输入层和偏置
ARRAY v[nv],deltav[nv]   |   --              隐层
ARRAY y[ny],deltay[ny],error[ny]   |   --    输出层
ARRAY WW1[nv,nx+1],W2[ny,nv]   |   --        连接权值
…………
----------------------------------------------
```

172

DYNAMIC

——

Vector x = x{-1} | x[1] = f(t) | --   带有输入的延迟线 f(t)

Vector v = tanh(WW1 * xx) | --   隐层

Vector y = W2 * v | --   输出层(无限制)

--

Vector error = target-y | --   反向传播

Vector deltav = W2% * error * (1-v^2)

DELTA WW1 = lrate1 * deltav * xx

DELTA W2 = lrate2 * error * v

$$(7-9)$$

如同 6.3.2 节,也可以使用 tanh(W2 * v)输出层和/或动量训练。

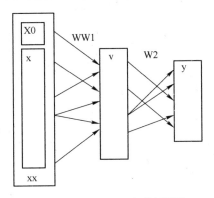

图 7.5　静态两层反向传播网络

7.4　递归神经网络

7.4.1　层反馈网络

递归神经网络将选择的神经元激活反馈至早期层。反馈数据必须延迟至少一个试验步,这种延迟实现动态系统的存储记忆。如果将整个神经层的输出反馈至早期层,则会得出最简便的计算机程序。

(1) Jordan 网络通过上下文神经层将其输出层模式反馈至输入,重现 y (图 7.6(a))。上下文层输出与网络输入有效级联(参考文献[4,5])。

(2) Elman 网络再次通过上下文层将隐层模式反馈至网络输入(图 7.6(b))。

173

还可反馈隐层和输出层。对于以训练模式在线运行的网络,将误差模式 error=target-y 反馈至输入可能是有用的。

实际上,很多动态网络只有单一的输出。在这种情况下,Jordan 网络需要的神经元和连接权值要远少于 Elman 网络。

7.4.2　简化的将上下文和输入层相结合的递归-网络模型

1. Jordan 网络的常规模型

为了将图 7.5 中常见的静态反向传播网络转换为图 7.6(a)中的 Jordan 网络,我们将输出层 v 复制到上下文层 y1,其 ny 个神经元激活和原始输入 xx 一起被反馈至 v。

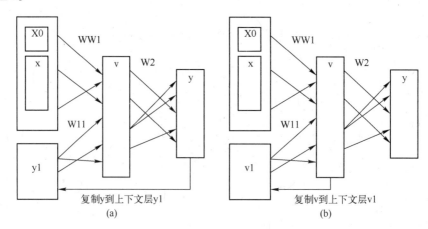

图 7.6　(a) Jordan 网络,(b) Elman 网络

与之前一样,该 Jordan 网络的实验协议声明,原始 3 个神经层 xx、v 和 y,且连接权值矩阵 WW1 和 W2:

ARRAY x[nx]+x0[1]=xx　∣　x0[1]=1

ARRAY v[nv],deltav[nv]

ARRAY y[ny],error[ny]

ARRAY WW1[nv,nx+1],W2[ny,nv]

为上下文层 y1、新的误差传播向量 deltay1 以及新的连接权值矩阵 W11 添加声明:

ARRAY y1[ny],deltay1[ny],W11[nv,ny]

其中 COMINT=1,DYNAMIC 程序段的第 t 个实验步必须实现:

Vector y1(t)=y(t-1)

Vector v(t)=tanh(WW1 * xx(t))+tanh(W11 * y1(t))

174

Vector y(t)= W2 * v(t)

注意:反馈模式 y 延迟一步。最小化(target−y)^{2}均方的训练算法必须更新 W11、WW1 和 W2。

参考文献[4,5,7,12,13]描述了该网络和其他递归网络两种传统训练算法的几种版本:定时反向传播和实时递归反向传播。Williams 和 Zipser(参考文献[13])提出了浅显易懂的全面论述。然而,这两种技术都需要复杂的计算机程序,反馈方案中的变化(从 Jordan 到 Elman 反馈)需要大量的重新编程。

2. 简化的 Jordan 网络模型

正如我们级联输入层 x 及其偏置输入 x0 那样,我们声明 1 个新的输入向量 xx:

$$ARRAY \ x[\,nx\,]+x0[\,1\,]+y[\,ny\,]=xx \quad | \quad x0[\,1\,]=1$$

将旧的输入 x、偏置输入 x0、反馈输出层 y 结合在一起。与 6.2.2 节非常类似,我们还可以声明一个新的 nv×(nx+ny+1) 连接权值矩阵 WW1:

$$ARRAY \ WW1[\,nv,nx+ny+1\,] \tag{7-10a}$$

将 xx 连接到隐层。隐层、误差、更新向量的声明与以前一样:

$$ARRAY \ v[\,nv,deltav[\,nv\,],error[\,ny\,] \tag{7-10b}$$

现在网络动态通过更加简单的 DYNAMIC 程序段赋值模拟:

$$
\begin{array}{ll}
\text{Vector } x = input & \\
\text{Vector } v = \tanh(WW1 * xx) \quad | \quad -- & \quad 隐层 \\
\text{Vector } y = W2 * v \quad | \quad -- & \quad 输出层
\end{array} \tag{7-10c}
$$

事实上,这些赋值与图 7.5 中的静态反向传播网络赋值相同,只有 xx 和 WW1 的维度发生了变化。

这种技术大大简化了利用已知最优连接权值对递归网络的编程。但是,这种技术对使用常规反向传播程序来训练连接权值却不合适,因为 Delta 法则收敛已被证明只适用于静态网络。实际上,反向传播算法(见 7.3.2 节)通常收敛于足够小的 lrate1 值和 lrate2 值,但相应的训练结果却不如那些没有反馈的类似的静态网络。

3. 简化的其他反馈网络模型

我们的简化模型公式也可应用于图 7.6(b) 的 Elman 网络。用

$$ARRAY \ x[\,nx\,]+x0[\,1\,]+v[\,nv\,]=xx \quad | \quad x0[\,1\,]=1$$

$$ARRAY \ WW1[\,nv,nx+nv+1\,]$$

声明一个级联输入层 xx 和一个新的 nv×(nx+nv+1) 连接权值矩阵 WW1。

实验协议还声明

$$ARRAY \ y[\,ny\,],error[\,ny\,],deltav[\,nv\,]$$

为了将输出层和隐藏层反馈至输入,我们用

ARRAY x[nx]+x0[1]+v[nv]+y[ny]=xx $\quad$┆$\quad$ x0[1]=1

ARRAY WW1[nv,nx+nv+ny+1]

声明一个级联输入层和一个新的 nv×(nx+nv+ny+1) 连接权值矩阵 WW1,以及

ARRAY deltav[nv],error[ny]

每个样例应用相同的赋值(式(7-10c))。但同样,常规反向传播不是合适的训练算法,其最多可得出与那些静态网络在线训练得出的相同的训练结果。

7.4.3 反馈延迟线神经网络

1. 延迟线反馈

如图7.7(a)所示,单一输出网络可通过使用反馈延迟线反馈它们过去和当前的输出值y[1]。简化的编程技术,如7.4.2节中Jordan网络的上下文层那样,将nf维反馈延迟线反馈与网络输入级联。对于有输出限制的两层反向传播网络,我们声明

$$
\begin{aligned}
&\text{ARRAY x[nx]+x0[1]+feedback[nf]=xx}\quad┆\quad \text{x0[1]=1}\\
&\text{ARRAY v[nv],deltav[1]}\\
&\text{ARRAY y[1],error[1]}\\
&\text{ARRAY WW1[nv,nx+nf+1],W2[ny,nv]}
\end{aligned}\tag{7-11a}
$$

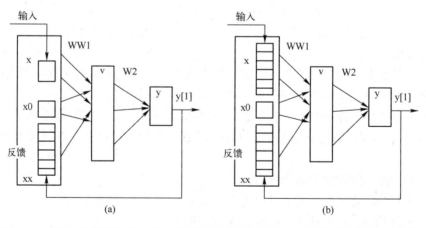

图7.7 (a)带有反馈延迟线的反向传播网络,(b)带有输出和反馈延迟线的反向传播网络。级联输入层 xx 将输入、偏置和反馈结合在一起。可以使用伽马延迟线

并再次用

176

```
------------------------------------------------
DYNAMIC
------------------------------------------------
```
$$(7\text{-}11b)$$

Vector x = … | --   输入信号或模式

Vector v = tanh(WW1 * xx)

Vector y = W2 * v | --   输出未用限制器

对静态网络编程。

我们然后添加反馈延迟线

Vector feedback = feedback{-1} | feedback[1] = y[1]

注意:静态网络赋值再次无变化,但如同之前一样,不能正常使用常规反向传播。随书光盘中名为 predictors 的文件夹中给出了实例。

2. 带有输入和反馈延迟线的神经网络

图 7.7(b)显示了使用输入延迟线和反馈延迟线的单一输入/单一输出动态网络。如果我们用延迟线赋值替换 DYNAMIC 程序段输入赋值,程序式(7-11)可以模拟这种网络:

Vector x = x{-1} | x[1] = input

可用伽马延迟线(见 7.3.2 节)代替输入和/或反馈延迟线。既带有输入又带有反馈延迟线的非线性神经网络称为自回归滑动平均(NARMAX)网络。

7.4.4 教师强制

通过用已知目标模式替换输出反馈 y,教师强制可以避免 Jordan 网络复杂的训练程序。教师强制基于这样一种期望,无论合理与否,y 和目标随着训练进程的推进将不会有太大不同。正常的 Jordan 输出反馈被存储起来用于还原重新调用。相同的技巧已被应用于带有反馈延迟线的网络(参考文献[9])。

7.5 预测器网络

7.5.1 离线预测器训练

1. 利用存储的时序进行离线预测

基于一维或多维存储时序数据库的离线预测不需要动态神经网络。这仅仅是一个回归问题,可以应用第 6 章中介绍的技术。在后续的章节中,我们将探讨用于在线预测的动态神经网络的训练(离线或在线)。

2. 在线预测器离线训练系统

由于在线预测器的预期目标模式在未来是必要的,因此,图 7.8 建立的离线预测器训练设置将"未来"目标时序馈入延迟线以得出模拟的"当前"网络输入:

$$x(t) = target(t - mpredict * COMINT)$$

我们假设 COMINT = 1 为默认值,因此 t = 1,2,...仅计算实验步。

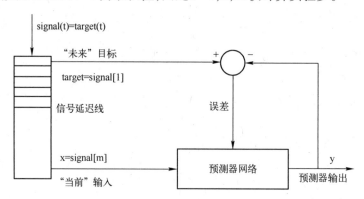

图 7.8 预测器网络离线训练系统

3. 例子:简单的线性预测器

图 7.9 所示的是线性预测器的完整程序。参考图 7.8,除神经网络延迟线、网络层、误差和连接权值之外,实验协议声明延迟线数组

$$ARRAY\ signal[m]$$

延迟抽头输出 signal[m]表示"当前"训练输入 x[1],因此预测延迟为 mpredict = m - 1。

如同 7.2.3 节,图 7.9 中的程序声明线性组合器的输入、输出和连接权值数组。

ARRAY x[nx]　　 | 　-- 　　　　　　　 输入延迟线

ARRAY y[1],error[1]　 | 　-- 　　　　　 输出层

ARRAY W[ny,nx]　 | 　-- 　　　　　　 连接权值

该简单的预测器无偏置输入。虽然预测器输出向量 y 仅有一个单一的分量 y[1],但其仍可方便地使用向量符号。

```
--                             简单的线性预测器
-------------------------------------------------------------------
display R |  scale=60
m=150 |  --                            预测延迟-1
nx=60 |  --                         预测器神经元数量
ARRAY signal[m],x[nx],y[1],error[1],W[1,nx]
```

178

```
------------------------------------------------
NN=6000 | lrate=0.000035 |  --            显示放缓
drun | drun | drun |  --                  训练运行
write "type go for a test run" |  STOP
lrate=0 | drun |  --                      预测运行
------------------------------------------------
DYNAMIC
------------------------------------------------
target=20*sin(0.002*t)+10*cos(0.004*t)
------------------------------------------------
--     延迟"未来"信号目标，将结果移至x
--
Vector signal=signal{-1} |  signal[1]=target
Vector x=x{-1} |  x[1]=signal[m]
--------------
Vector y=W*x |  --                        神经网络
Vector error=target-y |  --               预测误差
DELTA W=lrate*error*x |  --               LMS 算法
------------------------------------------------
TARGET=target+0.5*scale |  --             带状图显示
X=x[1]+0.5*scale |  Y=y[1]+0.5*scale
errorx5=5*error[1]-0.5*scale
dispt TARGET,Y,errorx5
```

图 7.9　简单线性预测器完整的计算机程序

DYNAMIC 程序段通过

$$\text{Vector signal} = \text{signal}\{-1\} \quad | \quad \text{signal}[1] = \text{target} \tag{7-12}$$

延迟"未来"目标时序

$$\text{target} = 20 * \sin(0.002 * t) + 10 * \cos(0.004 * t)$$

产生的延迟信号 signal[m] 成为模拟的"当前"预测器输入 x(t)：

$$\text{Vector } x[1] = \text{signal}.$$

如同 7.2.3 节，线性组合器最小化 target−y 的均方。在训练完成后，我们设置 lrate=0 以重新调用运行。网络然后提前 m−1 步近似预测 x(t)（图 7.10）。

7.5.2　真实在线预测的在线训练

由于未来目标模式不可用，因此，诸如 7.5.1 节中的预测器网络不能以训练模式在线运行。拥有合理缓慢变化的信号统计数据，则可以利用过去的数据继续训练单独的训练网络，并将其连接权值传输至实际预测器网络。

图 7.11 描绘了这种在线预测的仿真。如同图 7.8，信号延迟线延迟"未来"目标 TARGET=signal[1]，从而为预测器网络提供"当前"输入 x=signal[m]。信号延

179

迟线进一步延迟信号,以得出训练网络的未来目标 target = signal[m+1] 和当前输入 X = signal[2 * m]。在线预测器网络在它们适应时复制训练网络连接权值。图 7.15 列出了适用的计算机程序。

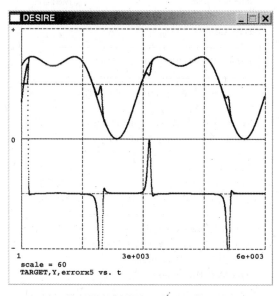

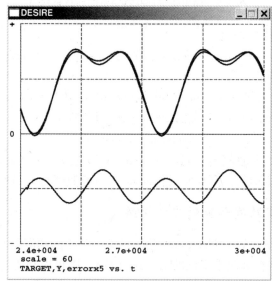

图 7.10   target = 20 sin(0.002t) +10 cos(0.004t) 的线性预测。曲线图显示了第一次训练运行和预测测试运行期间缩放的目标的网络输出 y 和 5 x error 时程

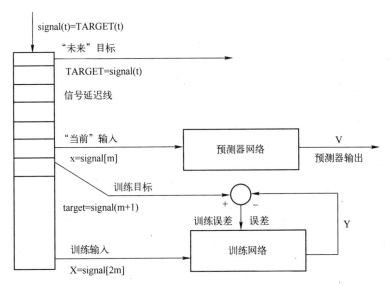

图 7.11 在线预测的仿真。如同图 7.8,信号延迟线延迟"未来"目标 TARGET=signal[1],以得出预测器网络"当前"输入 x=signal[m]。信号延迟线进一步延迟信号,得出训练网络的"未来"目标 target=signal[n+1] 和"当前"输入 X=signal[2∗m]。通过训练网络,预测器网络复制在线得出的连接权值

7.5.3 预测实验的混沌时序

在 7.5.1 节中,我们预测了一个简单的周期波形,但更为迫切的是大多数实际预测问题。专业统计学书籍中含有消除长期和周期性趋势的程序,此处不再赘述。在此,我们仅演示混沌时序的预测。我们用 3 个微分方程混沌发生器生成目标时序,分别为 Roessler 吸引子系统、Lorenz 吸引子系统和 Mackey-Glass 时序发生器。

Roessler 吸引子系统:

$$d/dt\ X=-Y-Z$$
$$d/dt\ Y=X+a*Y$$
$$d/dt\ Z=b+Z*(X-c) \tag{7-13}$$
OUT │ ——   自此开始使用采样数据!
$$target=0.05*X$$

另请参见 1.3.1 节。

Lorenz 吸引子系统:

$$d/dt\ X=A*(Y-X)+0.001$$
$$d/dt\ Y=X*(b-Z)-Y$$

$$d/dt\ Z = X * Y - c * Z$$

OUT | --   自此开始使用采样数据!   (7-14)

$$target = 0.05 * X$$

Mackey-Glass 时序发生器:

$$tdelay\ sd = DD, s, tau$$

$$d/dt\ s = a * sd/(1+sd\text{^}c) - b * s$$

OUT | --   自此开始使用采样数据!   (7-15)

$$target = 0.5 * s - 0.4$$

7.5.4   预测器网络图库

图 7.12 中的程序离线训练静态反向传播网络以预测由赋值(式(7-14))产生的 Lorenz 时序,然后测试预测结果(图 7.13)。图 7.14 所示程序类似地离线训练一个三层延迟线输入反向传播网络,以预测由方程式(7-15)得出的 Mackey-Glass 时序和测试结果(图 7.15 和图 7.16)。

```
--                       静态网络预测器
--                    预测 Lorenz 混沌时序
------------------------------------------------------------
scale=2
TMAX=150 |   DT=0.0001 |   NN=1.5e+06
------------------------------------------------------------
m=50 | --                        预测器延迟-1
nv=17 | --                       隐层神经元数量
--
ARRAY signal[m] --

ARRAY x[1]+x0[1]=xx |   x0[1]=1 |   --            输入
ARRAY v[nv],deltav[nv] |   --                     隐层
ARRAY y[1],error[1] |   --                   输出和误差
ARRAY WW1[nv,2],W2[1,nv]
--
for i=1 to nv |   for k=1 to 2 |   --          初始化
    WW1[i,k]=0.1*ran()
    next   |   next
------------------------------------------------------------
lrate1=0.0001 |   lrate2=0.0001

--                       Lorenz 系统参数
b=28 |   c=2.6667 |   A=10
------------------------------------------------------------
N=2 |   --                       训练运行次数
for i=1 to N |   drun   |   next
```

182

```
---------
write 'type go for prediction tests' |   STOP
lrate1=0 |   lrate2=0 |   drun   |   -- 测试运行
--------------------------------------------------------------
DYNAMIC
--------------------------------------------------------------
d/dt X=A*(Y-X)+0.001 |  --        Lorenz 吸引子
d/dt Y=X*(b-Z)-Y
d/dt Z=X*Y-c*Z
OUT  |  --              从现在开始采样数据!
target=0.05*X
--------------------------------------------------------------
Vector signal=signal{-1} |   signal[1]=target
x[1]=signal[m]
Vector v=tanh(WW1*xx) |  --          包括偏置
Vector y=W2*v |  --              无输出限制器
--
Vector error=target-y
Vector deltav=W2%*error*(1-v^2)
DELTA WW1=lrate1*deltav*xx
DELTA W2=lrate2*error*v
------------------------            带状图显示
yy=y[1]+0.5*scale
Target=target+0.5*scale
errorx10=10*error[1]-0.5*scale
dispt yy,Target,errorx10
```

图 7.12　预测 Lorenz 混沌时序的简单静态网络的实验协议脚本和 DYNAMIC 程序段

scale = 2
yy,Target,errorx10 vs. t

图 7.13　预测 Lorenz 混沌时序的简单静态网络学习的目标、输出和 10×误差训练时程。
大约 30 次实验后,目标和输出的差异变得微乎其微,它们的图形基本重合

```
--                          延迟线/三层预测器
--                        预测 Mackey-Glass 时序
--------------------------------------------------
display N14 |  display C7 |  display R |  scale=2
--                          Mackey-Glass 时序
TMAX=400 |  DT=0.04 |  NN=10000
a=0.2 |  b=0.1 |  c=10
tau=25
--
ARRAY DD[1000] |  --              时延缓冲器
s=10 |  --                      初始化时延缓冲器
--------------------------------------------------
m=50 |  --              预测器延迟（尝试 m=100）
nx=10 |  --                      延迟线神经元数量
nv2=13 |  --                      隐层神经元数量
--
ARRAY signal[m],y[1],deltay[1],error[1]
ARRAY x[nx]+x0[1]=xx |  x0[1]=0 |  --        延迟线
ARRAY v1[nx+1] |  --                      线性层
ARRAY deltav1[nx+1]
ARRAY v2[nv2],deltav2[nv2] |  --              隐层
ARRAY WW1[nx+1,nx+1],W2[nv2,nx+1],W3[1,nv2]
--
for i=1 to nx+1 |  for k=1 to nx+1 |  --        初始化
    WW1[i,k]=0.1*ran()
    next  |  next
for i=1 to nv2 |  for k=1 to nx+1
    W2[i,k]=0.1*ran()
    next  |  next
--------------------------------------------------
lrate1=0.25 |  lrate2=0.2 |  lrate3=0.2
--
N=10
for i=1 to N |  drun  |  next |  --     N 次训练运行
write "type go for a test" |  STOP
lrate1=0 |  lrate2=0 |  drun  |  --              测试运行
write "delay is TMAX/";NN/m
```

图 7.14　三层延迟线输入预测器的实验协议脚本

```
--------------------------------------------------
DYNAMIC
--------------------------------------------------
tdelay Sd=DD,s,tau |  --     Mackey-Glass 时序
d/dt s=a*Sd/(1+Sd^c)-b*s
--------------------------------------------------
OUT  |  --              此处开始采样数据！
```

```
target=s-1
Vector signal=signal{-1} |   signal[1]=target
Vector x=x{-1} |   x[1]=signal[m]
-------------
Vector v1=WW1*xx
Vector v2=tanh(W2*v1)
Vector y=tanh(W3*v2)
--
Vector error=target-y |   --                    反向传播
Vector deltay=error*(1-y^2)
Vector deltav2=W3%*deltay*(1-v2^2)
Vector deltav1=W2%*deltav2
--
DELTA WW1=lrate1*deltav1*xx
DELTA W2=lrate2*deltav2*v1
DELTA W3=lrate3*deltay*v2
--
TARGET=target+0.5*scale
errorx10=10*error[1]-0.5*scale
Y=y[1]+0.5*scale
dispt Y,errorx10,TARGET
```

图 7.15　三层延迟线输入预测器的 DYNAMIC 程序段。如参考文献[10]所述,
第一个隐层是线性隐层,拥有和输入模式 xx 相同的维度

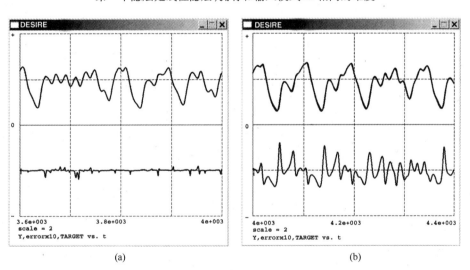

(a)   (b)

图 7.16　在第 10 次训练运行和测试运行期间三层预测器的缩放时程。注意:误差曲线
按比例增加到 10 倍。由于网络输出和目标非常接近,在此显示中基本无法区分

　　图 7.17 中的程序和时程描绘了图 7.11 中系统的在线预测。伽马延迟线输入
反向传播网络对 Mackey-Glass 时序进行预测。

185

```
--    准静态反向传播预测器
--    预测 Mackey–Glass 混沌发生器
---------------------------------------------------------------
display R |   scale=2
---------------------------------------------------------------
TMAX=400 |    DT=0.04 |   NN=10000
a=0.2 |   b=0.1 |   c=10 |   --    Mackey-Glass 时序
tau=25 |   s=10 |   --                      初始化缓冲区
ARRAY DD[1000] |   --                      时延缓冲器
---------------------------------------------------------------
m=50 |   --                                预测延迟
nx=20 |   --                          延迟线抽头的数量
nv2=13 |   --                          隐层神经元的数量
--
ARRAY signal[2*m] |   --                  信号延迟线
-------------------------------
--                                          训练网络
ARRAY y[1],deltay[1],error[1]
ARRAY x[nx]+x0[1]=xx |   x0[1]=0
ARRAY v1[nx+1],deltav1[nx+1] |   --          线性层
ARRAY v2[nv2],deltav2[nv2] |   --             隐层
ARRAY WW1[nx+1,nx+1],W2[nv2,nx+1],W3[1,nv2]
--
for i=1 to nx |   for k=1 to nx+1 |   --      初始化
    WW1[i,k]=0.1*ran()
    next   |   next
for i=1 to nv2 |   for k=1 to nx+1 |
    W2[i,k]=0.1*ran()
    next   |   next
-------------------------------            预测器网络
ARRAY X[nx]+X0[1]=XX |   X0[1]=1
ARRAY V1[nx+1],V2[nv2],Y[1],ERROR[1]
---------------------------------------------------------------
lrate1=0.005 |   lrate2=0.002 |   lrate3=0.002
Tnoise=0.0
drun
write "delay is TMAX/";NN/m
---------------------------------------------------------------
DYNAMIC
---------------------------------------------------------------
tdelay Sd=DD,s,tau |   --   Mackey-Glass 时序
d/dt s=a*Sd/(1+Sd^c)-b*s
OUT   |   --               从这里开始的采样数据！
TARGET=s-0.85 |   -- 有待预测的“未来”信号
-------------------------------------
Vector signal=signal{-1}
signal[1]=TARGET+Tnoise*ran()
-----------
```

```
target=signal[m+1] |    --    训练延迟信号
Vector x=x{-1} |   x[1]=signal[2*m]
Vector v1=WW1*xx
Vector v2=tanh(W2*v1)
Vector y=tanh(W3*v2)
--
Vector error=target-y |   --    训练误差
Vector deltay=error*(1-y^2)
Vector deltav2=W3%*deltay*(1-v2^2)
Vector deltav1=W2%*deltav2
--
DELTA WW1=lrate1*deltav1*xx
DELTA W2=lrate2*deltav2*v1
DELTA W3=lrate3*deltay*v2
----------------------------

Vector X=X{-1}
X[1]=signal[m+1] |   --    "当前"预测器输入
Vector V1=WW1*XX
Vector V2=tanh(W2*V1)
Vector Y=tanh(W3*V2)
Vector ERROR=TARGET-Y |   --    预测误差
----------------------------

YY=Y[1]+0.5*scale |   --    带状图显示
Target=TARGET+0.5*scale
ERSQx20=20*ERROR[1]^2-0.5*scale
ERRORx5=5*ERROR[1]-0.5*scale
errorx5=5*error[1]-0.5*scale
dispt YY,Target,ERRORx5,errorx5
```

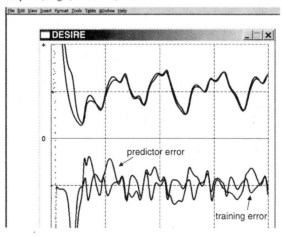

图 7.17　用图 7.11 中的双重网络系统在线预测 Mackey-Glass 时序。训练误差是两条
误差曲线中较小的一条误差曲线。与图 7.16 不同的是,可明显区分目标曲线和输出
曲线,因为在线预测器没有图 7.14~图 7.16 中的预测器精确。原始曲线是彩色的

随书光盘中的文件夹 predictors 中含有超过 20 个不同的神经网络程序。这些程序可以预测周期性 Roessler、Lorenz、Mackey-Glass 时序(表 7.1)。

表 7.1 预测实验的程序

随书光盘中 predictor 文件夹中的程序文件标记如下:

   jordan-lorenz. src,dline-lin-mackey. src,narmax-gamma-mackey. src,…

其中:

   dline 表示延迟线输入网络

   gammaline 表示伽马延迟线输入网络

   narmax 和 narmax-gamma 表示 NARMAX 网络

   bp 表示简单的静态反向传播网络

   jordan 和 elman 表示 Jordan、Elman 和两层反馈

   funclink 表示函数连接型预测器

   teafo 表示教师强制网络

   online 表示在线预测器

lin 和 1layer 分别表示线性和一层非线性网络。这些例子还适用于没有输入偏置的情况。标记为 vv 的例子向隐层 v 和输入层添加偏置模式

Roessler 和 Lorenz 预测结果对于所有网络基本类似。Mackey-Glass 时序更难以预测。许多研究论文将这种时序用于测试预测器,其中大部分提前 m = 6 个实验步用简单的离线回归训练。我们的实例表明,合理的在线预测至少 m = 50。三层延迟线输入网络性能最优,但两层延迟线输入网络的性能也相差无几。

新的应用需要类似的对比研究。

7.6 动态网络的其他应用

7.6.1 时态模式识别:回归与分类

7.5.1 节~7.5.4 节中的预测器网络通过简单的均方回归与它们的输出 y(t) 和未来值 target(t) 匹配。如果我们用指定的训练输入

$$Vector\ x = target$$

代替延迟的"未来"目标,那么,每个网络仅在训练目标时序上进行均方回归。此类网络离线进行训练。

作为一个有用的实例,图 7.18 中编程的简单静态网络学习重现(并识别)正弦波和方波输入。我们通过

   switch = swtch(sin(10 ∗ t)) | --　　　交替模式

   p = 0.8 ∗ switch ∗ cos(170 ∗ t) | --　　　正弦波

$$q = (1-\text{switch}) * \text{sgn}(\sin(100 * t)) \quad | \quad -- \qquad 方波$$
$$\text{target} = p+q+\text{Tnoise} * \text{ran}()$$

生成交互正弦波和方波。

```
DYNAMIC
-----------------------------------------------------------------
switch=swtch(sin(10*t)) |   --                  交替模式
p=0.8*switch*cos(200*t) |   --                  正弦波
q=(1-switch)*sgn(sin(100*t)) | --               方波
x[1]=p+q+noise*ran()
target=x[1]
-------
Vector v=tanh(WW1*xx) |   --                包括偏置
Vector y=tanh(WW2*v)
--
Vector error=target-y
Vector deltay=error*(1-y^2)
Vector deltav=WW2%*deltay*(1-v^2) | -- 反向传播
DELTA WW1=lrate1*deltav*xx
DELTA WW2=lrate2*deltay*v
-----------------------------
X=x[1]+0.5*scale |   errorx100=100*error[1]
Y=y[1]-0.5*scale
dispt X,Y
```

图 7.18   简单静态分类器网络的 DYNAMIC 程序段

图 7.19 所示的是训练和测试结果。类似的网络已经被用于诸如语音音素检测[9$$, $$]等。文件夹 dyn-classify 中有多种可解决同一问题的类似延迟线输入网络。所有这些网络的性能相当。

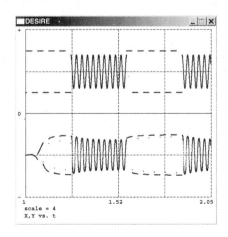

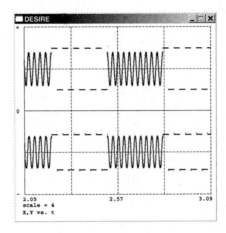

图 7.19 训练和重新调用期间的网络输入 x(t)和网络输出 y(t)的时程

7.6.2 模型匹配

1. 简介

动态神经网络可通过近似匹配测量的输入/输出数据来仿效动态系统的行为。这样能够简化仿真,例如,在飞机的设计研究中,通过神经网络模拟飞行员。其他应用包括采用自适应控制系统中的过程或受控体模型等(参考文献[9])。模拟的系统可以有单一或多重输入和输出,在训练模式下的在线模型匹配可通过教师强制或误差反馈加以改进(见7.4.2节)。

最著名的应用包括单一输入/单一输出系统。在图7.20的方框图中,被模拟的动态系统("受控体")和动态神经网络被馈入相同的输入时序 x(t)。网络输出 y(t)经训练近似模型输出 target(t)= f(t)。训练输入时序应展示典型受控体输入的特征。通常,用噪声输入进行训练。

图 7.20 与受控体模型匹配的动态神经网络仿真

2. 例子:匹配 Narendra 受控体模型的程序

Narendra 经典教材实例(参考文献[4,5,9])将动态神经网络与相当复杂的非线性采样数据系统("受控体")相匹配。Narendra 的受控体拥有单一输入 X(t)和单一输出 Y(t)。通过下列差分方程关联:

190

$$Y(t+1) = \frac{Y(t)\ Y(t-1)\ Y(t-2)\ X(t-1)\ [Y(t-2)-1]+X(t)}{1+Y^2(t-1)+Y^2(t-2)} \quad (t=1,2,\ldots)$$

$$(7-16)$$

我们以 7.2.2 节的方式声明样本 $X(t),X(t-1),X(t-2),\ldots$ 和 $Y(t),Y(t-1)$, $Y(t-2),\ldots$ 为延迟线向量：

$$ARRAY\ X[2],Y[3]$$

并通过 DYNAMIC 程序段赋值对差分方程式(7-16)进行编程：

Vector X＝X{-1} ｜ X[1]＝input function
f＝(Y[1]＊Y[2]＊Y[3]＊X[2]＊(Y[3]-1)+X[1])/(1+Y[2]^2+Y[3]^2)
Vector Y＝Y{-1} ｜ Y[1]＝f ｜ --受控体反馈

Narendra 使用了三层自回归滑动平均网络和教师强制(见 7.4.4 节)，但更为简单的神经网络会更加适用。图 7.21 中的模型匹配程序采用了 7.4.2 节中的简单静态网络。添加教师强制很容易，但这并不能改进结果。

```
DYNAMIC
----------------------------------------------------------------------
--                              Narendra 受控体
Vector X=X{-1}｜  X[1]=0.25*(ran()+ran()+ran()+ran())
--
f=(Y[1]*Y[2]*Y[3]*X[2]*(Y[3]-1)+X[1])/(1+Y[2]^2+Y[3]^2)
Vector Y=Y{-1}｜  Y[1]=f｜  --              受控体反馈
target=f
---------------------------------------------       神经网络
x[1]=X[1]｜  --                        净输入与受控体输入相同
Vector v=tanh(WW1*xx)
Vector y=W2*v｜  --                     输出不需要限制器
--
error[1]=target-y[1]｜  --                    反向传播
Vector deltav=W2%*error*(1-v^2)
DELTA WW1=lrate1*deltav*xx
DELTA W2=lrate2*error*v
dispt error[1]
----------------------------------------------------重新调用程序段
    label RECALL
s=0.5*((1-0.2*swtch(t-500))*sin(w*t)+0.2*swtch(t-500)*sin(ww*t))
Vector X=X{-1}｜  X[1]=s
----------------------------------------
--                              Narendra 受控体
f=(Y[1]*Y[2]*Y[3]*X[1]*(Y[3]-1)+X[2])/(1+Y[2]^2+Y[3]^2)
Vector Y=Y{-1}｜  Y[1]=f｜  --              受控体反馈
target=f
```

```
---------------------------------------                     神经网络
x[1]=X[1] |   --                          净输入与受控体输入相同
Vector v=tanh(WW1*xx)
Vector y=W2*v |   --                      输出不需要限制器
error[1]=target-y[1]
--
dispt target,y[1],error[1]
```

图 7.21　当受控体和网络被馈入相同的输入时,神经网络训练和重新调用的 DYNAMIC
　　　　程序段。该神经网络编程是为了匹配动态系统("受控体")的输出

图 7.21 显示用于训练和重新调用的独立 DYNAMIC 程序段。训练程序将相同的噪声输入馈入受控体模型和网络

$$[1]=0.25 * (ran() + ran() + ran() + ran())$$

并设置

$$target = f$$

训练完成后,实验协议脚本(图中未显示)调用标记为 RECALL 的第二个 DYNAMIC 程序段,其设置 lrate1 = lrate2 = 0,将 Narendra 的测试输入

$$s=0.5 * \{1-0.2 * swtch(t-500)) * sin(w*t) + 0.2 * swtch(t-500) * sin(ww*t)\}$$

应用于受控体模型和网络,并对比它们的输出。

图 7.22 显示的是训练期间 error[1] = target-y(t) 的时程。图 7.23 显示的是测试运行期间 y[1]、target 和 error[1] 的时程。

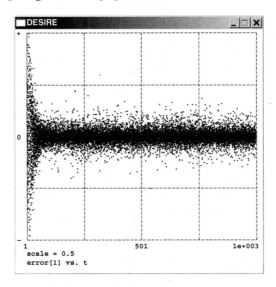

图 7.22　训练期间模型匹配误差的时程

192

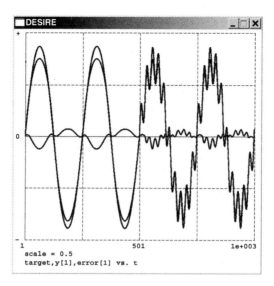

图 7.23　重新调用测试期间,目标、网络输出和模型匹配误差的时程

随书光盘中的文件夹 modelmatch 中含有 Narendra 的原始三层 NARMAX 网络程序以及更加简单的两层 NARMAX 网络的程序。所有这些网络的测试结果基本上是相同的。

7.7　其他主题

7.7.1　生物-网络软件

Desire 微分方程程序最多使用 40000 个常微分方程就可以很容易地模拟逼真的生物神经元模型。重复开源项目 Genesis 和 BRIAN 的大量工作毫无意义。Genesis 和 BRIAN 项目拥有数百个编程并经测试、验证的这样的生物-网络模型。这些模型通过常规微分方程求解例程和 C 或 C++编译器。它们不局限于个人计算机,也可扩展至大型程序。

Genesis(参考文献[1])含有图形用户界面,而 BRIAN(参考文献[2])使用 Python 实验协议脚本调用编译和执行用 C 或 C++编写的微分方程代码。Genesis 动态程序段通常将不同的生物神经元模型的子模型,如神经元轴突、树突和离子通道等,组合在一起。Genesis 允许并行编程。像 Desire 一样,BRIAN 采用神经网络层向量模型。例如,BRIAN 与 Gerstner、Kistler 的文本一起在脉冲神经网络上工作(参考文献[3])。

参 考 文 献

[1] Bower, J.M., and D. Beeman: *The Book of GENESIS*, Telos (see also Genesis.sim.org), 1988.

[2] Brette, R., and D.F. Goodman: *BRIAN Manual*, École Normale Supérieure de Paris, Department of Cognitive Studies, Paries, 2011.

[3] Gerstner, W., and W.M. Kistler: *Spiking Neuron Models*, Cambridge University Press, Cambridge, UK, 2002.

[4] Haykin, S.: *Neural Networks*, 2nd ed., Macmillan, New York, 1998.

[5] Haylin, S.: *Neural Networks and Learning Machines*, Prentice Hall, Upper Saddle River, NJ, 2009.

[6] Hassoun, M.H.: *Fundamentals of Artificial Neural Networks*, MIT Press, Cambridge, MA, 1995.

[7] Korn, G.A.: A New Technique for Interactive Simulation of Recurrent Neural Networks, *Simulation News Europe*, **20**(1), Apr. 2010.

[8] Masters, T.: *Practical Neural-Network Receipes in C++*, Academic Press, San Diego, CA, 1993.

[9] Narendra, K.S., and K. Parthasathi: Identification and Control of Dynamic Systems, *IEEE Transactions on Neural Networks*, 1990.

[10] Principe, J., et al.: *Neural and Adaptive Systems*, Wiley, Hoboken, NJ, 2001.

[11] Widrow, B., and S.D. Stearns: *Adaptive Signal Processing*: Prentice Hall, Englewood Cliffs, NJ, 1992.

[12] Williams, R.J.: Simple Statistical Gradient-Following Algorithms for Connectionist Reinforcement Learning, *Machine Learning*, **8**:229–256, 1992.

[13] Williams, R.J., and D. Zipser: Gradient-Based Learning Algorithms for Recurrent Networks and Their Computational Complexity, in *Back-Propagation: Theory, Architectures and Applications*, Lawrence Erlbaum Associates: Hillsdale, NJ, 1994.

[14] Dolling, O.R., and E.A. Varas: Artificial Neural Networks for Streamflow Prediction, *Journal of Hydraulic Research*, **40**(5), 2002.

[15] Hsieh, B.H., et al.: Use of Artificial Neural Networks in a Streamflow Prediction System, 1992.

[16] Hsieh, W.W.: Nonlinear Multivariate and Time-Series Analysis by Neural-Network Methods, *Reviews of Geophysics*, **42**, 2004.

[17] Hsieh, W.W., and B. Tang: Applying Neural Network Models to Prediction and Data Analysis in Meteorology and Oceanography. *Bulletin of the American Meteorological Society*, **79**:1855–1870, 2004.

[18] Xi, et al: Simulation of Climate-Change Impacts on Streamflow in the Bosten Lake Basin Using an Artificial Neural Network, *ASCE Journal of Hydrologic Engineering*, 183, Mar. 1988.

第8章 向量模型的更多应用

8.1 用对数图进行向量化仿真

8.1.1 欧洲仿真联合会(EUROSIM)1号基准问题

经典的欧洲仿真联合会(EUROSIM)1号基准问题(参考文献[1])用状态方程系统

$$A = kr * m * f - dr * r \qquad\qquad B = kf * f * f - dm * m$$
$$(dr/dt) = A \quad (dm/dt\tau) = B - A \quad (df/dt) = p - lf * f - A - 2 * B$$

建立了电子轰击3种碱性氢化物的浓度模型r、m和f,其中τ表示物理时间,而非计算机时间。这些非线性微分方程与应用于种群动态以及化学反应速率问题中的微分方程类似(见1.3.3节)。非线性微分方程系统在求积分方面"不灵活"或有难度,因为τ=0时,雅可比(Jacobian)矩阵特征值的最大与最小绝对比值超过120000(参考文献[2])。

8.1.2 用对数图进行向量化仿真

由于给定系数值的解变化范围较大,因此基准问题指定解 f 和时间的对数尺度。提交的基准竞争(参考文献[1])的25个仿真程序中的绝大多数程序以不同的参数解微分方程7次,然后通过绘图程序获得对数尺度。图8.1中的向量化Desire程序通过一次简单的运行得出所有7个解,另外,还演示了获得对数时间尺度的更优方法。

我们将计算机时间变量 t 和问题时间 τ 进行关联,以便

$$\tau = 10 \ t - t0 \quad (d\tau/dt) = \ln(10) \ 10 \ t - t0 = tt$$

将每个微分方程乘以 tt 得出新的微分方程模型

$$tt = \ln 10 * (10^{\wedge}(t - t0))$$

$$d/dt \ r = A * tt \quad | \quad d/dt \ m = (B - A) * tt \quad | \quad d/dt \ f = (p - Lf * f - A - 2 * B) * tt$$

在每次导数调用时,必须进行额外的时间尺度运算,而不仅仅是在输出点。但是它们会意外地降低"刚度因子"(雅可比矩阵特征值比),因此,我们的可变步长/

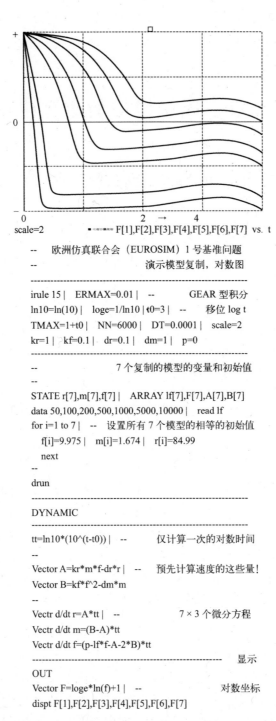

scale=2　■ ······· F[1],F[2],F[3],F[4],F[5],F[6],F[7]　vs. t

```
--    欧洲仿真联合会（EUROSIM）1 号基准问题
--              演示模型复制，对数图
------------------------------------------------------
irule 15 |   ERMAX=0.01 |   --        GEAR 型积分
ln10=ln(10) |   loge=1/ln10 | t0=3 |   --    移位 log t
TMAX=1+t0 |   NN=6000 |   DT=0.0001 |   scale=2
kr=1 |   kf=0.1 |   dr=0.1 |   dm=1 |   p=0
------------------------------------------------------
--              7 个复制的模型的变量和初始值
--
STATE r[7],m[7],f[7] |   ARRAY lf[7],F[7],A[7],B[7]
data 50,100,200,500,1000,5000,10000 |   read lf
for i=1 to 7 |   --   设置所有 7 个模型的相等的初始值
  f[i]=9.975 |   m[i]=1.674 |   r[i]=84.99
  next
--
drun
------------------------------------------------------
DYNAMIC
------------------------------------------------------
tt=ln10*(10^(t-t0)) |   --        仅计算一次的对数时间
--
Vector A=kr*m*f-dr*r |   --      预先计算速度的这些量！
Vector B=kf*f^2-dm*m
--
Vectr d/dt r=A*tt |   --                7×3 个微分方程
Vectr d/dt m=(B-A)*tt
Vectr d/dt f=(p-lf*f-A-2*B)*tt
------------------------------------------------- 显示
OUT
Vector F=loge*ln(f)+1 |   --           对数坐标
dispt F[1],F[2],F[3],F[4],F[5],F[6],F[7]
```

图 8.1　EUROSIM 基准问题的向量化仿真程序。参数 Lf 7 个值的 f 和 t 的双对数曲线图（见正文）

196

可变阶积分例程会自动用较大的积分步长 DT。总之,指数时间系数 tt 对 7 个复制的模型是通用的,因此,每次导数调用时只计算一次。

对于状态变量 f 的对数尺度,程序直接绘制 lg fplus1 = log e * ln(f)+1。这一赋值仅在采样点执行,因此,可跟在 OUT 语句之后(见 1.2.1 节)。

对于这样一个小的模型,向量化并不是真需要。但在显示关闭时,与参考文献[2]中的所有标量模型相比,向量化将基准时间缩短到 1/4,并且在显示打开时,缩短到 1/2。

8.2 模糊逻辑函数生成器的建模

8.2.1 规则表指定启发式函数

回归、预测和控制器设计问题都需要构建函数 y=y(x1,x2,...),其可以使误差度量或成本最小化。对于回归,y=y(x1,x2,...)是一种用来最小化均方回归误差的回归函数(见 6.3.1 节)。在控制工程应用中,y=y(x1,x2,...)是一种控制器输出,其依赖于诸如伺服误差和输出率这样的输入。y=y(x1,x2,...)必须最小化诸如伺服积分平方误差这样的动态系统性能指标(见 1.4.1 节)。

回归问题通常采用数值法,但是非线性控制系统的精确优化非常困难。不论哪种情况,模糊集技术方法试图通过借助设计人员的直觉或积累的知识试探性地设计 y=y(x1,x2,...)。

首先考虑单一输入函数 y=y(x),将 x 的范围划分为几个(典型为 2~7)大小不同的互斥组距。可将组距编号,或赋予其负、正、极负、接近零,或寒冷、温暖、炎热等名字。我们通过指定规则表分配对应的少量数值函数值 y(x),如:

      if x is negative, then   y = −1014   (如果 x 为负,则 y = −1014)

      if x is near zero then   y = 0.2   (如果 x 接近零,则 y = 0.2)

      ...

假设基于直觉或经验,我们选择的组距和函数值定义了 1 个函数 y=y(x)。实际上,我们能够在回归或控制问题上试用该函数。但是,y(x)是粗略定义的,是必然不连续的阶梯函数。

可同样构建 2 个输入 x1 和 x2 的函数 y=y(x1,x2)。

我们再一次将 x1 和 x2 的范围划分为组距(x1 和 x2 可拥有不同的组距编号和/或大小),并试图创建一个二维规则表,如:

if x1 is negative AND x2 is very negative then y=1200   (如果 x1 为负,且 x2 为极负,则 y=1200) if x1 is negative AND x2 is near zero then y = 0   （如果 x1 为负,且 x2 接近零,则 y = 0）

…

现在我们已经定义了拥有 2 个输入的阶梯函数 y = y(x1,x2)。我们还可增加更多的输入。

8.2.2　模糊集逻辑

模糊集技术方法还可借助启发式规则表,但它们得出的是连续的或至少分段连续的函数,而非粗略阶梯函数。

1. 模糊集和隶属函数

我们用标记类似的 x 值的抽象模糊集替换输入组距,如极负、负、接近零、正、极正。模糊集 E 中的给定输入值 x = X 隶属度由 1 个非负隶属函数 M(E|x)定义。M(E|x)用于测量值 X“属于”模糊集的程度。我们将 x 的测量值 X 隶属于模糊集 E 这一命题看作是带有“模糊真值”M(E|X)的抽象事件。

图 8.2、图 8.3、图 8.4 给出了示例。注意:隶属函数可重叠,这意味着 x 的 X 值可“属于”不止一个模糊集。与互斥(“清晰”)组距相关的经典真值可被看作单组距上等于 1,其他组距上等于 0 的特殊隶属函数。单点模糊集带有隶属函数,当单一“支持值”x = X 时等于 1,其他则等于 0。

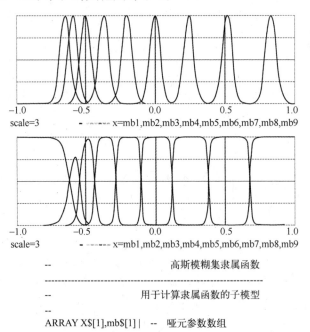

```
--                              高斯模糊集隶属函数
-----------------------------------------------------------------
--                              用于计算隶属函数的子模型
--
ARRAY X$[1],mb$[1]|  --  哑元参数数组
```

198

```
SUBMODEL fuzzmemb(N$,X$,mb$,input$)
  Vector mb$=exp(-b*(X-2*x)^2)
  -- DOT sum=mb$*1 |  ss=1/sum |  --        归一化
  -- Vector mb$=ss*mb$
  end
--------------------------------------------------
scale=3 |  --                      声明数组
--                                 数量和扩展
N=9 |   b=10
ARRAY X[N] |  --                   峰值坐标
ARRAY mb[N] |  --                  限制器函数
--                                 定义模糊集间距
--------------------------------------------------
x0=-scale
for i=1 to N |   X[i]=(i^2-N)/N+x0 |   next
--------------------------------------------------
NN=10000 |   TMAX=1 |   DT=0.0001
--
x=-scale | drun
--------------------------------------------------
DYNAMIC
--------------------------------------------------
d/dt x=2*scale |  --               显示扫描
invoke fuzzmemb[N,X,mb,x]
Vector mb=6*mb-scale |  --         缩放、偏移显示
```

图 8.2 归一化之前和之后的模糊集隶属函数,以及模糊集不同数量和间距的实验
程序。注意值域末端归一化的效果。随着间距增大,非归一化模糊集近
似于单点模糊集,归一化模糊集近似常规组距

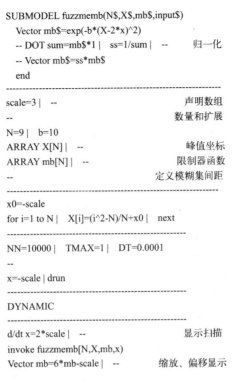

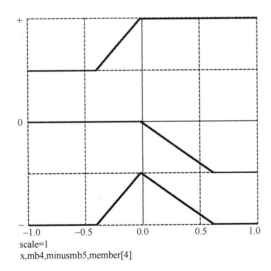

scale=1
x,mb4,minusmb5,member[4]

图 8.3 生成一个作为两个限制器函数差分的三角函数

199

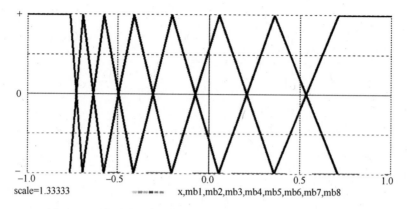

scale=1.33333   - - - - - x,mb1,mb2,mb3,mb4,mb5,mb6,mb7,mb8

图 8.4   N 个重叠三角函数形成非常实用的归一化模糊集划分

2. 模糊交集和联集

接下来我们定义隶属函数：抽象事件 X 属于模糊集 E1 与模糊集 E2；抽象事件 X 属于模糊集 E1 或模糊集 E2：

M(E1 AND E2 | x) ≡ M(E1 | x) m(E2 | x)　　　（模糊交集）

M(E1 OR E2 | x) ≡ M(E1 | x)+m(E2 | x)　　　（模糊联集）

我们称为积/和逻辑①。

3. 联合隶属函数

对于多个输入变量 x1,x2,... 我们通过隶属函数 M(E | x1,x2,...) 定义多维模糊集 E, 对诸如

M(E | x1,x2) ≡ M(E1 AND E2 | x1,x2) ≡ M(E1 | x1) M(E2 | x2)

联合隶属函数而言，我们扩展积/和逻辑，将多维模糊集和较低维度的模糊集的交集关联。

也可在 x1 和 x2 域中定义模糊集联集，如下：

M(E1 OR E2 | x1,x2) ≡ M(E1 | x1)+M(E2 | x2)]

4. 归一化模糊集划分

如果至少有 1 个模糊集隶属函数 M(Ei | x) 对于每个 x 不等于 0, N 个模糊集 E1,E2,...,EN 构成 1 个模糊集划分（图 8.5）"覆盖"x ≡ (x1,x2,...,xn) 域。在后续章节中我们用积/和逻辑以及归一化模糊集划分（对于每个 x 值其隶属函数合

---

① 联集和交集可以通过 min/max logic 交替定义，如：

M(E1 AND E2 | x1,x2) ≡ min[M(E1 | x1),M(E2 | x2)]

M(E1 OR E2 | x1,x2) ≡ max[M(E1 | x1),M(E2 | x2)]

min/max logic 可以简化廉价的定点控制器，但通常会使浮点计算减慢。

计为 1（另请参见 8.2.5 节）），这意味着所有隶属函数都在 0 和 1 之间①。

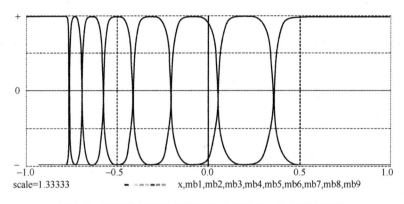

图 8.5 通过软限制器函数差分获得的归一化模糊集划分

可以仅通过将单个变量 x1,x2,… 以及这些变量的组合的归一化划分隶属函数相乘，定义更高维度域的归一化划分②。

8.2.3 模糊集规则表和函数生成器

规则表可将输出模糊集隶属度而非数值与输入模糊集隶属度（例如，如果 x 为极正，那么，y 就炎热）关联起来。接着可以为每个函数生成器输入 x1,x2,…，定义模糊集隶属函数 M1(E$_i$1│x1)，M2(E$_i$2│x2)，…；为函数生成器输出 y 定义隶属函数 M(E$_i$│y) 以及联合输入输出隶属函数

M(E$_{i1}$,E$_{i2}$,…；E$_i$│x1,x2,…；y)= M1(E$_{i1}$│x1) M2(E$_{i2}$│x2) …M(E$_i$│y)

式中：i1 = 1,2,…,N1；i2 = 1,2,…,N2,…；i = 1,2,…,N。模糊集划分大小 N1，N2,…,N 通常很小（在 2 和 7 之间）。

我们现在定义一种不同类型的规则表，即（N1 N2 …N）维向量，其分量，如 M(E$_i$1,E$_i$2,…；E$_i$│x1,x2,…；y）的分量，可按索引组合 i1,i2,…,i 排序。在我们考虑对应的输入输出组合可能或不可能时，启发式地将规则表条目设置为 1 或 0。这些规则通常将输出域中的单个模糊集和每个输入集组合联系起来，但是每个输出集可被不止一个输入组合选择。

得出的模糊输出集是所有联合模糊输入输出集的模糊联集。联合模糊输入输出集无法被规则表消除。通过积/和逻辑，隶属函数 P(y) 是对应的联合隶属函数 M(E$_i$1,E$_i$2,…；E$_i$│x1,x2,…；y）的和。这是所有模糊逻辑能告诉我们的有关 y

---

① 在这种情况下，我们可以通过其隶属函数 M(E′│x)= 1-M(E│x) 定义 E 的逻辑补码 E′。

② 注意：这一定义需要积/和逻辑。

的一切。为了获得可用的"清晰"函数生成器,输出 y(x1,x2,…)需要一个启发式去模糊化假设,如:

$$y = \frac{\int YP(Y)dY}{\int P(Y)dY} \quad (\text{质心去模糊化})$$

或

$$y = ymax$$

式中:P(y max)是 P(y)的最大值(最大值去模糊化)。

这里,积分和最大值在 y 的值域内获得。参考文献[6]对这种技术有更深入的探讨。

8.2.4 用模糊基函数简化的函数生成

8.2.3 节中概述的通用模糊集技术方法较为复杂,而且涉及相当武断地去模糊化假设。尽管 Desire 可以让你对这种一般方法进行编程(参考文献[3]),但很多实际回归和控制器设计问题让步于更加简单的过程。

假设我们有一个输入变量域的归一化模糊集划分和一个规则表,为输入变量划分的每个模糊集 Ei 分配一个"清晰"(crisp)函数输出值 y[i](不是输出模糊集)的规则表,那么,我们使用加权求和

$$y(x)= y[1] M(E1 \mid x)+y[2] M(E1 \mid x)+…+y[N] M(EN \mid x) \quad (8-1)$$

作为回归或控制器函数,目的在于"拟合"我们的规则表。x 可作为变量 x ≡ x1,x2,…,xn 的多维集。

N 个归一化模糊集隶属函数 mb[i]=M(Ei │ x)通常称为模糊基函数。附录 A.1.2 节描述了其在神经网络方面的应用。它们的使用类似于径向基函数(见 6.4.2 节)。函数生成器输出 y(x)由启发式规则表条目 y[i]以及模糊基函数的数量和形状决定,其通常为 x 的连续或分段连续函数①。

8.2.5 模糊集划分的向量模型

1. 高斯曲线:归一化的影响

我们从一维自变量参数 x 的函数开始。为生成 N 个曲线模糊基函数 mb[1],mb[2],…,mb[N](围绕 x 的 N 个给定值 X = X[1],X[2] ,…),Desire 程序可

---

① 通过随机输入 x,N 个模糊集隶属函数可作为带有条件概率 M(Ei │ x)的抽象随机事件。表达式(8-1)是 y[i]的预期值。这实际上模拟了一个众所周知的硬件技术,即利用抖动噪声注入和平均进行函数生成器插值。

通过
$$\text{ARRAY } X[N], mb[N]$$
声明向量 X 和 mb,并在实验协议脚本中分配 X[i]值。DYNAMIC 程序段行
 Vector mb = a * exp(-b * (X-x)^2)

 DOT sum = mb * 1 | ss = 1/sum | Vector mb = ss * mb

得出 N 个高斯曲线,通过除以它们的和而将其归一化(图 8.2)。归一化对第一个和最后一个模糊集隶属函数的影响是真实的,且从直观上看似乎是合理的。由于具有相同的"扩展"参数 b,且间隔不均匀,因此,图 8.2 中的归一化高斯曲线具有不同的振幅。在后续章节中我们将展示它们的隶属函数扩展随间距而变化。

2. 三角函数

适当重叠三角形函数 mb[i]与在 x = x[1], X[2],..., X[N](图 8.3)的联集峰值,得出特别有用的归一化模糊集划分,它们可在邻近的规则表函数值之间实现精确的线性插值。

为了生成输入 x 的预期三角函数,我们首先使用索引移位(见 3.2.3 节)创建 N 个限制器函数(见 2.3.1 节):
$$\text{Vector } mb = SAT((X-x)/(X-X\{1\}))$$
索引值在 1 以下和 N 以上的向量分量被 0 自动替换,我们保存两个最终值
$$Mbb = mb[1] \quad | \quad mcc = mb[N-1]$$
以便随后用于程序。通过
$$\text{Vector } mb = mb\{-1\} - mb$$
进行索引移位限制器函数成对减法(图 8.3),如果我们通过
$$mb[1] = 1-mbb \quad | \quad mb\$[N] = mcc$$
重写 mb[1]和 mb[N],则得出预期的 N 个重叠三角函数 mb[i]。

这种算法的速度是参考文献[3,4]中的原始算法的 3 倍,而且仅占用之前程序所需内存的 1/2。可以将该过程存储为有用的库子模型(见 3.6.3 节):

ARRAY X$[1], mb$[1] |--   哑元变量数组

--

SUBMODEL fuzzmemb(N$, X$, mb$, input$)

 Vector mb$ = SAT((X$ -input$)/(X$ -X$\{1\}))

 Vector mb$ = mb$\{-1\} - mb$

 mbb = mb$[1] | mcc = mb$[N$ -1]

 mb$[1] = 1-mbb | mb$[N$] = mcc

 end

用于函数生成、回归和控制-系统仿真(见 8.2.7 节)。

3. 平滑模糊基函数

用可微函数替换 8.2.5 节中的分段连续三角形较为容易。特别是我们用软限制 Desire 库函数

$$\text{sigmoid}(q) \equiv 1/(1+\exp(-q))$$

代替 8.2.5 节中的硬限制 SAT(q) 函数。有时这样会得出更优的函数近似值,但对 8.2.7 节中的控制器几乎无影响。

8.2.6　多维模糊集划分的向量模型

分别给定 2 个独立输入变量 x1、x2 的归一化模糊集划分,向隶属函数数组(向量)

$$mb1 \equiv \left[M(E_{11} \mid x1), M(E_{12} \mid x1), \ldots, M(E_{1N1} \mid x1) \right]$$

$$mb2 \equiv \left[M(E_{21} \mid x2), M(E_{22} \mid x2), \ldots, M(E_{2N1} \mid x2) \right]$$

代入 N1 N2 联合隶属函数(见 8.2.2 节)

$$MB[i,k] \equiv M(E_{1i} \mid x1) M(E_{1k} \mid x1) \qquad (i=1,2,\ldots,N1;\ k=1,2,\ldots,N2)$$

形成一个覆盖联合观测 x1、x2 域的归一化模糊集划分。通过 DYNAMIC 程序段矩阵赋值得出 N1×N2 矩阵 MB(见 3.3.2 节)[①]

$$\text{MATRIX MB} = mb1 * mb2$$

我们的实验协议脚本可通过声明

$$\text{ARRAY MB}[N1,N2] = mb$$

定义(N1 N2)维隶属函数向量 mb,等于 N1×N2 矩阵 MB(见 3.4.1 节)。

这让我们可以计算预期的函数(1),为简单内积(见 8.2.7 节)。

这一过程可扩展至三维或更多维。对于 3 个输入变量 x1、x2 和 x3,可在实验协议脚本中声明

$$\text{ARRAY MB}[N1,N2] = mb, MMB[N1 * N2, N3] = mmb$$

然后在 DYNAMIC 程序段中分配

$$\text{MATRIX MB} = mb1 * mb2 \mid \text{MATRIX MMB} = mb * mb3$$

8.2.7　实例:伺服机构的模糊逻辑控制

1. 问题陈述

重新调用 1.4.1 节中的伺服机构模型,我们用伺服误差 e 的非线性模糊逻辑控制器函数 voltage(e,xdot) 和输出率 xdot 替换线性控制器函数

[①]　如果倾向于最小/最大模糊集逻辑,Desire 矩阵赋值 MATRIX MB=mb1 & mb2 得出矩阵元素 min[M(E1i │ x1),M(E1k │ x1)]。但是这些联合隶属函数必须重新归一化。

$$voltage = -k * error - r * xdot$$

我们用 e 定义 N1 = 5 个模糊集(极负、负、小、正、极正),用 xdot 定义 N2 = 5 个模糊集,使用如 8.2.5 节中的三角隶属函数。我们将使用这些三角函数的 N1 N2 = 25 积作为 e 和 xdot 的联合模糊集隶属函数,为每个模糊集分配启发式规则表值 voltage[k],调用方程式(8.1)得出控制器输出 voltage(e,xdot)。

2. 实验协议和规则表

图 8.6 中的实验协议脚本首先定义了 8.2.5 节描述的三角函数子模型。之后我们用

N1 = 5

ARRAY xx1[N1] |--　　　　　　　　　e 的峰值位置

ARRAY mb1[N1] |--　　　　　　　　　e 的隶属函数

--

N2 = 5

ARRAY xx2[N2] |--　　　　　　　　　xdot 的峰值位置

ARRAY mb2[N2] |--　　　　　　　　　xdot 的隶属函数

声明三角峰值横坐标向量 xx1 和 xx2,以及伺服误差 e 和输出率 xdot 的隶属函数向量 mb1 与 mb2。

```
--                        模糊逻辑控制的伺服机构
--              还模拟用于比较的类似的线性伺服系统
-------------------------------------------------------------------
--                                三角函数划分
ARRAY X$[1],mb$[1] | --                哑元参数数组
SUBMODEL fuzzmemb(N$,X$,mb$,input$)
  Vector mb$=SAT((X$-input$)/(X$-X${1}))
  mbb=mb$[1] |   mcc=mb$[N$-1]
  Vector mb$=mb${-1}-mb$
  mb$[1]=1-mbb |   mb$[N$]=mcc
  end
-------------------------------------------------------------------
--              声明 e、xdot 模糊集隶属函数数组
--
N1=5
  ARRAY xx1[N1] | --                 e 的峰值位置
  ARRAY mb1[N1] | --                 e 的隶属函数
  --
N2=5
  ARRAY xx2[N2] | --                 xdot 的峰值位置
  ARRAY mb2[N2] | --                 xdot 的隶属函数
  --
```

```
ARRAY M12[N1,N2]=m12 |  --               联合隶属度
ARRAY ruletabl[N1*N2] |  --              控制器规则表
-------------------------------------------------------------------
--                                      读取隶属度峰值横坐标
emax=1 |   xdotmax=1
data -2*emax,-0.05*emax,0,0.05*emax,2*emax
data -2*xdotmax,-0.5*xdotmax,0,0.5*xdotmax,2*xdotmax
read xx1,xx2
-------------------------------------------------------------------
A=1.5 |   w=1
B=300 |   maxtrq=1 |   g1=10000 |  --     伺服参数
g2=2 |   R=0.6
k=0.3500 |   r=2 |  --                    模糊控制器参数
kk=10 |   rr=0.1500 |  --                 线性控制器参数
-------------------------------------------------------------------
--                                        规则表
data -8*k-8*r,-8*k-r,-8*k,-8*k+r,-8*k+8*r |  --   高增益
data -2*k-2*r,-2*k-r,-5*k,-2*k+r,-2*k+2*r |  --    对于大的误差
data -2*r,-0.08*r,0,0.08*r,2*r |  --              且无阻尼
data 2*k-2*r,2*k-r,5*k,2*k+r,2*k+2*r |  --        对于小的误差
data 8*k-8*r,8*k-r,8*k,8*k+r,8*k+8*r
read ruletabl
-------------------------------------------------------------------
NN=4000 |   TMAX=10 |   DT=0.001 |   scale=0.08
p=A*ran() |  --                          必须初始化噪声
drun |  --                                        运行
write "type go to see membership functions" |   STOP
-------------------------------------------------------------------
DT=0.00001 |   NN=40000
scale=5 |   TMAX=0.5
e=-2.5 |  -- 显示扫描开始
drun members |  --   显示隶属函数
```

图 8.6   模糊逻辑控制伺服机构的实验协议脚本定义三角函数的子模型,创建三角
      峰值横坐标、规则表和系统参数,调用仿真运行。另一仿真运行使用名为
      members 的第二个 DYNAMIC 程序,以显示模糊集隶属函数

如同 8.2.6 节,下一步,我们声明 N1×N2 联合隶属函数矩阵 M12 和一个等价
的(N1 N2)维联合隶属向量 m12:

        ARRAY M12[N1,N2]=m12 |--联合隶属度
通过

        ARRAY ruletabl[N1 * N2] |-- 控制器规则表
声明 N1×N2 规则表向量 ruleable。

   我们用 data/read 赋值,用数值
206

$-2\text{emax},0.05\text{emax},0,0.05\text{emax},2\text{emax}$　　　　　针对 e

$-2\text{xdotmax},-0.5\text{xdotmax},0,0.5\text{dotmax},2\text{xdotmax}$　　　针对 xdot

填充三角形峰值位置数组 xx1 和 xx2。

其中 emax=xdotmax=1。我们填充规则表数组 ruletabl 如下:

if e is very negative	$-8k-8r,-8k-r,-8k,-8k+r,-8k+8r$
if e is negative	$-2k-2r,-2k-r,-5k,-2k+r,-2k+2r$
if e is small	$-2r,-0.08r,0,0.08r,2r$
if e is positive	$2k-2r,2k-r,5k,2k+r,2k+2r$
if e is very positive	$8k-8r,8k-r,8k,8k+r,8k+8r$

每行的连续条目是指 xdot = very negative,negative,small,positive,very positive,k=0.35 和 r=2。注意:我们以 $\alpha k+\beta r$ 的形式去写每个规则表条目。αk 是我们根据 e 对控制器输出基值的直观猜测,βr 是我们根据 xdot 对基值的猜测。

我们对峰值位置横坐标和规则表条目的选择展示了对控制器设计的启发式推测。在这个实例中,我们决定将大于线性控制器的增益用于大的伺服误差,将很少或无阻尼用于非常小的伺服误差。较之通过线性控制器获得的结果,我们的结果(图 8.8)确实得出了更好的噪声跟随和阶跃输入响应。

图 8.6 中的余下的实验协议脚本为模糊逻辑控制的伺服机构和使用线性控制器的类似伺服系统设置系统参数。脚本随后调用仿真运行以显示两个伺服机构的时程,用于进行比较(图 8.8 和图 8.9)。另外一次仿真运行执行第二个 DYNAMIC 程序段,以显示伺服误差 e 的模糊集隶属函数。

3. DYNAMIC 程序段和结果

图 8.7 中的 DYNAMIC 程序段两次调用 8.2.5 节描述的三角函数子模型,生成 e 和 xdot 的模糊集隶属函数 mb1[k] 和 mb2[k]。预期的控制器输出电压 voltage(e,xdot)作为点积得出(见 3.3.1 节)

$$\text{DOT Voltage}=\text{ruletabl}*\text{m12}$$

```
--------------------------------------------------------
DYNAMIC
--------------------------------------------------------
d/dt pp=-w*pp+p |  d/dt u=-w*u+pp |  --    低通噪声
e=x-u |  --                               伺服误差
--                          计算 e 和 xdot 的隶属函数
--
invoke fuzzmemb(N1,xx1,mb1,e) |  --     e 的模糊集
invoke fuzzmemb(N2,xx2,mb2,xdot) | --  xdot 的模糊集
---
MATRIX M12=mb1*mb2 |  --         建立联合隶属函数
DOT Voltage=ruletabl*m12 |  --        规则表去模糊化
```

207

```
--
d/dt V=-B*V+g1*Voltage |    --            电机磁场的形成
torque=-maxtrq*tanh(g2*V/maxtrq) |    --            伺服扭矩
d/dt x=xdot |    d/dt xdot=torque-R*xdot |    --    伺服动态
---------------------------------------------------------------
--                                  用于比较的线性伺服
ee=xx-u |    --
VOLTAGE=-kk*ee-rr*xxdot |    --           线性控制器
d/dt VV=-B*VV+g1*VOLTAGE |    --    电机磁场的形成
--
Torque=maxtrq*tanh(g2*VV/maxtrq) |    --        电机扭矩
d/dt xx=xxdot |    d/dt xxdot=Torque-R*xxdot |    --        动态
--
OUT
p=A*ran() |    --
---------------------------------------------------------------
    label members
d/dt e=2*scale |    --                    显示扫描
invoke fuzzmemb[N1,xx1,mb1,e] |    --        e 的模糊集
Vector mb1=7.5*mb1-scale |    --    mb1 缩放、偏移显示
```

图 8.7 模糊逻辑控制器的 DYNAMIC 程序段。主 DYNAMIC 程序段生成
时程。另一 DYNAMIC 程序段显示伺服误差 e 的模糊集隶属函数

图 8.8 所示的是随机噪声输入的伺服响应以及通过优化的线性控制器获得的
伺服响应。结果与参考文献[3,4]中早期的 Desire 版本得出的结果相当,但是我
们的新程序更简单、更快捷。实际上,由于控制系统是非线性的,因此必须使用不
同的信号振幅重复进行这些实验。

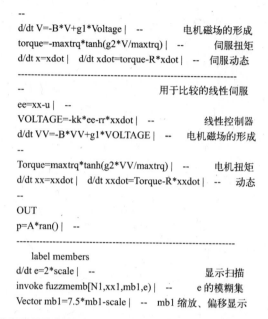

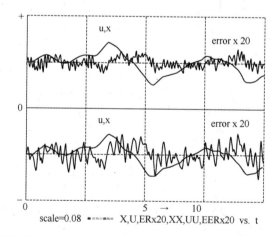

图 8.8 带有模糊控制器(上)和线性控制器(下)的同一伺服机构的噪声输入响应

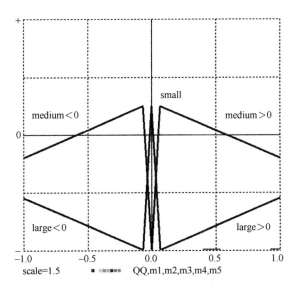

图 8.9　小误差值的 5 个伺服误差模糊集隶属函数。中间狭窄的隶属函数
被用于抑制小伺服误差的伺服阻尼

8.3　偏微分方程(参考文献[11,12])

8.3.1　直线法

数值直线法(MOL)可以将偏微分方程化简为一组常微分方程(参考文献[8-12])。直线法不是解偏微分方程的最佳通用方法。有限差分程序更加普遍、更加方便,也更加精确。但是,直线法在过程控制仿真中更有吸引力,因为它可巧妙地解由直线法生成的表示反应堆或热交换器的常微分方程以及模拟控制系统其余特性的常微分方程。

8.3.2　向量化直线法

1. 简介

最简单的偏微分方程问题涉及时间 t 和空间坐标 x 的函数 $u=u(t,x)$。我们将下标符号用于偏导数,如下:

$$\partial u / \partial t \equiv u_t, \quad \partial u / \partial x \equiv u_x, \quad \partial^2 u / \partial x^2 \equiv u_{xx}, \quad \cdots$$

一个实用的例子是一维热传导方程或扩散方程

209

$$u_t = u_{xx} \tag{8-2}$$

例中,均匀杆中温度 $u=u(t,x)$ 从 $x=0$ 扩展到 $x=L$。我们希望得到沿均匀杆 n 个均匀间隔的点 $x[1]=0,x[2],\dots,x[n]=L$ 的 $u(x,t)=u[1],u[2],\dots,u[n]$ 的时程。

直线法用若干个可能的差分近似值之一,即 $\{u[i-1]-2u[i]+u[i+1])\}/DX^2$ 代替 u_{xx},之后求解 $x[1],x[2],\dots$ 的 n 个常微分方程所获得的系统

$$(d/dt)\, u[i]=\{u[i-1]-2u[i]+u[i+1])\}/DX^2 (i=1,2,\dots,n)$$

向量化将该系统表示为单一向量微分方程。参考文献[11]显示 $u[i]$ 的边界值是如何根据给定的边界条件设置的,但这是一个特定问题,且是容易出错的过程。

2. 利用微分算子

席塞尔(Schiesser)(参考文献[8])通过筛选微分近似值和设置初始条件,用系统的方法取代此类特定过程。其为空间导数 $u_x,u_{xx},\dots$ 声明单独的 n 维数组 $u_x,u_{xx},\dots$,并定义 Fortran 函数 DDx,Fortran 函数运算 u 得出 u_x,运算 u_x 得出 u_{xx},以此类推,得出

$$u_x=DD_x(u)\,,\quad u_{xx}=DD_x(u_x)\,,\quad \dots$$

我们通过一个子模型(见 3.6.3 节)实现这种空间微分(参考文献[11])。重新调用 Desire 子模型没有强制带来任何运行时函数调用开销,并可存储后再利用。表 8.1 列出了用于二阶和四阶中心差分导数的近似值的实用子模型。

表 8.1　席塞尔偏导数算子子模型

(a)二阶中心差分近似算法。将数组 $v=(v[1],v[2],\dots,v[2n\$])$ 与对应的导数数组 $v_x=(v_x[1],v_x[2],\dots,v_x[n\$])$ 相关联,则
$v_x[i]=(v[i+1]-v[i-2]/2DX \quad (I=2,3,\dots,n\$-1)$
$v_x[1]=(-3v[1]-4v[2]-v[3]/2DX \qquad v_x[n\$]=(3v[n\$]-4v[n\$-1]+v[n\$-2])/2DX$
实现的子模型为
$\qquad$ SUBMODEL DDx($n\$$,bb$\$$,v,vx)
$\qquad\qquad$ Vector vx = (v{1}-v{-1}) * bb$\$$
$\qquad\qquad$ vx[1] = (-3 * v[1]+4 * v[2]-v[3]) * bb$\$$
$\qquad\qquad$ vx[n$\$$] = (3 * v[n$\$$]-4 * v[n$\$$-1]+v[n$\$$-2]) * bb$\$$
$\qquad\qquad$ end
$\qquad\qquad\qquad\qquad$ [设置 bb$\$$ =1/(2 DX)]
注:结束值的赋值 $v_x[1]$ 和 $v_x[n\$]$ 将覆盖向量赋值的结束值。索引-位移操作还将自动设置 $v[1]=0(i<1$ 或 $i>n\$)$(见 3.2.3 节)

210

（b）四阶中心差分近似算法。对应的四阶子模型为

SUBMODEL DDx（n $, bb $, v, vx）

$\quad$ Vector vx = (2 * v{-2} - 16 * v{-1} + 16 * v{1} - 2 * v{2}) * bb $

$\quad$ vx [1] = (-50 * v [1] + 96 * v [2] - 72 * v [3] + 32 * v [4] - 6 * v [5]) * bb $

$\quad$ vx [2] = (-6 * v [1] - 20 * v [2] + 36 * v [3] - 12 * v [4] + 2 * v [5]) * bb $

$\quad$ vx [n $ -1] = (-2 * v [n $ -4] + 12 * v [n $ -3] - 36 * v [n $ -2] + 20 * v [n $ -1] + 6 * v [n $]) * bb $

$\quad$ vx [n $] = (6 * v [n $ -4] - 32 * v [n $ -3] + 72 * v [n $ -2] - 96 * v [n $ -1] + 50 * v [n $]) * bb $

$\quad$ end

$$\text{［设置 bb $ = 1/(24 \, DX)］}$$

注:结束值赋值再次覆盖部分向量的赋值

图 8.10 中的实验协议脚本用

$$\text{STATE u[n]} \qquad | \qquad \text{ARRAY ux[n], uxx[n]}$$

声明一个 n 维状态向量 u 和 n 维向量 ux 与 uxx。

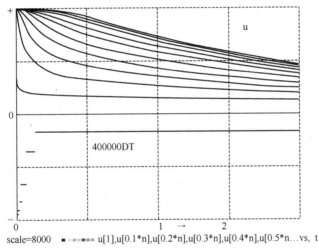

scale=8000 $\quad$ ------ u[1],u[0.1*n],u[0.2*n],u[0.3*n],u[0.4*n],u[0.5*n...vs, t

```
--                           热传导微分方程
-----------------------------------------------------
ARRAY vx$[1],v$[1]|  --        子模型的哑元数组
--
--                           Schiesser 数值微分算子
--
SUBMODEL DDx(n$,bb$,v$,vx$)
```

211

```
Vector vx$=bb$*(v${1}-v${-1})
vx$[1]=bb$*(-3*v$[1]+4*v$[2]-v$[3])
vx$[n$]=bb$*(3*v$[n]-4*v$[n-1]+v$[n-2])
end
----------------------------------------------------------------
irule 15 |   ERMAX=0.001 |   --              Gear 型积分
n=51 |  -- deltax = L/(n-1) = 0.04
STATE u[n] |   ARRAY ux[n],uxx[n],U[n]
----------------------------------------------------------------
scale=8000 |   TMAX=2 |   NN=1200
for i=1 to n |   u[i]=scale | next |--            初始条件
L=2 |   UA=400 |   E=1.73E-09 |   UA4=UA^4
--
DX=L/(n-1) |   bb=1/(2*DX)
DT0=0.0025 |   DT=DT0/(n*n)
-------
drun
------------------------------------------------
DYNAMIC
------------------------------------------------
invoke DDx(n,bb,u,ux) |   --       求 u 的微分以获得 ux
ux[1]=0 |   ux[n]=E*(UA4-u[n]^4) |   --         边界值
invoke DDx(n,bb,ux,uxx) |   --   求 ux 的微分以获得 uxx
Vectr d/dt u=uxx
```

图 8.10   热传导或扩散方程的解和程序(见正文)。未显示显示命令

　　沿均匀杆的所有 x 的初始温度 u(x,0) 为 8000K。当 x = 0 时均匀杆是隔热的,当 x = L 时,均匀杆根据 4 次方定律辐射,因此在均匀杆末端获得混合型边界条件:

$$ux = 0 \quad (for\ x = 0, all\ t) \quad u_x = E[UA4 - u(L)^4] \quad (for\ x = L, all\ t)$$

E 和 UA4 = UA^4 是给定常数。实验协议脚本用

$$for\ i = 1\ to\ n \quad | \quad u[i] = scale \quad | \quad next$$

设置给定的初始状态变量值 u[i],其中,设定图形标尺 scale 等于给定的初始温度 u(x,0) = 8000。

　　图 8.10 中的 DYNAMIC 程序段调用 DDx 得出偏微分向量 ux,即

$$invoke\ DDx(n, bb, u, ux)$$

之后,重写最终值 ux[1] 和 ux[n],以建立给定的边界值:

$$ux[1] = 0 \quad | \quad ux[n] = E * (UA\ ^4 - u[n]\ ^4)$$

再次调用 DDx 生成 uxx,即

212

$$\text{invoke DDx}(n, bb, ux, uxx)$$

给定的偏微分方程式(8-2)可编程为

$$\text{Vectr d/dt u} = uxx \tag{8-3}$$

这一简单的扩散问题通过使用带有最大相关误差 ERMAX = 0.001 的齿轮式积分得以解决。一台廉价的 3.2GHz 的个人计算机能够在 15ms 内算出结果(在显示器关闭的情况下)。运行时,编译不超过 20ms。有趣的是,在 x = L,求 n = 11 的解与求 n = 51 的解的时间差不超过 0.2%。

3. 数值问题

8.3.2 节中描述的编程技术非常便捷,如果没有耗尽内存,n = 200 同 n = 10 的问题编译一样容易。但在每种情况下必须严格查看解的精度。首先,导数近似值涉及较大数的小差异。通过双精度(64bit)运算,舍入误差通常可忽略。但要注意的是,微分方程系统(式(8-3))意味着微分方程的时间常数与 DX^2 相似。简单的固定步长积分法则要求积分步长 DT 达到该量级(参考文献[8]),运算总次数将随着 n^3 增加(对于我们的一维空间例子来说)。直线法微分方程系统还会涉及更大的时间常数("刚度"系统),表明这需要使用可变步长隐式积分法则。

图 8.10 展示了积分步长 DT 是如何变化的。可以很容易地解决简单的热传导实例,因为只有当 x 较小时,u 变化迅速,而且也只是在最初的时候。但是获得一个稳定的解并不总是如此容易。参考文献[8,9]给出了更多实例。

8.3.3 柱面坐标中的热传导方程

偏微分方程

$$u_t = u_{xx} + u_x/x \tag{8-4}$$

用半径为 x 的柱面坐标(参考文献[8]),在半径为 R 的无限长柱面中模拟轴向对称的热传导。给定初始温度 u(x,0) = 0 和固定边界温度 u(R,t) = u0,我们求解偏微分方程式(8-4)得到温度 u(x,t)。因为所有的数组元素默认值为 0,因此我们不需要初始 u[i] = 0 的实验协议循环。但是在柱面轴(x = 0)上,我们必须为所有 t 的值对边界条件 $u_x(0,t) = 0$ 进行编程。

图 8.8 显示的是完整的程序。实验协议脚本用

$$\text{DX} = R/(n-1) \quad \text{and} \quad \text{for i} = 1 \text{ to n} \quad | \quad x[i] = (i-1) * DX \quad | \quad \text{next} \tag{8-5}$$

定义半径 x 的 n 个值 x[1] = 0, x[2], ..., x[n] = R。

DYNAMIC 程序段推导出向量 ux 和 uxx,通过重写 u[1] 和 u[n](如同 8.3.2 节),设定给定的边界条件 u[n] = u0 和 ux[1] = 0。偏微分方程式(8-4)转化为

$$\text{Vectr } d/dt\ u = uxx + ux/x$$

为避免除数为 0,我们通过由洛必达(L'H^opital)法则(ux/x→uxx/1 as x→0)推导出的正确的微分方程重写 u[1]的微分方程:

$$d/dt\ u[1] = 2 * uxx[1]$$

由方程式(8-5)定义的 n 个均匀间隔的半径值的温度 u 的时程解如图 8.11 所示。

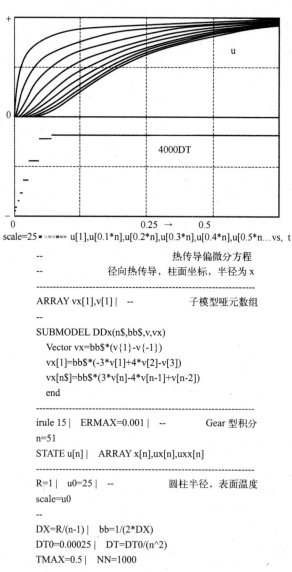

scale=25 ■······ u[1],u[0.1*n],u[0.2*n],u[0.3*n],u[0.4*n],u[0.5*n...vs, t

```
--                        热传导偏微分方程
--               径向热传导,柱面坐标,半径为 x
-----------------------------------------------
ARRAY vx[1],v[1] | --            子模型哑元数组
--
SUBMODEL DDx(n$,bb$,v,vx)
   Vector vx=bb$*(v{1}-v{-1})
   vx[1]=bb$*(-3*v[1]+4*v[2]-v[3])
   vx[n$]=bb$*(3*v[n]-4*v[n-1]+v[n-2])
   end
-----------------------------------------------
irule 15 |   ERMAX=0.001 |   --        Gear 型积分
n=51
STATE u[n] |   ARRAY x[n],ux[n],uxx[n]
-----------------------------------------------
R=1 |   u0=25 |   --          圆柱半径,表面温度
scale=u0
--
DX=R/(n-1) |   bb=1/(2*DX)
DT0=0.00025 |   DT=DT0/(n^2)
TMAX=0.5 |   NN=1000
--
```

214

```
for i=1 to n |    x[i]=(i-1)*DX |    next
--                          初始条件 u[i]=0 不需要编程
drun
-----------------------------------------------
DYNAMIC
-----------------------------------------------
u[n]=u0 |    --              在 x=R 为每个 t 设置边界值
invoke DDx(n,bb,u,ux) |    -- 求 u 的微分以获得 ux
ux[1]=0 |    --              为 x=0 设置边界值
invoke DDx(n,bb,ux,uxx) | 求 ux 的微分以获得 uxx
Vectr d/dt u=uxx+ux/x |    --    注意：不适用于 x=0
d/dt u[1]=2*uxx[1] |    --          根据 l'Hopital's 法则
```

图 8.11　无限柱面径向热传导偏微分方程的解。未显示显示命令

8.3.4　概论

我们的空间导数子模型可以应用于许多一维空间抛物线线性或非线性偏微分方程系统,但是,在时间维度中超过一阶的问题通常会产生严重的数值稳定性问题。席塞尔(Schiesser)和塞勒比(Silebi)成功解算出平流方程(参考文献[9])

$$u_t = -V\, u_x$$

和相关偏微分方程

$$u_t = -V\, u_x + a(U-u)$$

其用流速 V 模拟了简单的热交换器(见 8.3.5 节)(参考文献[9])。但是将表 8.1 中的空间导数子模型直接应用于波动方程

$$u_{tt} = a\, u_{xx}$$

没有成功。席塞尔(参考文献[8])通过推导一个二阶导数算子,一步计算 uxx 而解决了该问题,但是边界条件的设定变得更为复杂。

对于多个空间维度问题,向量编译器可以很容易得出常微分方程。对于二维空间问题,可以引入二维数组作为等价向量(见 3.4.2 节)。但是,就像在 Fortran 程序中那样,多维边界值的赋值可能会很麻烦。如图 8.11 中的实例那样,明智地选择坐标系可以简化模型和程序。

8.3.5　简单热交换器模型

在图 8.12 中的简单热交换器模型的编程中,u(x,t)是在 x=0 和 x=L 之间流经管子的流体温度。初始流体温度为 u=T0c=0。流体将热量传导至或来自周围的恒温环,纵向的热传导可忽略不计。入口温度 x=0 初始步长变化 Tec 之后通过平流沿管子向下传导。u(x,t)满足偏微分方程

$$u_t = -V\, u_x + a(U-u)$$

215

式中:V 是恒流体速度;U 是环温度,假定 U 在此为恒量。图 8.12 中的程序通过使用如 8.3.2 节中的二阶席塞尔微分算子,解算出该偏微分方程。

```
--          简单热交换器（Schiesser 和 Silebi，1997）
--------------------------------------------------------------
display N1 | display C8 | display R
--------------------------------------------------------------
--                        Schiesser 数值微分算子
--
--------------------------------------------------------------
ARRAY vx[1],v[1] |  --              子模型哑元数组
SUBMODEL DDx(n$,bb$,v,vx)
   Vector vx=(v{1}-v{-1})*bb$
   vx[1]=(-3*v[1]+4*v[2]-v[3])*bb$
   vx[n$]=(3*v[n$]-4*v[n$-1]+v[n$-2])*bb$
   cnd
--------------------------------------------------------------
L=100 |  --                        热交换器管长度
V=10 |  --                                    流速
rho=1 |  --                          管内流体密度
CP=1 |  --                              流体比热
D=2 |  --                                    管径
H=0.1 |  --                            传热系数
a=4*H/(rho*CP*D)
--
Tac=100 |  --                        恒定环空温度
T0c=0 |  --                          管内初始温度
Tec=50 |  --                        管子入口温度
--------------------------------------------------------------
n=201 |   STATE u[n] |   ARRAY ux[n]
--
DX=L/(n-1) |   bb=0.5/DX
DT=0.0005 |   TMAX=10 |   NN=20000 |   scale=100
irule 4 |  --   RK4 rule
---------------
X=0.5*(n-1)*DX/V |  --   时间延迟，用于理论解法
-------------------------------------
--                        对初始条件 u[k]进行编程
for k=1 to n |   u[k]=T0c |   next
U=Tac |  --                          恒定环空温度
drun   | write "n = ";n
--------------------------------------------------------------
DYNAMIC
--------------------------------------------------------------
u[1]=Tec |  --          设置管子入口温度边界值 u
invoke DDx(n,bb,u,ux) |  --   求 u 的微分以获得 ux
Vectr d/dt u=-V*ux+a*(U-u)
--
```

216

```
--
f=2*(Tac+(T0c-Tac)*exp(-a*t)*(1-swtch(t-X))
        +swtch(t-X)*((Tec-Tac)*exp(-a*X)))-scale
uu=2*u[0.5*(n-1)]-scale | errx5=(uu-f)*2.5-0.5*scale
dispt uu,errx5,f
```

图 8.12 简单热交换器的计算机仿真程序

对于热交换器管上的每一个 x 值,图 8.12 和图 8.13 中的理论解将从 u(x,t)=0 增至 u(x,t)=U 的指数函数和由于入口温度阶跃平流引起的阶梯函数温度变化结合起来。图 8.13 比较了理论解和数值解。n=201 和 n=501 显示的震荡响应是典型的双曲线偏微分方程的数值解(参考文献[8,9])。

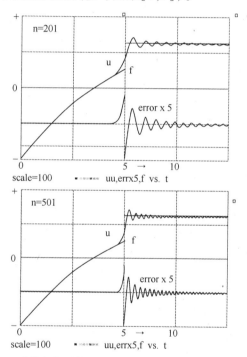

图 8.13 x=L/2 时热交换器管的温度 u(x,t)的理论时程和计算得出的时程

8.4 傅里叶分析和线性系统动态

8.4.1 简介

在 8.4.4 节和 8.4.5 节中,我们将描述线性动态系统(如控制系统分量以及模

拟滤波器和数字滤波器等)的有效建模方案。在 8.4.2 节和 8.4.3 节中,我们为此引入了简单插值运算和傅里叶分析运算。

8.4.2　函数表查找和插值

傅里叶分析程序能够充分利用表查询函数。表查询函数通过表列断点之间的线性插值

$$\{X[k], Y[k]=y(X[k])\} \qquad (k=1,2,\ldots,N)$$

来逼近函数 $y=y(x)$。

请参阅随书光盘中的 Desire 参考手册第 4 章,实验协议声明列出 N 个断点横坐标 $X[k]$ 的级联断点数组 F 以及 N 个断点纵坐标 $Y[k]$

$$\text{ARRAY } X[N]+Y[N]=F$$

DYNAMIC 程序段赋值

$$y=\text{func1}(x;F)$$

之后用

$$y=Y[1] \qquad\qquad\qquad (x<X[1])$$

$$y=Y[i]+\frac{Y[i+1]-Y[i]}{X[i+1]-X[i]}(x-X[i]) \quad (X[i]\leqslant x\leqslant X[i+1])$$

$$y=y[N] \qquad\qquad\qquad (x>X[N])$$

实现线性插值。

通常,从文件或数据列表读取断点坐标 $X[k]$ 和 $Y[k]$,但在 8.4.3 节中,我们在一个额外的 DYNAMIC 程序段中计算它们。

DYNAMIC 程序段赋值 func1 和两输入表查询/插值函数 func2 还有许多其他应用(参考文献[2])。

8.4.3　快速傅里叶变换运算

我们声明相同维度 **n** 的 2 个一维数组 **x** 和 **y**,表示复数数组

$$x+jy\equiv(x[1]+jy[1], x[2]+jy[2],\ldots,x[n]+jy[n])$$

的实部与虚部[①]。

实验协议 FFT 分别命令

$$\text{FFT F,n,x,y} \quad \text{和} \quad \text{FFT I,n,x,y}$$

就地得出 x+jy 正向或逆向离散傅里叶变换,如附录表 A.2 中定义的那样。随书光盘上的 Desire 参考手册描述了额外的快速傅里叶变换运算,包括 2 个实函数的同

---

① Desire 确实容许复杂数组,但不在此处使用。FFT 运算采用实数组 x 和 y 表示复数数组的实部与虚部。

步傅里叶变换。

数组维度 n 必须是下面字面数值之一：

n = 32,64,128,256,512,1024,2048,4096,8192 或 16384

如果没有足够的数据填充数组,就用 0 填充。

为了获得实函数的离散傅里叶变换,我们将数组 y 默认为 0。数组 x 的函数值可由实验协议(可能来自文本文件或电子数据表,如同 6.2.5 节)或由 DYNAMIC 程序段提供。重要的是,3.1.3 节中定义的 DYNAMIC 程序段运算

store x = q

使得向傅里叶变换数组 x(见 8.4.4 节和 8.4.5 节)加载标量变量 q = q(t)的完整仿真时程变得容易。

8.4.4 线性伺服机构的脉冲和频率响应

图 8.15 和图 8.16 中的程序计算了一个线性控制系统的脉冲和频率响应。第一个 DYNAMIC 程序段模拟了我们在 1.4.1 节中研究的电气伺服机构的线性化版本

```
--                        伺服脉冲和频率响应
--        输出样本存储在一个用于计算 FFT 的数组中
------------------------------------------------------------
display R |    scale=0.25
TMAX=20 |    DT=TMAX/(NN-1) |    NN=4096
ARRAY OUTPUTx[NN],OUTPUTy[NN] | --    FFT 数组

-------------
--          用于插值频率响应图的 x 和 y 断点数组
ARRAY x1[NN]+OUT1x[NN]=OUTx
ARRAY x2[NN]+OUT1y[NN]=OUTy

-------------
gain=8 |    r=3 |  --                伺服增益和阻尼
u=0 |    xdot=1 |  --                计算脉冲响应
--
drunr    |  --                  drunr 重置 t0, 在此为 t0 = 0
write 'type go for frequency response' |    STOP
----------------------------------------------------
FFT F,NN,OUTPUTx,OUTPUTy |  --        傅里叶变换
scale=40 |    display Y
TMAX=29 |    NN=64 |  --            drunr 重置 t0 = 0
drunr FREQ
write "type go to interpolate" |    STOP
--
----------------------------------           用插值重复
NN=4096
```

```
for i=1 to NN
  x1[i]=i/2 |   x2[i]=i/2
  OUT1x[i]=OUTPUTx[i] |   OUT1y[i]=OUTPUTy[i]
  next
----------
display R |  --                              drunr 已重置 t0 = 0
drun INTERPOLATE
```

图 8.14 计算线性控制系统脉冲和频率响应的实验协议脚本

```
-------------------------------------------------------
DYNAMIC
-------------------------------------------------------
d/dt xdot=gain*(u-x)-r*xdot |  --              速度
d/dt x=xdot |  --                              位置
store OUTPUTx=x |  --                          填充 FFT 数组
dispt x |  --                                  显示脉冲响应
--
--------------------                           振幅/相位显示
    label FREQ
get xx=OUTPUTx |   get yy=OUTPUTy
r=sqrt(xx^2+yy^2) |   phix10=10*atan2(yy,xx)
dispt r,phix10 |  --                           显示频率响应
--------------------
    label INTERPOLATE
xx=func1(t;OUTx) |   yy=func1(t;OUTy) |  -- 插值
r=sqrt(xx^2+yy^2) |   phix10=10*atan2(yy,xx)
dispt r,phix10
```

图 8.15 前两个 DYNAMIC 程序段相继显示伺服脉冲响应和频率响应。
第三个 DYNAMIC 程序段 INTERPOLATE 使用线性插值创建更加令人满意的频率响应显示

$$d/dt \ xdot = gain * (u-x) - r * xdot \qquad | \qquad d/dtx = xdot$$

$u = 0$ 和 $xdot(0) = 1$ 的仿真运行得出图 8.17(a) 中的伺服脉冲响应。

图 8.15 中的实验协议如下：

（1）调用仿真运行计算伺服机构的脉冲响应 x(t)，并用 store OUTPUTx = x 向傅里叶变换数组 OUTPUTx 馈入 x(t)；

（2）调用 FFT F, NN, OUTPUTx, OUTPUTy 得出伺服频率响应的实部和虚部 OUTPUTx 和 OUTPUTy；

（3）调用第二个 DYNAMIC 程序段 FREQ，该程序段用

$$get \ xx = OUTPUTx \qquad | \qquad get \ yy = OUTPUTy$$

$$r = sqrt(xx^2 + yy^2) \qquad | \qquad phix5 = 5 * atan2(yy, xx)$$

得出幅频响应和相频响应(图8-11(b))。

图8.15中的第三个DYNAMIC程序段INTERPOLATE是可选项。该DYNAMIC程序段用

$$xx = func1(t;OUTx) \qquad | \qquad yy = func1(t;OUTy)$$
$$r = sqrt(xx^2+yy^2) \qquad | \qquad phix5 = 5 * atan2(yy,xx)$$

在图8.11(b)的频率响应值之间插值,以获得更平滑的频率响应图(图8.11(c))。

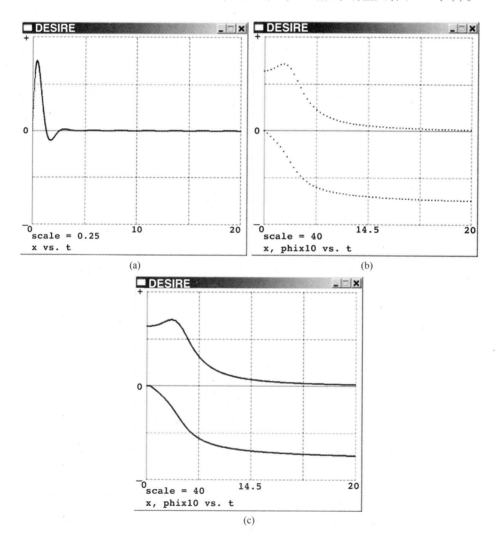

(a)

(b)

(c)

图8.16 窗口显示伺服脉冲响应(a)、频率响应(b)以及点之间线性插值的频率响应(c)

8.4.5 线性动态系统的紧凑型向量模型(参考文献[14])

1. 采用模拟积分的索引移位运算的使用

更多的一般线性系统,特别是模拟滤波器,由经典的传递函数表示:

$$H(s) = \{bb\ s^n + b[n]s^{n-1} + b[n-1]s^{n-2} + \ldots + b[1]\} / \{s^n + a[n]s^{n-1} + a[n-1]s^{n-2} + \ldots + a[1]\}$$

其实现图 8.17(参考文献[13])的框图。图 8.17 中的连续框图包含微分方程系统

input = (a given function of t)

output = x[n] + bb * input

d/dt x[1] = b[1] * input − a[1] * output

d/dt x[2] = x[1] + b[2] * input − a[2] * output

…

d/dt x[n] = x[n−1] + b[n] * input − a[n] * output

使用 3.2.3 节中的索引移位运算的向量化将这些 n+2 赋值简化为仅 3 个程序行

input = (given function of t)

output = x[n] + bb * input

Vectr d/dt x = x{−1} + b * input − a * output

即使线性系统的阶数 n 很大也如此。注意:滤波器参数 a[k]、b[k]和 bb 可以是时间的函数,不存在向量循环开销导致的计算缓慢问题。

对于 t = t0 = 0,针对 0 输入和 x[2] = 1,我们获得脉冲响应,且傅里叶变换得出频率响应图(与 8.4.4 节(参考文献[2,4]中的完全一样)。随书光盘中的文件夹 filters 中有很多实例。

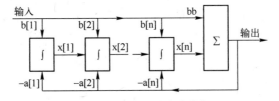

图 8.17　线性模拟动态系统框图

2. 线性采样数据系统

一般的第 **n** 阶线性采样数据系统(如数字滤波器)可由经典的 z 传递函数

$$H(z) = \{bb\ z^n + b[n]z^{n-1} + b[n-1]z^{n-2} + \ldots + b[1]\} / \{z^n + a[n]z^{n-1} + a[n-1]z^{n-2} + \ldots + a[1]\}$$

表示,实现图 8.18 中的框图(参考文献[13])。在采样点 t0,t0+COMINT,t0+2 COMINT,… 读取时间 t;t0 通常默认为 0。

图 8.19 中的连续框图意味着差分方程系统

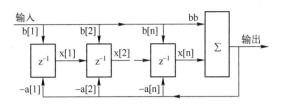

图 8.18　一般线性采样数据系统的框图

input = (given function of the time variable t)

output = x[n]+bb ∗ input

x[1] = b[1] input−a[1] output

x[2] = x[1]+b[2] input−a[2] output

…

x[n] = x[n−1]+b[n] input−a[n] output

可通过 2.1.1 节所示的逐次代换法求解。

即使我们的线性系统的阶数 n 很大,向量化也可将这些 n+2 赋值简化为更简单的三行程序

input = (given function of t)

output = x[n]+bb ∗ input

Vector x = x{−1}+b ∗ input−a ∗ output

如同 8.4.5 节,滤波器参数 a[k]、b[k]和 bb 可以是时间的函数,不存在向量循环开销导致的计算缓慢问题。

3. 例子:数字梳状滤波器

图 8.20 中的程序用 z 传递函数

$$H(z) = z^n/(z^n-0.5)$$

模拟一个数字梳状滤波器(参考文献[16]),从而,a[1]=−0.5,bb = 1,其他所有参数等于 0。图 8.20 中的实验控制脚本调用主 DYNAMIC 程序段,计算滤波器脉冲响应 output,并将其存储至 FFT 数组 OUTPUTx:

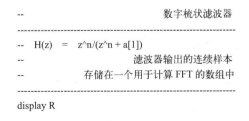

```
NN=16384
--
n=10 |   ARRAY x[n],a[n],b[n]
ARRAY OUTPUTx[NN],OUTPUTy[NN] |   --为 FFT
-----------------------------------------------
--                                    滤波器参数
a[1]=-0.5 |   --                 其他 a[i]、b[i]默认为 0
bb=1 |   --                            前馈系数
-----------------------------------------------
t=0 |   --                      (默认 t0 将为 t0 = 1)
drunr |   --                         重置 t0 = 0
write 'type go for FFT' |   STOP
------------------------------------
FFT F,NN,OUTPUTx,OUTPUTy |   scale=2.5
drun FOURIER
-----------------------------------------------------
DYNAMIC
-----------------------------------------------------
input=swtch(1-t) |   --              产生脉冲响应
output=x[n]+bb*input |   --            注意前馈项
Vector x=x{-1}+b*input-a*output
store OUTPUTx=output |   --          填充 FFT 数组
dispt output
--
----------------------------         振幅/相位显示
    label FOURIER
get xx=OUTPUTx |   get yy=OUTPUTy |   --   FFT 数组
r=sqrt(xx^2+yy^2)
phi=atan2(yy,xx)-0.5*scale |   --         带状图显示
dispt r,phi
```

图 8.19　计算一个 10 阶数字梳状滤波器的脉冲响应和频率响应的完整程序

input = swtch(1−t)　　│　　−−　　　　得出脉冲响应

output = x[n]+bb * input　│　　−−　　　注意前馈项

Vector x = x {−1} +b * input−a * output

store OUTPUTx = output　　│　　−−　　　填充 FFT 数组

正如 8.4.4 节那样,接下来调用快速傅里叶变换,以获得频率响应函数的实部 OUTPUTx 和虚部 OUTPUTy。第二个 DYNAMIC 程序段 FOURIER 用

get xx = OUTPUTx　　│　　get yy = OUTPUTy

r = sqrt(xx^2+yy^2)　│　phi = atan2(yy,xx)

计算振幅和相位(图 8.21)。

224

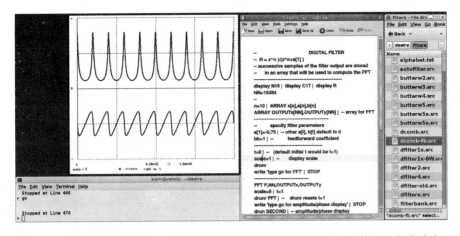

图 8.20　由图 8.19 中在 Linux 系统下运行的程序得出的梳状滤波器振幅和相位响应。
该程序由图右侧的文件夹管理器窗口抓取,在编辑器窗口编辑,通过命令窗口键入的命令控制

8.5　在地图网格上复制农业生态模型

8.5.1　地理信息系统

由 R. Wieland(参考文献[17,18])开发的空间分析与建模工具(SAMT)是一种可描述并处理生态数据的简单地理信息系统。SAMT 程序包可以声明和存储指定地理位置栅格的数字景观特征值数组。景观特征的实例如下:

(1) 每个栅格点的地理坐标和高度(x,y,altitude);

(2) 每个栅格点的物理数据,如温度、土壤水分、物种数等。

SAMT 程序包可分配和计算那些可以将任一栅格点不同景观特征关联在一起的函数:

$$q1 = q2 + q3 \quad q1 = \cos(q2) \quad q1 = \mathrm{calc}(q2, q3, \dots)$$

例如,calc(q2,q3,…)这样的函数要么是数值表达式,要么是之前由简单的神经网络或模糊集模型创建的回归函数。

SAMT 程序包还可分配并存储依赖于其他栅格点数据的栅格点数据值,如从当前栅格点距另一栅格点的距离,如距一个城市或一个鸟巢的距离,或至河流或公路的最短距离。此外,SAMT 还可积累统计数据,如整个栅格点集的平均值和统计相对频率。最后但同样重要的是,SAMT 能够通过绘图以不同的颜色显示栅格点数据值,或显示不同景观特征的等高线(图 8.21)。

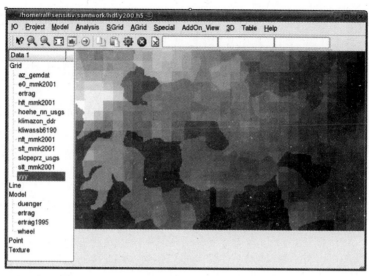

图 8.21 SAMT 地理信息系统得出的相对植被密度图(参考文献[18])。原始显示是彩色的

8.5.2 景观特征演变的建模

原始 SAMT 数据库描绘了粗略间隔采样时间 t(如一天一次、一个月一次、一年一次)的景观,但是程序无法将不同采样时间的景观关联起来。另一方面,Desire 可以用较小的时间步长 DT 模拟连续的变化。SAMTDESIRE 程序(参考文献[19])将 SAMT 和 Desire 结合起来,用微分方程和/或差分方程模拟地图网格每个点的景观特征变化(图 8.21)。SAMTDESIRE 可在 Linux 和 Windows 操作系统下运行(图 8.22 和图 8.23)。

有些景观特征是带有指定初始值的状态变量。有些景观特征,如传输至或来自 SAMT 数据库的中间结果和数据,在 1.1.2 节和 2.1.1 节中被定义为变量。例如,可以用微分方程系统模拟每个栅格点当地捕食者和猎物种群(见 1.3.3 节)之间的竞争。另外,对当地作物生长也具有广阔的应用前景。

8.5.3 地图网格上的矩阵运算

图 8.24 和图 8.25 中的小型 Desire 程序用矩阵向量等价(见 3.4.2 节和 3.5.2 节)在 nn×nn 地图网格 nn^2 点上复制增长模型。

M. 佩舍尔(M. Peschel)EVOLON 微分方程

$$(d/dt)\ x = a * x\hat{}b * (c - x\hat{}d)\hat{}r$$

模拟变量 x=x(t)的生长,如植物生物量。不同的模型参数值 a、b、c、d、r 定义多种增长模型(参考文献[20])。如同 3.4.2 节,我们声明 x、a、b、c 和 d 为等价向量和矩阵:

226

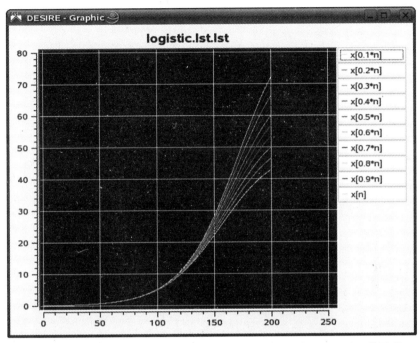

图 8.22　自缩放 SAMTDESIRE 图形窗口。SAMTDESIRE 还可显示三维图形

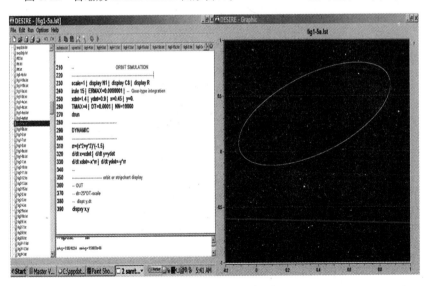

图 8.23　Microsoft Windows 下 SAMTDESIRE 的双监视器显示。
为了简化非技术用户的交互式建模，SAMTDESIRE 仿真在由
R. Wieland 和 X. Holtmann(参考文献[15])设计的特殊
编辑器窗口进行编程和运行。左侧是可用鼠标点击的程序选择目录

```
--                      二维增长模型的复制
--          (EVOLON) 在 NN*NN 地图网格上
--                                  nn 必须小于 200
-------------------------------------------------------------------
display R
--
nn=30 |   n=nn^2
alpha=0.2 |   beta=0.04 |   gamma=0.02 |   delta=0.05
STATE X[nn,nn]=x
ARRAY A[nn,nn]=a,B[nn,nn]=b,C[nn,nn]=c,D[nn,nn]=d
r=1
--
for i=1 to n
  x[i]=0.001 |   --                              初始值
  a[i]=1+alpha* gauss(0) | b[i] = 1+beta* gauss(0)
  c[i]=1+gamma* gauss(0) | d[i] = 1+delta* gauss(0)
  --
  next
---------
TMAX=20 |   DT=0.01 |   NN=1000
drun
write X[7,21]
-------------------------------------------------------------------
DYNAMIC
-------------------------------------------------------------------
Vectr d/dt x=a*x^b*(c-x^d)^r
-----
OUT
DOT xSum=x*1 |   DOT xxSum=x*x
AVG xAvg=x*1 |   AVG xxAvg=x*x
xvar=abs(xxAvg-xAvg^2) |   s=sqrt(xvar)
dispt s,xAvg
```

图 8.24   小型 Linux 程序在 30×30 的地图网格上复制一个含噪 EVOLON 增长模型,
并计算 900 个栅格点的均值 xAvg 和离差 s 的时程

STATE $X[nn,nn]=x$

ARRAY $A[nn,nn]=a,B[nn,nn]=b,C[nn,nn]=c,D[nn,nn]=d$
对应的矩阵元素 $X[i,j],A[i,j],B[i,j],\ldots$或向量分量 $x[j],a[j],b[j],\ldots$描述
不同栅格点的条件。使用矩阵向量等价,向量模型

$$\text{Vectr d/dt } x=a*x^b*(c-x^d)^r$$

有效解出非线性 nn×nn 矩阵微分方程

$$(d/dt) X=A*X^B*(C-X^D)^r$$

得出在单一仿真运行中所有 nn^2 栅格点上的 $X[i,j]$时程。

228

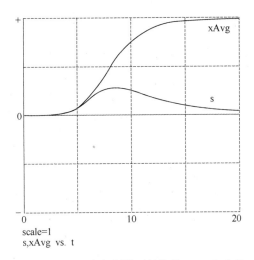

scale=1
s,xAvg vs. t

图 8.25　图 8.24 中 900 个复制模型的均值 xAvg 和离差 s 的时程

参 考 文 献

[1] Breitenecker, F., and I. Husinsky: Results of the EUROSIM Comparison "Lithium Cluster Dynamics," *Proceedings of EUROSIM*, Vienna, 1995.

[2] Korn, G.A.: *Interactive Dynamic-System Simulation*, 2nd ed., CRC/Taylor & Francis, Boca Raton, FL, 2010.

[3] Korn, G.A.: N*eural Networks and Fuzzy-Logic Control on Personal Computers and Workstations*, MIT Press, Cambridge, MA, 1995.

[4] Korn, G.A.: Simulating a Fuzzy-Logic-Controlled Nonlinear Servomechanism, *SAMS*, **34**:35–52, 1999.

[5] Korn, G.A.: Simplified Function Generators Based on Fuzzy-Logic Interpolation, *Simulation Practice and Theory*, **7**:709–717, 2000.

[6] Kosko, B.: *Neural Networks and Fuzzy Systems*, Prentice-Hall, Englewood Cliffs, NJ, 1991.

[7] Wang, M., and J.M. Mendel: Fuzzy Basis Functions, *IEEE Transactions on Neural Networks*, **3**:808–818, 1992.

[8] Schiesser, W.E.: *The Numerical Method of Lines*, Academic Press, New York, 1991.

[9] Schiesser, W.E., and C.A. Silebi: *Computational Transport Phenomena*, Cambridge University Press, Cambridge, UK, 1997.

[10] Tveito, A., and R. Winther: *Introduction to Partial Differential Equations*, Springer-Verlag, New York, 1998.

[11] Korn, G.A.: Interactive Solution of Partial Differential Equations by the Method of Lines, *Mathematicss and Computers in Simulation*, **1644**:1–10, 1999.

[12] Korn, G.A., Using a Runtime Simulation-Language Compiler to Solve Partial Differential Equations by the Method of Lines, *SAMS*, **37**:141–149, 2000.

[13] Papoulis, A.: *Signal Analysis*, McGraw-Hill, New York, 1977.

[14] Fast Simulation of Digital and Analog Filters Using Vectorized State Equations, *Simulation News Europe*, **18**(1), Apr. 2008.

[15] Lyons, R.G.: *Streamlining Digital Signal Processing*, IEEE Press, Piscataway, NJ, 2007.

[16] http://en.wikipedia.org/wiki/Comb_filter.

[17] Wieland, R.: Spatial Analysis and Modeling Tool, Internal Report, ZALF Institut fuer Landschaftsystemanalyse, Muencheberg, Germany, 2004.

[18] Wieland, R., and M. Voss: Spatial Analysis and Modeling Tool: Possibilities and Applications, *Proceedings of the IAST-ED Conference on Environmental Modeling and Simulation*, Nov. 2004.

[19] Wieland, R., G.A. Korn, and X. Holtmann: Spatial Analysis and Modeling Tool: A New Software Package for Landscape Analysis, *Simulation News Europe*, Dec., 2005.

[20] Peschel, M., et. al.: Das EVOLON-Modell für Wachstum und Struktur, in *Proceedings of the 2nd Symposium Simulationstechnik*, pp. 595–599, Springer-Verlag, Berlin, 1984.

附　　录

A. 其他参考资料

1. 径向基函数网络的例子

图 A.1 和图 A.2 是学习目标函数 $Y(x) = 0.95 * \sin(x[1]) * \cos(x[2]) * (x[3] - 0.5)$ 的径向基函数网络的完整程序。输入模式维度为 nx = 3。人们可以很容易地尝试不同的目标函数 $Y(x)$，径向基中心的不同数量 n，高斯曲线扩展参数 a 的不同值。

该程序运用了第 6 章中介绍的几种编程技巧。实验协议脚本调用 2 个单独的 DYNAMIC 程序段。标记为 COMPETE 的 DYNAMIC 程序段先运行。其实现了一个竞争层网络[①]，可以查找 n×nx 模板矩阵 P。矩阵 P 的 n 行表示均匀分布的输入向量 Vectorx = 1.5 * ran() 的聚类中心(见 6.8.1 节 ~ 6.8.3 节)。我们将这些聚类中心作为径向基中心。人们还可以根据意愿，替换不同的输入分布。

主 DYNAMIC 程序段准确地表示径向基函数网络。我们用 6.4.2 节中的高效 Casasent 算法计算当前输入向量 x 和 n = 300 径向基中心之间的距离。这使得我们能够计算 n 个径向基函数 f[k] 的预期向量 f。之后最小均方算法得出径向基函数扩展的最优连接权值矩阵 WW：

$$\text{Vector } y = W * f$$

注意：扩展包括数组声明隐含的偏置项

$$\text{ARRAY } ff[n] + ff0[1] = f \mid \quad ff0[1] = 1$$

2. 模糊基函数网络

图 A.3 和图 A.4 是一个学习目标函数 $Y(x) = 2 * \sin(0.5 * x[1]) * \cos(0.1 * x[2])$ 的模糊基函数网络程序。输入模式维度为 nx = 2。我们将 8.2.5 节中定义的三角形隶属函数乘积作为二维基函数。

[①]　crit = 0 指定霍尔特(Ahalt)用心算法(见 6.8.2 节)。

```
--                                    径向基函数网络
--------------------------------------------------------------
nx=3 |   ARRAY x[nx] |  --                        输入·
n=300 |  --                    \         径向基中心数量
ARRAY P[n,nx],v[n],h[n],z[nx] |  --              用于竞争
ARRAY ff[n]+ ff0[1]=f | ff0[1]=1 |  --        包括偏置
ARRAY pp[n]
--                                    权重包括偏置
ARRAY WW[1,n+1] , y[1],error[1]
------------------------------------------------
lratex=0.2 |   lratef=0.3 | kappa=0.9998 | lrate0=0 | a=4
crit=0 |  --       crit=0（用于 FSCL 用心学习）
NN=100000                     模板生成实验次数
--------------------------------------------------------------
--                                    学习径向基中心
drun COMPETE
write "type go to continue" |   STOP
------------------------------------------------------------
---                       模板矩阵 P 生成平方半径
for k=1 to n
  pp[k]=0
  for j=1 to nx |  pp[k]=pp[k]+P[k,j]^2 |  next
  next

----------------------------------------------------------
--                        现在训练径向基函数网络
NN=10000 |  --                    训练实验次数
drun
write "type go for a recall run" |   STOP
NN=2000 |   lratef=0 |  lrate0=0 |  --     重新调用运行
drun
```

图 A.1 学习三输入函数 $Y(x) = 0.95 * \sin(x[1]) * \cos(x[2]) * (x[3]-0.5)$ 的三维径向基函数网络的实验协议。可用其他误差显示。该程序使用了 6.4.2 节中描述的 Casasent 算法

```
------------------------------------------------------------------
DYNAMIC
------------------------------------------------------------------
lratef=kappaf*lratef+lrate0 |  --      降低学习速率
--
Vector x=ran() |  --                        训练对
target=sin(x[1])*cos(x[2])*(x[3]-0.5) |--或使用其他函数
--
--                 xx -2* P*x + pp  是平方半径的向量
DOT xx=x*x |    Vector ff=exp(a*(2*P*x-xx-pp))
Vector y=WW*f |  --                径向基函数扩展
--
```

```
Vector error=Y-y |    --                    LMS 算法
DELTA WW=lratef*error*f
----------------------------------------                    带状图显示
ERRORx10=10*abs(error[1])-scale
dispxy target,y[1],ERRORx10

------------------------------------------------------------
   label COMPETE
lratex=kappa*lratex+lrate0 |    --            降低学习速率
Vector x=1.5*ran()
CLEARN v=P(x)lratex,crit |    --            竞争获得模板
Vectr delta h=v |    --                    用心计数器
Vector z=P%*v
dispxy z[1],z[2] |    --                    仅显示二维
```

图 A. 2　径向基函数（RBF）的 DYNAMIC 程序段

```
------------------------------------------------------------
FUNCTION Y(p$,q$)=2*sin(0.5*p$)*cos(0.1*q$)
------------------------------------------------------------
--                                 三角形隶属函数
ARRAY X$[1],mb$[1] |    --            哑元变量数组
SUBMODEL fuzzmemb(N$,X$,mb$,input$)
   Vector mb$=SAT((X$-input$)/(X$-X${1}))
   mbb=mb$[1] |    mcc=mb$[N$-1]
   Vector mb$=mb${-1}-mb$
   mb$[1]=1-mbb |    mb$[N$]=mcc
   end

------------------------------------------------------------
ARRAY x[2]
N1=7 |    N2=5 |    n=N1*N2
ARRAY X1[N1],X2[N2]
ARRAY mb1[N1],mb2[N2],F[N1,N2]=f
ARRAY W[1,n],y[1],error[1]

------------------------------------------------------------
lratef=0.2 |    kappa=0.9999 |    lrate0=0.0
NN=20000

------------------------------------
data -0.9,-0.5,-0.1,0,0.1,0.5,0.9 |    read X1
data -0.9,-0.5,0,0.5,0.9 |    read X2

------------------------------------------------------------
drun |    --                         函数学习运行
write "type go for a recall run" |    STOP
lratex=0 |    lratef=0 |    lrate0=0 |    NN=2000 |    display R
drun |    --                         重新调用运行
```

图 A. 3　学习两输入函数 $2*\sin(0.5*x[1])*\cos(0.1*x[2])$ 的二维模糊基函数网络实验协议脚本

233

```
----------------------------------------------------------------
DYNAMIC
----------------------------------------------------------------
-- lratef=kappa*lratef+lrate0 |   --        降低学习速率
--
Vector x=ran() |   Y=TGT(x[1],x[2]) |  --        训练对
invoke fuzzmemb(N1,X1,mb1,x[1])
invoke fuzzmemb(N2,X2,mb2,x[2])
MATRIX F=mb1*mb2 |   --        建立联合隶属函数
Vector y=W*f |   Vector error=Y-y
DELTA W=lratef*error*f |   --        输出 y 的 LMS 算法
--
---------------------------------------------        带状图显示
ERRORx50=50*abs(error[1])-scale
x1=x[1] |   x2=x[2] |   y1=y[1] |   --缩短名字以适应显示
m2=0.5*(0.5*mb1[2]+scale) |   m3=0.5*(0.5*mb1[3]+scale)
M2=0.25*mb2[2] |   M3=0.25*mb2[3]
DISPXY Y,y1,Y,ERRORx50,x1,m2,x1,m3,x2,M2,x2,M3
```

图 A.4　模糊基函数网络的 DYNAMIC 程序段

$x[1]$ 具有 N1 个隶属函数 mb1,其峰值在 $x[1]=X1[1],X1[2],\ldots,X1[N1]$。$x[2]$ 具有 N2 个隶属函数 mb2,其峰值在 $x[2]=X2[1],X2[2],\ldots,X2[N2]$。因此,我们获得坐标为 $X1[i],X2[k]$ 的 $n=N1\ N2$ 个模糊基中心。简单的 data/read 赋值可以快速以升序输入模糊基中心坐标 $X1[1],X[2],\ldots,X1[N1]$ 和 $X2[1]$,$X2[2],\ldots,X2[N2]$。人们可以通过反复试错尝试不同的基中心位置。注意:当改变模糊基中心位置时,基函数可自动调整在 $x[1]$ 和 $x[2]$ 方向上的扩展。

图 A.5 给出了结果。可用 $sigmoid(a*q)$ 代替 $SAT(q)$,以尝试连续基函数。

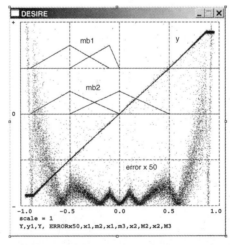

图 A.5　通过模糊基函数网络获得的显示。网络输出 y 和误差是针对目标输入 Y 绘制的。不同的模糊基函数 mb1 和 mb2 被用于 $x[1]$ 和 $x[2]$。mb1 是针对 $x[1]$ 绘制的,mb2 是针对 $x[2]$ 绘制的

234

表 A. 1 给出了 Desire 积分法则。表 A. 2 列出了 Desire 快速傅里叶变换。

表 A. 1　Desire 积分法则

（1）欧拉(Euler)和龙格-库塔(Runge-Kutta)法则（多达 40000 个状态变量）

$k1 = G(x,t) * DT$

irule 1 （固定步长 2 阶龙格-库塔 R-K-Heun——这是默认法则）

$k2 = G(x+k1,t+DT) * DT$

$x = x+(k1+k2)/2$

irule 2 （显式欧拉法则,1 阶）

用户可以改变 DT(作为 t 的函数)

$x = x+G(x,t) * DT = x+k1$

irule 3 （4 阶龙格-库塔）

用户可以在仿真运行期间改变 DT

$k2 = G(x+k1/2,t+DT/2) * DT \qquad k4 = G(x+k3,t+DT) * DT$

$k3 = G(x+k2/2,t+DT/2) * DT$

$x = x+(k1+2*k2+2*k3+k4)/6$

可变步长龙格-库塔法则对两个不同阶的龙格-库塔公式进行比较。在绝对差小于 ERMIN 时,步长会加倍,直到 DT 达到 DTMAX 为止。如果系统变量 CHECKN 是一个正整数 n,则当第 n 个状态变量两个表达式的绝对差超过 ERMAX,步长 DT 减半。如果 CHECKN=0,当任何状态变量相对差超过 ERMAX,则 DT 减半。如果 DT 出现小于 DTMIN 的情况,则可变步长会产生死锁错误。死锁后的绝对差可以在 ERRMAX 中读取。

irule 4 （可变步长 Runge-Kutta 4/2）通过 $x = x+k2$ 比较 4 阶龙格-库塔结果

irule 5 （2 阶 R-K-Heun,类似 irule 1,但用户可以在运行期间改变 DT）

irule 6 （备用,目前尚未启用）

irule 7 （可变步长 Runge-Kutta 2/1）比较

$k2 = G(x+k1,t+DT)$

$x = x+(k1+k2)/2$ 与 $x = x+k1$

irule 8 （可变步长 Runge-Kutta-Niesse）比较

$k2 = G(x+k1/2,t+DT/2) * DT$

$k3 = G(x-k1+2*k2,t+DT) * DT$

$x = x+(k1+4*k2+k3)/6i$ 与 $x = x+(k1+k3)/2$

（2）亚当斯型可变阶/可变步长法则（对于刚度系统,多达 600 个状态变量）

irule 9 函数迭代

irule 10 chord /用户提供的雅可比矩阵

irule 11 chord /差分雅可比矩阵

irule 12 chord /对角线雅可比逼近

（3）齿轮型可变阶/可变步长法则（对于刚度系统,多达 600 个状态变量）

irule 13 函数迭代

irule 14 chord /用户提供的雅可比矩阵

irule 15 chord /差分雅可比矩阵

irule 16 chord /对角线雅可比逼近

irule 9~irule 16 采用用户指定的最大相对误差 ERMAX。必须在解释程序中对所有状态变量加以指定。等于 0 的数值自动被 1 替换(参见 orbitx. lst、to22x. lst、rule15. lst 等例子)。必须将 DT 的初始值设置的足够小,以防积分步长被锁定。

irule 10 和 **irule 4** 需要用户提供的 n×n 雅可比矩阵的 n 个状态变量,即 J(参见 DESIRE 参考手册)。

Adams 和 Gear 法则参考文献:

Gear,C. W. : DIFSUB,Algorithm 407,Comm. ACM,14,No. 3,1971.

Hindmarsh,A. C. : LSODE and LSODI,ACM/SIGNUM Newsletter,15,No. 4,1980

表 A.2　Desire 快速傅里叶变换

(1) FFT F,NN,x,y 实现离散傅里叶变换

$$x[i] + jy[i] \leftarrow \sum_{k=1}^{NN}(x[k] + jy[k])exp(-2\pi jik/NN) \quad (i = 1,2,\dots,NN)$$

FFT I,NN,x,y 实现离散傅里叶逆变换

$$x[k] + jy[k] \leftarrow (1/NN)\sum_{i=1}^{NN}(x[i] + jy[i])exp(-2\pi jik/NN)(k = 1,2,\dots,NN)$$

(2) 如果 x[k],y[k] 表示在采样时间 t=0,COMINT,2 COMINT,...,TMAX 的 NN 个时程样本,其中,CO-MINT=TMAX/(NN−1),那么,与离散傅里叶变换相关的时域周期等于

T=NN * COMINT=NN * TMAX/(NN−1)

(而非 TMAX)。常积分傅里叶变换的近似频域样本值由 x[i] * T/NN,y[i] * T/NN 表示。

(3) 如果 x[i],y[i]表示在采样频率

f=0,COMINT,2 COMINT,...,TMAX 且　COMINT=TMAX/(NN−1)

抽取的 NN 个频域样本,则

t	表示	f（频率）
COMINT	表示	1/T（频域样本采样间隔）
TMAX	表示	(NN−1)/T
NN * TMAX/(NN−1)	表示	NN/T（频域"周期"）

参 考 文 献

[1] Wang, M., and J.M. Mendel: Fuzzy Basis Functions, *IEEE Transactions on Neural Networks*, **3**:807–818, 1992.

[2] Korn, G.A.: N*eural Networks and Fuzzy-Logic Control on Personal Computers and Workstations*, MIT Press, Cambridge, MA, 1995.

B. 使用随书光盘

1. 系统要求

32 位或 64 位个人计算机,4GB 内存,运行 Windows XP、Vista、Windows 7 或 Linux 操作系统。大部分 Windows 例子运行还需要 3GB 内存。

2. 运行时程序包和参考手册

随书光盘包括适用于 Windows 和 Linux 操作系统的极其有效的开源仿真软件,其并非无实用价值的演示程序。安装完整的仿真工作程序包和大量用户实例,需要:

（1）在 Windows 操作系统下,简单地将文件夹\mydesire 复制到硬盘上;

（2）在 Linux 操作系统下,解压 desire. tgz 到/home/username 文件夹中的/

desire 文件夹。

不需要安装程序,交互式仿真包可以立即运行。

卸载程序仅需要删除\mydesire 或/desire 即可。磁盘上不会留下痕迹。

Desire 参考手册在文件夹\man 中,格式为 .doc(可用 Microsoft Word 或 Libre Office 编辑)。

按照第 1 章中的操作指南或参考手册中第 1 章 Linux 运行 Desire。光盘上的文本文件 Windows README.txt 中还有一套简短的用于 Windows 的指令(表 1.1)。

3. 正文中的用户程序实例

可以运行并编辑正文中的所有程序实例。光盘上的原始程序是安全的。

可以将正文作为电子书显示,并在同一显示屏上运行示例程序。

这些实例位于文件夹 \mydesire\EXAMPLES(Windows 操作系统)和文件夹/ desire/EXAMPLES(Linux 操作系统)。正文中每一章的实例程序都可以通过子文件夹 chap1-examples,chap2-examples,…方便地访问。每个实例都是标记了对应数字编号的简单文本文件,如 fig6-14b. src、fig7-12. src、…。

4. 其他用户程序实例

在\mydesire(Windows 操作系统)和/desire(Linux 操作系统)的子文件夹中,如标记为 control、statistics、montecarlo、backprop、filters,…(控制、统计、蒙特卡罗、反向传播、滤波器、……)的子文件夹中,有 100 多个 Desire 分布的用户程序实例。

5. 帮助文件

Desire 帮助文件是普通的文本文件,通常由用户编写。\mydesire 和/desire 文件夹中包含一些实例帮助文件。

6. 源文件和使用许可

文件夹\WINDOWS 和/linux 包含完整的源文件。全部 Desire 软件包都是免费的开源软件,并获得开源软件基金会通用公共许可证(GPL)。光盘上存有 GPL 的副本。

7. Desire 网站

程序包的升级版本可以从 sites. google. com/site/gatmkorn 网站上下载。